濒危动物唐鱼生物学及其资源保护

主　编　林小涛
副主编　陈国柱　刘汉生

科学出版社

北京

内 容 简 介

　　唐鱼是主要栖息于华南丘陵地区森林溪流的小型濒危鱼类，为国家Ⅱ级重点保护水生野生动物。作者长期从事唐鱼生态学及保护生物学研究，本书总结了作者多年的研究成果。全书分为4篇共计13章，从基础生物学、基础生态学、保护生物学和资源开发与利用等方面对唐鱼进行了系统全面的介绍。具体内容包括唐鱼的形态结构、生长和繁殖特性，种群生态学、摄食生态学和生物能量学特征，自然分布格局和遗传多样性，保护生物学和保护区建设实践，以及在观赏鱼类和实验动物等领域的应用。

　　本书可供鱼类资源学、鱼类生态学、濒危动物保护相关领域的科研人员参考，也可供政府相关职能部门工作人员和观赏鱼爱好者参考。

图书在版编目（CIP）数据

　　濒危动物唐鱼生物学及其资源保护/林小涛主编. —北京：科学出版社，2018.6

　　ISBN 978-7-03-057399-5

　　Ⅰ. ①濒　　Ⅱ. ①林　　Ⅲ. ①鲤科-濒危动物-生物学-研究　②鲤科-濒危动物-鱼类资源-资源保护-研究　Ⅳ. ①Q959.46　②S96

　　中国版本图书馆 CIP 数据核字（2018）第 095805 号

责任编辑：王海光　郝晨扬 / 责任校对：郑金红
责任印制：张　伟 / 封面设计：刘新新

科 学 出 版 社 出版

北京东黄城根北街 16 号
邮政编码：100717
http://www.sciencep.com

北京虎彩文化传播有限公司 印刷
科学出版社发行　各地新华书店经销

*

2018 年 6 月第 一 版　开本：720×1000　B5
2018 年 6 月第一次印刷　印张：15 3/4
字数：311 000

定价：**128.00 元**
（如有印装质量问题，我社负责调换）

《濒危动物唐鱼生物学及其资源保护》
编著者名单

主　编：林小涛

副主编：陈国柱　刘汉生

参　编：易祖盛　孙　军　曾祥玲　史　方

程炜轩　赵　天　徐　采　刘明中

王正鲲　李江涛　周晨辉　陈　佩

姚达章

编 写 分 工

第一章　　陈国柱　　林小涛

第二章　　刘汉生　　陈国柱　　李江涛　　陈　佩　　林小涛

第三章　　陈国柱　　赵　天　　史　方　　徐　采　　林小涛

第四章　　陈国柱　　程炜轩　　刘明中　　王正鲲　　李江涛
　　　　　林小涛

第五章　　曾祥玲　　李江涛　　林小涛

第六章　　李江涛　　王正鲲　　刘明中　　徐　采　　林小涛

第七章　　陈国柱　　王正鲲　　赵　天　　史　方　　姚达章
　　　　　林小涛

第八章　　陈国柱　　林小涛

第九章　　刘汉生　　林小涛

第十章　　易祖盛　　陈国柱　　李江涛　　程炜轩　　林小涛

第十一章　刘汉生　　易祖盛　　林小涛

第十二章　陈国柱　　林小涛

第十三章　孙　军　　周晨辉　　林小涛

前　言

　　唐鱼（*Tanichthys albonubes* Lin，1932）的英文名为 White Cloud Mountain minnow，又名白云山鱼、金丝鱼和红尾鱼等，隶属鲤形目鲤科鲌亚科唐鱼属，是国家 II 级重点保护水生野生动物，也是华南地区鱼类区系的代表性鱼类之一。1932年，鱼类学家林书颜首次在广州白云山发现唐鱼并定名。由于其活泼灵巧、娇小艳丽，具独特的观赏价值，很快便流传至世界各地，成为人们喜爱的观赏鱼品种之一。另外，由于易于饲养，唐鱼常被用于各种实验研究，涉及水生生态毒理学、行为学、生理学、实验生态学、形态发育等研究领域。

　　唐鱼野生种群主要分布于珠江三角洲，多栖息于森林 I 级溪流。该区域地处亚热带季风气候区，其溪流生境水面狭窄、水质清澈，底质多为沙砾，水流缓急相间，具有周期性急流泛滥现象，雨季山水冲击作用显著，旱季部分溪段形成潜流而在地表出现断流。

　　过去人们曾认为由于生境的破坏，唐鱼在我国国内原产地已经野外灭绝，1998年出版的《中国濒危动物红皮书》将唐鱼的濒危等级列为野生绝迹。但后来相继在越南北部，中国广东、海南、广西等多个地方发现它的自然种群。同时，越南中部地区还发现有同属的 *T. micagemmae* 分布，因此唐鱼属并不是过去所认为的单型属。

　　1932 年以来，由于观赏鱼贸易的发展，唐鱼在世界范围内被广泛传播，并在若干远离原产地的地区，如哥伦比亚、马达加斯加、澳大利亚东海岸等建立野化的自然种群。在中国的深圳梧桐山国家森林公园也出现了疑似养殖群体逃逸而形成的自然种群。在当今发现的野外种群中，唐鱼往往是所在生境鱼类群落中的优势物种，而在实验室中的研究也表明它比生物性状相近的其他物种更具有竞争力。这些例子表明，唐鱼实际上具有很强的生存能力或扩散潜力，这与唐鱼的濒危现状存在极大的矛盾。是什么原因造成其在原产地濒危，而在原产地以外的生境数量相当丰富这一令人费解的现象呢？要回答这一问题，必须对它的生物学及生态学作详细的研究。然而，过去这方面的相关研究资料十分缺乏。从 2003 年本研究团队在广东从化地区重新发现唐鱼野生种群开始，作者所在课题组便对唐鱼进行了一系列生物学、生态学及遗传学等多方面的研究，其间曾获得国家自然科学基金的资助（No.30970555）。通过十几年的调查研究获得大量的数据，在此基础上，我们参阅大量的文献，编写了《濒危动物唐鱼生物学及其资源保护》一书。本书将着重在唐鱼基础生物学、基础生态学、保护生物学、资源开发与利用等方面系统总结国内外对唐鱼的研究成果，为阐明唐鱼的濒危机制、促进唐鱼的保护实践提供科学理论指导，并为进一步丰富我国濒危鱼类保护研究提供基础资料。

　　本书由暨南大学水生生物研究所林小涛教授负责策划、组织和统稿，由西南林业大学国家高原湿地研究中心陈国柱博士、广州市海洋与渔业自然保护区管理站刘汉生博士主笔（各章节作者详见编写分工）。编写过程中参考和引用了有关专家、学者的大量文献，已尽可能在文中注明并在文末列出，若有遗漏，敬请原作者谅解。

　　暨南大学硕士研究生廖志洪、梁海含、杨健一、刘毅、张鹏飞、蒲根毅、崔奕等参与了部分调查和采样工作，硕士研究生涂倩等协助统稿。特向上述同学和在此未提及的对本书出版做出贡献的所有人士表示衷心感谢。

作　者

2017 年 12 月

目　　录

第一篇　唐鱼基础生物学

第一章 唐鱼分类学特征及系统解剖

唐鱼（*Tanichthys albonubes*）为鲤形目鲤科鮈亚科唐鱼属的一种小型鱼类，在我国华南地区及越南北部地区呈离散的点状分布。在越南中部地区，发现了本属的另一种 *T. micagemmae*（Freyhof & Herder，2001）。有关唐鱼分类地位及分类学性状、种群间的形态差异等，国内外学者已经进行了深入研究。本章对其分类学特征进行系统总结，并对其解剖学特征进行系统论述。

第一节 唐鱼形态与分类学特征

唐鱼最早由林书颜先生在广州白云山溪流发现并进行分类描述和定名。因其发表文献久远（1932年发表于广州岭南大学校刊《岭南科学杂志》），历经近代战火磨难，原始文献已难以寻获。其后被一些鱼类学文献引用并重新描述，但因所得标本有所差异，描述出入颇多。21世纪以来，广州数家研究单位对唐鱼的形态进行了再次研究，系统地厘清了唐鱼的形态分类学特征。

一、不同地理种群的形态特征

唐鱼色彩艳丽，体背棕色或青棕色，呈金属光泽；体侧有三道彩色条纹带，从上至下分别为金黄或红黄、青铜绿、靛蓝，以金黄或红黄带为主，故其被称为"白云金丝鱼"。尾鳍基部有一黑斑点，稍后的尾鳍中心有一艳丽的红斑，故又俗称"红尾鱼"。背鳍和尾鳍基部有许多带红色的小斑点；背鳍和臀鳍呈黄绿色，在不同的生活环境中鳍缘还会出现黑色。身上各鳞片有许多小黑点。雄性个体比雌性个体色彩更丰富。腹部呈亮白色（图1-1）。

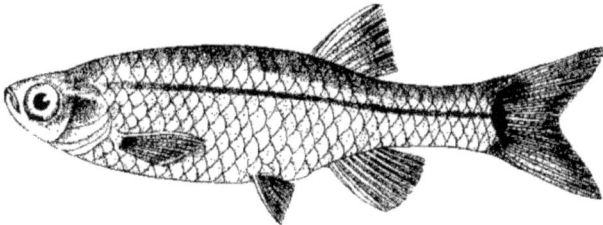

图 1-1　唐鱼雌鱼外部形态（叶富良和宋蓓玲，1991；Chan & Chen，2009）

　　作者对实验室人工培养的唐鱼种群进行过系统的细致观察。在室内培养条件下的性状描述如下：体长而侧扁，无腹棱。吻较钝，眼大；眼间隔隆起。前、后鼻孔无鼻孔瓣分开。口亚上位，口裂倾斜。下颌突出于上颌之前，上、下颌前端无相吻合的凹陷颌突起。无触须。鳞较小，无侧线。背鳍 ii-6；臀鳍 iii-8；胸鳍 i-10；腹鳍 i-6。纵列鳞 30～32。雄鱼体长为体高的 3.26～3.38 倍，为头长的 3.35～4.00 倍，为尾柄长的 4.00～4.65 倍，为尾柄高的 5.70～6.32 倍。头长为眼前长的 2.86～3.78 倍，为眼径的 2.86～3.24 倍。雌鱼体长为体高的 2.80～3.19 倍，为头长的 3.83～4.16 倍，为尾柄长的 4.82～5.15 倍，为尾柄高的 6.32～8.30 倍。头长为眼前长的 2.62～3.83 倍，为眼径的 2.95～3.45 倍（陈国柱，2005）。

　　在自然种群中，已经描述的有广东白云山、从化、清远、深圳，香港，广西桂平，海南某地（表 1-1）。在不同区域种群中，可数及可量性状存在一定差异，但这些差异被认为没有超出种内变异范围。但后来有研究认为，栖息于香港的种群与广州白云山种群存在遗传学上的差异，应该列为两个物种。2008 年在广东陆河发现的唐鱼的另一个种群，在外部形态及色彩方面与广东白云山种群存在显著差异，但目前尚未有研究报道两者是否有种级的区别。

表 1-1　唐鱼不同种群可数及可量性状的比较

| 性状 | 广东 | | | | | | 香港 | 广西桂平 | 海南 |
	从化	观赏鱼市场	白云山（1）	清远	深圳	白云山（2）			
背鳍	iii-6	ii-6	iii-6	iii-6	iii-6	ii-5～6	ii-6	ii-6	ii-6
臀鳍	iii-7～8	iii-8	iii-7～8	iii-8	iii-8	iii-7～8	iii-8	iii-10	iii-8～9
胸鳍	i-9～11	i-10	i-9～11	i-10	i-17～18	i-9～11	i-9	ii-9	
腹鳍	i-6～7	i-6	i-6	i-6	i-6	i-5～6	i-6	i-6	
体侧正中纵列鳞	30～32	30	30～32	30～32	30～32	29～33	30～31	32～34	32
全长/mm	23.9～33.2	32.0～33.1		29.0～30.0					
体长/mm	19.5～26.3	27.1～28.3	18.0～22.0	22.0～23.5	26.0～30.0	8.5～25.2	18.0～23.2	16.5～30.6	18.6～19.7

续表

性状	广东						香港	广西桂平	海南
	从化	观赏鱼市场	白云山（1）	清远	深圳	白云山（2）			
体长/体高	3.4～4.4	3.9～4.5	4.2～4.5	3.7～4.0	3.7～3.9			4.1～4.8	3.9～4.1
体长/头长	4.0～5.1	3.9～4.5	4.2～4.8	4.1～4.7	4.3～4.5	3.6～4.3	4.0～4.2	3.6～4.5	3.4～3.6
体长/尾柄长	3.4～4.3	3.5～3.9	3.9～4.2	3.8～4.4		3.1～3.8	3.7～4.0	3.0～3.9	
体长/尾柄高	7.6～9.5	9.0～9.3	8.2～8.7	7.6～7.8		7.1～9.1	7.7～8.3	6.3～8.5	
头长/眼径	2.4～3.6	3.0～3.5	2.6～3.0	2.6～3.0	3.0	2.6～3.3	2.5～2.9	2.1～3.1	
头长/眼间距	1.6～2.9	3.0～3.5	2.1～2.5	2.1～2.5	2.0～2.3			2.1～3.3	
尾柄长/尾柄高	1.8～2.9	2.3～2.7	1.9～2.2		2.0			1.6～2.8	
测量标本数/尾	40	5	5	2	3	60	3	15	3
资料来源	易祖盛等，2004	易祖盛等，2004	陈宜瑜，1989；陈宜瑜和裔新洛，1998	杨干荣和黄宏金，1982	叶富良和宋蓓玲，1991	Weitzman & Chan，1966	Weitzman & Chan，1966	李捷和李新辉，2011	Chan & Chen，2009

更为深入的研究显示，栖息于广东的不同种群的性状存在一定差异。野生种群与养殖群体之间在整体外部形态上有明显差异，而从化地区现存的 5 个野生唐鱼种群间则无显著性差异（刘汉生等，2008a）。

二、雌、雄唐鱼的形态特征差异

作者对实验室培养的种群观察显示，同批次的唐鱼雌、雄鱼间在形态上存在一定的差别，在所测量的全长、体长、体长/尾柄高等参数上雌鱼均极显著高于同龄的雄鱼（表 1-2）。在刘汉生等（2008a）进行的研究中并未将雌、雄标本区分研究，可能给研究结果带来一定的误差。

表 1-2 雌、雄成熟唐鱼的可量性状

性状	平均值		标准差		变异系数		数值变动范围	
	雌鱼	雄鱼	雌鱼	雄鱼	雌鱼	雄鱼	雌鱼	雄鱼
体长/mm	25.44	23.32**	0.983	0.392	0.039	0.017	24.00～26.50	23.00～24.00
全长/mm	31.34	29.40**	0.278	0.675	0.009	0.023	30.80～32.20	28.50～30.50
体长/全长	0.81	0.79	0.01	0.001	0.01	0.001	0.77～0.83	0.79～0.80
体长/体高	3.07	3.36**	0.028	0.007	0.009	0.002	2.80～3.19	3.26～3.38
体长/头长	3.90	3.72	0.072	0.082	0.018	0.022	3.83～4.16	3.35～4.00

续表

性状	平均值		标准差		变异系数		数值变动范围	
	雌鱼	雄鱼	雌鱼	雄鱼	雌鱼	雄鱼	雌鱼	雄鱼
体长/尾柄长	4.53	4.29	0.119	0.073	0.026	0.017	4.15～4.82	4.00～4.56
体长/尾柄高	7.16	6.01**	0.563	0.048	0.079	0.008	6.32～8.30	5.70～6.32
头长/眼前长	3.18	3.32	0.207	0.124	0.065	0.038	2.62～3.83	2.86～3.78
头长/眼径	3.28	3.03	0.066	0.053	0.020	0.017	2.95～3.45	2.86～3.24
眼径/眼前长	0.97	1.07	0.017	0.008	0.018	0.008	0.83～1.11	1.00～1.17

注：**表示雄鱼与雌鱼比较差异极显著，$P<0.01$（t检验），雌鱼、雄鱼各测量30尾

在区别雌、雄个体上，初次接触唐鱼者较难分辨。然而，唐鱼雄鱼与雌鱼在外形、色彩及行为等方面的确存在可鉴别的差异（表1-3），经过详细观察，两者间差异能够很好地区分出来。在外形上，繁殖期的雌鱼腹部膨大，雄鱼腹部收紧；在色彩上，雄鱼比雌鱼鲜艳（图1-2）；在行为上，雄鱼间具有频繁的争斗表现。

表1-3 雌、雄唐鱼区分特征

指标	雄鱼	雌鱼
外形	头部较尖细，身体紧凑，呈梭状；腹部收紧，腹白；背面观呈前钝后尖的长楔形；尾柄较粗大。腹侧血管不可见	身体丰满，常因怀卵而腹部膨大，呈鲫鱼形，背面观可见腹侧膨大突出；尾柄较瘦小；腹白，腹外侧常可见到细小的浅红色血管
色彩	体侧三带艳丽，背鳍、臀鳍外缘有一黄色带，上面有大量的红色小斑点，体背常呈透亮的青铜色，尾鳍红斑显著	体侧三带不如雄鱼艳丽，且条带范围也较窄，背鳍、臀鳍外缘黄色带不明显，尾鳍红斑较淡
行为	同性个体常会出现争斗追逐，争斗时背鳍、腹鳍、臀鳍常怒张，状如扇形，并行，尾部摆动，进行身体碰撞；在群体内常数尾雄鱼一起追逐雌性个体，并发生争斗；繁殖时尾随雌性个体，伺机交配	较为温顺、被动，同性之间很少出现争斗；繁殖时常逃避雄鱼追逐，产卵时头钻进巢质，身体朝外，等待雄鱼交尾

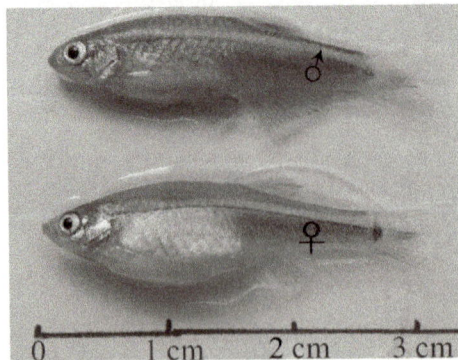

图1-2 唐鱼雌、雄鱼外形差异（彩图请扫封底二维码获取）

第二节　唐鱼系统解剖

一、唐鱼骨骼解剖

在鲤科鱼类分类系统中,鲌亚科缺乏作为一个单源类群所必须具有的共同特征,分类学者以其具有发达的围眶骨系、上眶骨与第五下眶骨相接、表现出鲤科鱼类中较原始的特征为标准,将它与鲤科的其他亚科相区分(李红敬等,2002)。唐鱼的分类地位在其研究史上存在过争论,对其骨骼的解剖研究,促进了研究的深入。Weitzman 和 Lai(1966)在对潘氏细鲫(*Aphyocypris pooni*)的分类研究过程中将其与唐鱼的头骨进行过对比研究,其唐鱼研究样品分别收集自广东的白云山及香港的粉岭。在该文中较为详细地描述了唐鱼面侧部骨骼及颌骨的构成(图 1-3)。

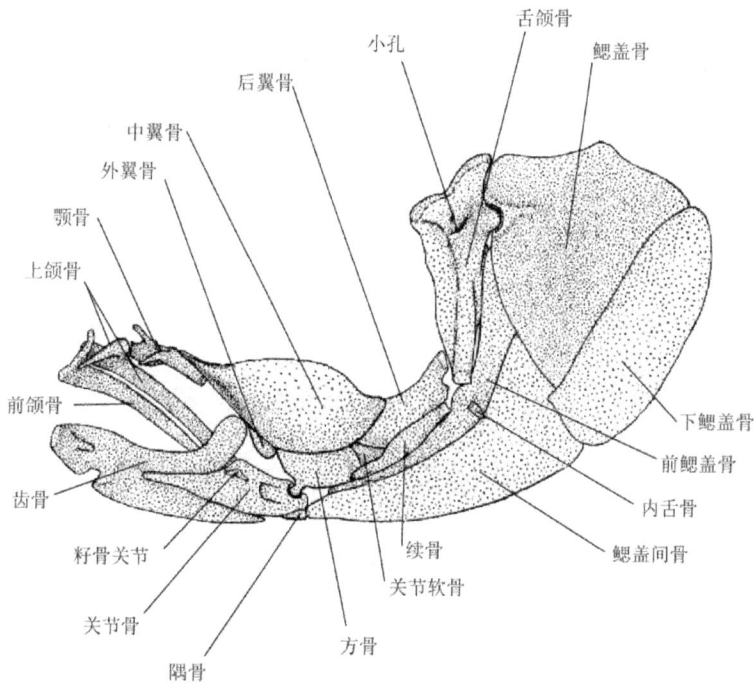

图 1-3　唐鱼面侧部骨骼及颌骨解剖图(右侧)(Weitzman & Lai,1966)

二、唐鱼脑部解剖

作者与其他单位合作者对唐鱼脑部结构进行了系统观察(方展强等,2006a)。

与其他硬骨鱼类相似，唐鱼脑可分为五部分，包括端脑、间脑、中脑、小脑和延脑，各部分的划分、命名和描述根据唐鱼脑本身的构造特征并参照秉志（1960）的研究结果。

1. 端脑

端脑（telencephalon）由嗅囊、嗅叶和大脑所组成。

嗅囊（rhinencephalon）呈长椭球形，极微小，不易观察到，为唐鱼的嗅觉器官。

嗅叶（olfactory lobe）呈长三角形，但经固定后呈长椭圆形，紧接在大脑前端，左右各一，约与大脑及中脑的长径相近，前端有细小的嗅神经与嗅囊相连。嗅叶的横切面显示，嗅叶外包一层很薄的大脑皮，前部神经元集中在中间部分，后部神经元则位于嗅叶后部，神经元排列较杂乱，但均集中在嗅叶后部的中央部位，染色较深。

大脑（cerebrum）中央有纵沟将其分隔成两个半球，大脑半球呈长椭圆形，前端稍尖，中部较宽，后端稍钝圆，大小为 1.2 mm×0.6 mm。大脑由背面的大脑皮及腹面的纹状体（基叶）所组成。大脑皮为一薄层膜状物，又称脑表或外套膜（pallium），薄而透明，为上皮组织，无神经组织，主要由嗅神经细胞组成，因此又称古脑皮（paleopallium）；腹部为两个较厚实的原始纹状体（primordial striatum），为许多神经细胞集中形成的脑组织所在处，从大脑切片可见，神经元多集中分布于背侧或内、外侧。原始纹状体与大脑皮相连形成公共脑室。大脑是鱼类的嗅觉和运动调节中枢。

2. 间脑

间脑（diencephalon）背面观由于中脑视叶极其发达而被完全遮盖，从腹面和侧面才能观察清楚。间脑可以分为上丘脑（epithalamus）、丘脑（thalamus）和下丘脑（hypothalamus）三部分。间脑腹面的下丘脑前部是视交叉（optic chiasma），后方中央是突出的漏斗（infundibulum，即中叶），其前端被一鸡心形的脑垂体（hypophysis）所覆盖，中后部有缢痕，其后为乳头体，活体解剖时可见漏斗后方有一小的红色血管，为血管囊（vascular sac）结构，经甲醛溶液固定后则区分不明显。其后两侧为一对下叶（inferior lobe），下叶内腔为下叶腔（侧隐窝）。间脑背面突出一脑上腺（epiphysis），又称松果腺（pineal gland），其中央有一斜纹，周围为大脑两半球和两视叶所围绕，内腔为第三脑室，第三脑室经后连合与第四脑室相通。

3. 中脑

中脑（mesencephalon）背面观可见两个膨大的视叶（optic lobe），或称中脑半球，每一半球从背面观其面积约为 1.2 mm×1.5 mm，占据脑背面观总面积的约1/3。中脑半球呈椭圆形至近圆形，前接大脑，后接小脑，下接间脑。膨大的视叶突出，将其下的间脑全部遮盖。背部为视盖（optic tectum），又称中脑盖（mesencephalic tectum）；腹部为中脑基部（tegmentum）（也称被盖）。视盖与被盖之间的腔为中脑室，小脑瓣由后突入中脑室。中脑的后部有纵枕（torus longitudinalis），是视盖的一部分，细胞呈颗粒状。纤维向视盖表面延伸，在视盖中央未分离处形成了较厚的纵隔，独体；而向后随着小脑瓣的突入将两视盖推向两侧，纵枕也分离成两部分。在中脑基部两侧与视盖相接处各有一突起，为中脑丘，在两丘间是中隆起，在中脑前部较显著，而往后即不甚明显。

4. 小脑

小脑（cerebellum）位于中脑后背方，呈球状。唐鱼小脑较大，几乎与一侧视盖相当，后部遮盖了延脑面叶（facial lobe）的大部分。小脑无脑室，两侧突出，称为侧叶（auricle），此结构由小脑前端发出，其中颗粒细胞甚多，是小脑颗粒层的一部分，称为颗粒隆起（eminentia granularis）。前方伸出的小脑瓣（valvula cerebella）突入中脑室而把视叶挤向两侧，唐鱼小脑瓣发达。小脑腹部分子层内凹，形成小脑腹脊（ventral ridge of cerebellum）。唐鱼小脑纵切显示壁层明显，外层为分子层，细胞极小，分布稀疏，纤维多；内层为颗粒层，又称内粒层，细胞多而密，呈颗粒状。蒲氏细胞层的观察不甚清楚。小脑瓣的组织与小脑本身的各部分大致相同。

5. 延脑

延脑（myelencephalon）为脑的最后部分，位于脊髓前端，以头骨枕骨大孔为界。唐鱼延脑前宽后窄，呈三角形。背面有脉络膜丛，揭去后可见到第四脑室，第四脑室与脊髓的中心管相连。背面观，延脑前部为小脑所遮盖。前部中间是面叶，发达。面叶为一独突（tuberculum impar），是头部与体部味觉及触觉的中心；通过周边的核层将感觉传递到延脑的运动中心。面叶的两侧是迷叶（vagal lobe），膨大，是口内味觉中心，与腭部味觉器官有关。

三、唐鱼内脏解剖

1. 心脏

心脏位于鳃盖后方的腹侧，由静脉窦、心房和心室组成。

2. 消化道

消化道较短，与体长比，雄鱼为 0.85：1；雌鱼为 0.96：1。肠的前端较大，往后渐细，有两个肠曲。肠前、后部结构差别不大。在饲养条件下肠系脂肪丰富，常依附肠的周围。

3. 肝胰脏、胆囊

肝胰脏位于腹腔前端，呈粉红色，左、右各一大叶，每一叶又由于消化道的分隔而分为上腹叶和下腹叶，下腹叶延长可近腹鳍处。每叶有一粗大而鲜红的肝静脉贯穿。胆囊位于腹腔前端，充满绿色的胆汁。

唐鱼肝组织学及透射电镜的研究显示，唐鱼肝细胞具单核，中央核仁显著；细胞质内分布着粗面内质网"线粒体"糖原颗粒、脂滴等细胞器和内含物。胆小管由 2 或 3 个相邻肝细胞质膜凹陷围成，而肝血窦则由内皮细胞的胞质成纤维细胞等参与构成。肝细胞与周边细胞通过 3 种不同方式进行联系：肝细胞之间的紧密连接；与血窦的间接连接；与胆小管的邻接。同时，研究还发现雌性唐鱼肝具有"暗"细胞和"淡"细胞两种类型（杨丽丽和方展强，2012）。

4. 鳔

鳔两室，横贯腹腔前后，紧贴脊柱。前室稍圆，后室稍尖，后端接近肛门处。

5. 性腺

在室内饲养条件下，80 d 左右便可以从形态、体色上分辨雌雄，此时已经性成熟。成熟雌鱼卵巢约占据腹腔体积的 1/2，左右各一。卵呈淡黄色。卵的颜色随摄食饵料的不同而有所不同。摄食天然饵料个体的卵黄色较深，摄食人工饵料个体的卵稍显白色。雄性精巢呈乳白色，长条状，左右各一，起于前后鳔室连接处，与肾所在位置接近，末端与泄殖腔相连，常有透明脂肪与之伴随。

精巢组织学研究显示，唐鱼精巢属于小叶型结构（温茹淑等，2012）。小叶间质将精巢分成许多精小叶，每个精小叶由数个精小囊组成，精子就在精小囊中形成。同一精小叶内的精小囊不一定同步发育，但同一精小囊中的生精细胞的发育是同步的。唐鱼的精子发生和形成过程经历了初级精原细胞、次级精原细胞、初级精母细胞、次级精母细胞、精子细胞和成熟精子 6 个阶段。精巢内同时存在初级精原细胞和次级精原细胞两种类型的精原细胞（图 1-4）。

6. 肾

肾位于前后鳔室相接处，紧贴脊柱；头肾红褐色，分两叶。

7. 脾

脾为一个红色小囊，位于腹腔中部，与肝上叶后部相近。

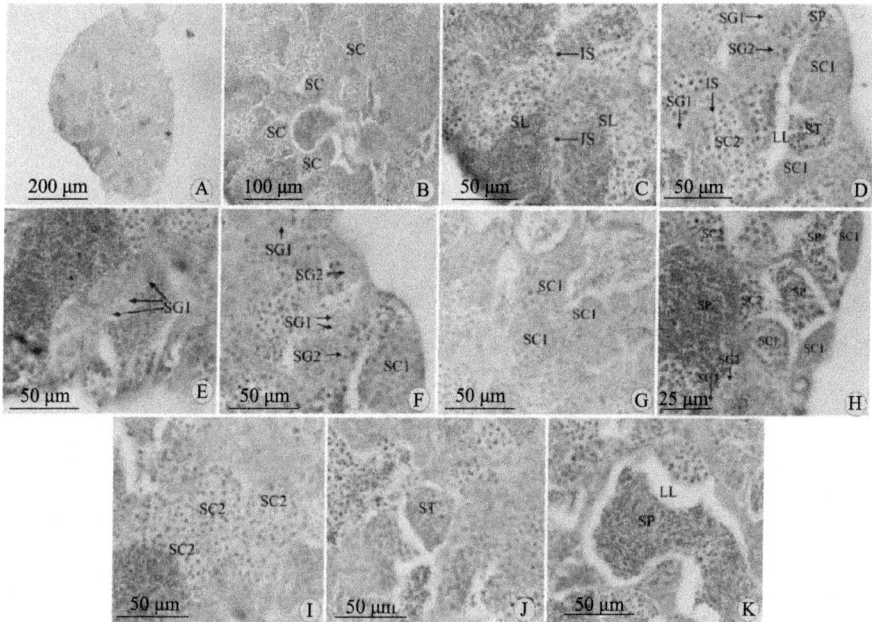

图 1-4 雄性唐鱼精巢组织结构（温茹淑等，2012）（彩图请扫封底二维码获取）

A. 精巢横切面；B. 示精小叶内精小囊；C. 示精小叶；D. 精小叶内的精小囊；E. 示初级精原细胞；F. 示次级精原细胞；G. 示初级精母细胞；H. 精小叶内的各时期精小囊；I. 示次级精母细胞；J. 示精子细胞；K. 成熟精子，示精小囊相互贯通

SL. 精小叶；IS. 小叶间质；LL. 小叶腔；SC. 精小囊；SG1. 初级精原细胞；SG2. 次级精原细胞；SC1. 初级精母细胞；SC2. 次级精母细胞；ST. 精子细胞；SP. 精子

第二章　唐鱼繁殖生物学

繁殖是鱼类生活史中最重要的生命活动之一，是种群繁衍的基本保障。不同鱼类的繁殖习性受遗传因素和环境因素影响具有各自的特征。唐鱼是主要栖息于华南地区狭窄溪流环境的小型鲤科鱼类，本章着重从两性异形、繁殖行为、繁殖力等几个方面论述唐鱼的繁殖特性。

第一节　唐鱼两性异形

本节运用多元统计分析手段，通过测定性成熟阶段唐鱼躯干部和鱼鳍等形态特征，探究雌、雄唐鱼两性异形表征。

两性异形是指雌、雄之间的性别差异，主要体现在个体大小、体色和其他局部形态，以及各种生理生化特征上。两性异形的形成与繁殖、生长和资源可获得性等密切相关。两性异形中最为直观和受关注的是雌、雄在个体大小上的差异，通常表现为雌性个体大于雄性个体或相反，以及雌、雄个体大小相似等 3 种类型，分别有助于提高雌性个体繁殖力，或有助于雄性个体追逐配偶，提高受精和繁殖成功率。本部分着重分析除体长、大小之外的其他局部形态差异。

为避免对野生唐鱼资源造成伤害，本研究采用野外捕捉野生唐鱼并在实验室条件下进行人工繁殖的方法获取子一代个体作为实验材料。待唐鱼体长达到 25 mm，已完全性成熟，随机挑选体长相近、生长状况良好的唐鱼成鱼作为实验材料。

对随机挑选的 120 尾唐鱼，用 MS-222 麻醉后，将其躯干和鱼鳍完全展开，用游标卡尺测量其躯干部形态参数（精确度为 0.01 mm），之后用 Nikon 相机（日本产，D90）对鱼鳍进行拍照，用 Photoshop 7.0 软件（美国，Adobe）测量鱼鳍照片总像素数，以及鱼鳍照片样方的宽、高、像素数，进而求出鱼鳍面积（李江涛等，2016a）。躯干部形态参数包括体长、头长、头高、头宽、体宽和体高 6 个可量性状，以及由吻前端、枕骨后末端、胸鳍基部、臀鳍起点、背鳍起点、背鳍末端、臀鳍起点、臀鳍末端和尾鳍起点 9 个测量坐标点之间的距离所形成的 12 个框架数据；鱼鳍形态参数包括胸鳍面积、背鳍面积、腹鳍面积、臀鳍面积和尾鳍面积 5 个反映鱼鳍大小的数据（图 2-1）。

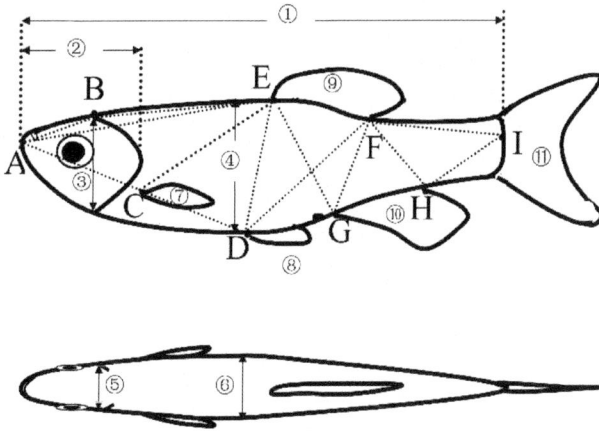

图 2-1　唐鱼形态度量框架

传统性状：①体长；②头长；③头高；④体高；⑤头宽；⑥体宽；⑦胸鳍面积；⑧腹鳍面积；⑨背鳍面积；⑩臀鳍面积；⑪尾鳍面积

框架结构：吻前端（A）；枕骨后末端（B）；胸鳍基部（C）；臀鳍起点（D）；背鳍起点（E）；背鳍末端（F）；臀鳍起点（G）；臀鳍末端（H）；尾鳍起点（I）

鱼鳍面积（FA，mm^2）计算公式：

$$FA = W \times H \times P_1/P_2$$

式中，W、H 分别为 Photoshop 7.0 直方图宽（mm）、高（mm）；P_1 和 P_2 分别是鱼鳍照片像素数和直方图总像素数。

测量结束后解剖鱼体，取出性腺并判断样品的性别。

1. 雌、雄唐鱼形态参数

两性异形主要是由于雌、雄之间在长期进化过程中面临不同的选择压力所造成的，如性选择、生育力选择、生态位分化选择等。研究表明，对于群居性鱼类而言，雄性之间配偶竞争强度通常较大，当性选择作用于雄性个体时会对其相关雄性形态特征进行放大来提高交配成功率，因而出现雄性个体大于雌性个体的现象。而本研究针对体长无显著性差异（$P>0.05$）的雌、雄个体观察其局部形态特征时，发现雄性的头高、头宽、尾鳍面积、吻端至枕骨后末端长度、腹鳍起点至背鳍末端长度、臀鳍起点至背鳍起点长度、臀鳍起点至背鳍末端长度、背鳍末端至臀鳍末端长度、背鳍末端至尾鳍起点长度等形态参数均与雌性无显著性差异（$P>0.05$）（表 2-1），这意味着雌、雄唐鱼的这些局部形态参数与体长的比例是相同的。

表 2-1　雌、雄唐鱼形态参数的统计性描述和检验结果

形态参数	K-S 检验结果（Sig.）	雌性（AVG±SD）	雄性（AVG±SD）	方差分析结果（Sig.）
体长/mm	0.772	25.24±1.92	24.51±1.55	0.710
头长/mm	0.861	5.32±0.41	5.46±0.32	0.005
头高/mm	0.990	4.43±0.35	4.34±0.38	0.280
体高/mm	0.835	6.16±0.65	5.60±0.42	<0.001
头宽/mm	0.453	3.29±0.29	3.20±0.26	0.155
体宽/mm	0.602	3.74±0.45	3.14±0.28	<0.001
胸鳍面积/mm^2	0.635	5.81±1.51	6.97±1.84	0.003
腹鳍面积/mm^2	0.483	4.07±1.07	6.26±1.58	<0.001
背鳍面积/mm^2	0.148	12.99±2.29	19.96±3.46	<0.001
臀鳍面积/mm^2	0.234	14.26±2.58	22.57±4.02	<0.001
尾鳍面积/mm^2	0.984	37.43±5.70	36.46±4.76	0.416
吻端至枕骨后末端长度/mm	0.731	3.81±0.47	3.73±0.50	0.477
吻端至背鳍起点长度/mm	0.998	14.59±1.10	14.05±0.83	0.018
吻端至臀鳍起点长度/mm	0.595	12.03±0.99	11.52±0.79	0.016
枕骨后末端至背鳍起点长度/mm	0.731	10.69±0.98	10.01±0.73	0.001
胸鳍基部至背鳍起点长度/mm	0.927	10.29±0.94	9.54±0.67	<0.001
腹鳍起点至背鳍起点长度/mm	0.765	6.69±0.67	6.25±0.47	0.001
腹鳍起点至背鳍末端长度/mm	0.902	7.27±0.72	6.98±0.74	0.079
臀鳍起点至背鳍起点长度/mm	0.875	5.26±0.56	5.30±0.53	0.729
臀鳍起点至背鳍末端长度/mm	0.844	4.75±0.69	4.75±0.46	0.963
背鳍末端至臀鳍末端长度/mm	0.757	4.13±0.61	4.27±0.40	0.243
背鳍末端至尾鳍起点长度/mm	0.986	9.08±0.81	8.69±0.70	0.027
臀鳍末端至尾鳍起点长度/mm	0.909	7.00±0.69	6.85±0.54	0.286

注：雌性样本量 67 尾，雄性样本量 53 尾。体长采用单因素方差分析，其余指标均以体长为协变量进行单因素方差分析

雄性唐鱼头长，以及胸鳍面积、腹鳍面积、背鳍面积和臀鳍面积等局部特征参数均显著大于雌性（$P<0.05$）。这可能与雌、雄鱼在长期进化中的交配压力不同有关。唐鱼作为一种栖息于溪流的小型鲤科鱼类，相比雌性，雄性需要主动寻找配偶，并且存在竞争行为，因此雄性唐鱼面临较大的交配压力。雄性唐鱼较大的胸鳍面积、腹鳍面积使其具有更高的与巡游、求偶密切相关的临界游泳速度，

以满足雄鱼在溪流生境中巡游的需要，从而有利于其在寻偶或交配过程中追逐雌性，且由于其拥有更大的腹鳍、臀鳍和背鳍，更加有利于吸引异性，以及在追逐雌鱼或与其他雄鱼进行配偶竞争过程中保持身体平衡，这体现了性选择压力在两性异形局部形态特征上的作用效果。

另外，雌性唐鱼的体高、体宽、腹鳍起点至背鳍起点长度等反映腹腔大小的参数均显著大于雄性（$P<0.05$）。这种现象可能与雌、雄唐鱼在进化过程中所面对的生育力选择压力不同有关。相比雄性，雌性唐鱼需要具有较大的腹腔空间以提高繁殖力，故在长期进化中雌性的腹腔增大，造成雌、雄唐鱼在腹部局部特征上产生一定差异。此外，雌鱼的吻端至背鳍起点长度、吻端至臀鳍起点长度、枕骨后末端至背鳍起点长度、胸鳍基部至背鳍起点长度、背鳍末端至尾鳍起点长度等反映躯干部大小的参数同样均显著大于雄性（$P<0.05$），这与雌鱼繁殖特点有关。通常来说，雌性唐鱼需要具备较高的捕食或躲避被捕食能力以增加生存能力来繁衍后代。在鱼类运动过程中，爆发游泳作为一种高速运动，其速度主要与穿越急流、捕食、躲避敌害等生存能力直接相关。并且爆发游泳过程中的主要推进力由原来低速游泳时胸鳍和尾鳍的运动转变为主要依赖躯干和尾鳍的运动，即在高速运动下鱼类主要通过调节躯体和尾鳍的摆动频率和幅度来产生推进力。相比雄性，雌性唐鱼具有更长的躯干部，从而能够在高速运动时通过躯体的摆动产生更大的推进力以弥补因其胸鳍较小导致的游泳能力不足，使雌鱼同样具有较高的爆发游泳速度，以保证其在溪流中具有较强的生存能力，从而有利于繁衍后代。

2. 主成分分析

经 Bartlett 球形检验拒绝零假设（$P<0.001$），表明样本数据来自多元正态总体，可以进行因子分析；KMO 检验统计量为 0.961，说明主成分分析效果较好。前 3 个主成分的特征根分别为 16.992、3.606 和 1.029，累计贡献率已达 94.40%，可舍去其余主成分。唐鱼形态指标在各主成分的负载系数如表 2-2 所示，第一主成分贡献率为 74.24%，负载系数较大的为体长、头长、头高、体高、体宽、头宽、吻端至枕骨后末端长度、吻端至背鳍起点长度、吻端至臀鳍起点长度、枕骨后末端至背鳍起点长度、胸鳍基部至背鳍起点长度、腹鳍起点至背鳍起点长度、腹鳍起点至背鳍末端长度、臀鳍起点至背鳍起点长度、臀鳍起点至背鳍末端长度、背鳍末端至臀鳍末端长度、背鳍末端至尾鳍起点长度、臀鳍末端至尾鳍起点长度等18 个性状指标，主要反映唐鱼躯体的主体特征。第二主成分贡献率为 15.68%，负载系数较大的分别为胸鳍面积、腹鳍面积、背鳍面积和臀鳍面积 4 个性状指标，主要反映唐鱼除尾鳍之外的鱼鳍形态特征。第三主成分贡献率为 4.48%，负载系数较大的是尾鳍面积，主要反映唐鱼尾鳍形态特征。

表 2-2　唐鱼形态特征变量主成分分析的负载系数

形态参数	负载系数		
	第一主成分	第二主成分	第三主成分
体长	0.964	−0.037	0.070
头长	0.760	0.128	−0.105
头高	0.821	0.058	−0.080
体高	0.869	−0.333	−0.047
头宽	0.804	−0.045	−0.137
体宽	0.758	−0.495	0.018
胸鳍面积	0.356	0.663	0.149
腹鳍面积	0.355	0.870	0.153
背鳍面积	0.175	0.915	0.045
臀鳍面积	0.243	0.897	−0.110
尾鳍面积	0.571	0.191	0.930
吻端至枕骨后末端长度	0.777	0.040	−0.154
吻端至背鳍起点长度	0.950	−0.116	0.091
吻端至臀鳍起点长度	0.937	−0.096	−0.018
枕骨后末端至背鳍起点长度	0.900	−0.208	0.113
胸鳍基部至背鳍起点长度	0.913	−0.271	0.113
腹鳍起点至背鳍起点长度	0.908	−0.213	−0.019
腹鳍起点至背鳍末端长度	0.803	−0.080	−0.039
臀鳍起点至背鳍起点长度	0.880	0.223	−0.175
臀鳍起点至背鳍末端长度	0.725	0.116	−0.502
背鳍末端至臀鳍末端长度	0.710	0.294	−0.355
背鳍末端至尾鳍起点长度	0.840	−0.076	0.167
臀鳍末端至尾鳍起点长度	0.806	−0.006	0.169
特征根	16.992	3.606	1.029
贡献率	74.24%	15.68%	4.48%
累计贡献率	74.24%	89.92%	94.40%

　　对第一主成分和第二主成分的因子得分进行作图分析（图 2-2）。结果显示，无论是第一主成分还是第二主成分，雌性和雄性唐鱼因子得分平均值均有一定差异。其中在第一主成分中，雌性因子得分的平均值为正数（>0），而雄性平均值为负数（<0）；在第二主成分中，雌性因子得分平均值为负数（<0），而雄性平均值为正数（>0）。表明在第一主成分（反映鱼体整体特征）和第二主成分（反

映鱼鳍大小）上雌、雄唐鱼均有一定的性别差异。但是，相比第一主成分，在第二主成分上雌、雄之间因子得分平均值差异更大，说明雌、雄唐鱼的性别差异更多的是体现在鱼鳍大小上。

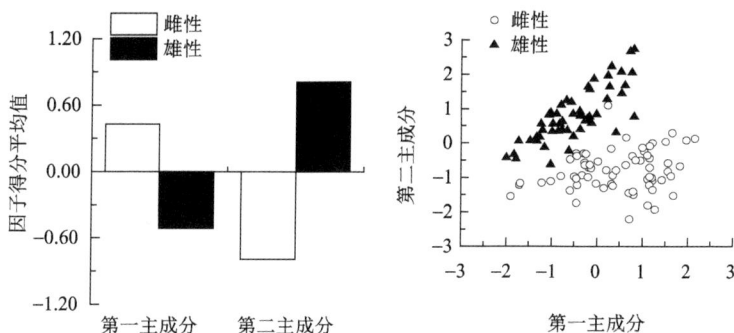

图 2-2　雌、雄唐鱼在前两个主成分的因子得分

对第一主成分和第二主成分做散点图（图 2-2），结果显示唐鱼性别在第一主成分上无法区分，而在第二主成分上却可以明显区分，其中雄性第二主成分的因子得分普遍高于雌性。由此可以认为，唐鱼性别可以通过雌雄鱼鳍的差异予以区分。

第二节　唐鱼繁殖行为

唐鱼和其他鱼类一样，在繁殖季节，雌、雄亲鱼有一个发情、求爱的过程，尤其是雄鱼，当它接近雌鱼时，会做出各种求爱动作。而在雄鱼之间，则会出现一些攻击行为。作者对唐鱼在繁殖期表现的各种行为进行初步观察，将其描述为不同的行为特征。

一、繁殖行为的定性描述

1. 占区行为

在繁殖期，雄鱼会选择隐蔽、四周有水草的地方为占区，这种行为即为占区行为（图 2-3）。雄鱼有时会在占区的四周巡逻，防止其他雄鱼侵入占区。当发现有入侵者的时候，雄鱼向入侵者张鳍警告或慢慢游向入侵者，体形较小或者是体色不够鲜艳的入侵者会马上离开；当入侵者无视张鳍警告时，占区雄鱼便马上收鳍，快速攻击入侵雄鱼的吻部、腹部及尾部；或者继续张鳍，然后用躯体碰撞入侵雄鱼，直到入侵雄鱼离开为止。在占区的初期阶段（10 min），雄鱼亦会驱赶或攻击进入占区内的雌鱼，而后雄鱼不再驱赶进入占区内的雌鱼。

图 2-3　唐鱼的占区行为（彩图请扫封底二维码获取）

2. 张鳍行为

张鳍即唐鱼同时张开背鳍、胸鳍、腹鳍、臀鳍，状如扇形。在同性之间张鳍是最基本的防御、挑衅、警告行为；在异性之间，张鳍是雄鱼吸引雌鱼的一种示爱方式，如追逐异性时，雄鱼会向雌鱼张鳍，展示自己。

3. 对峙行为

对峙行为一般发生在雄鱼之间。当两尾雄鱼靠近时各自尽力张开所有的鳍，张开的鳍像痉挛样抖动，有时甚至同时张开鳃盖（图 2-4）。两尾雄鱼的对峙行为或可能停顿在一个地方（对峙时间短），或同时向前或向后朝同一方向移动，对峙的时间延长。

图 2-4　唐鱼的对峙行为（彩图请扫封底二维码获取）

4. 撞击行为

两尾雄鱼并列靠近，同时张开背鳍、腹鳍、臀鳍对峙 1～2 min，然后其中一方或两方同时用自己的躯体撞击对方躯体的某些部位，如尾部撞击尾部、腹部撞击腹部。这种行为多数发生在占区，有时也发生在雄鱼之间争夺配偶的时候。

5. 攻击行为

唐鱼将张开的鳍收拢，紧贴在鱼体上，快速游向另一雄鱼并攻击对方的尾部、腹部及吻部，此行为多发生在占区，以达到驱赶对方的目的。

6. 求偶行为

求偶行为一般发生在雄鱼占领和守护占区之后。占区前，当两尾雄鱼靠近并各自张鳍示威时，若有雌鱼游来，雄鱼便马上收鳍，然后游向雌鱼，但此时雌鱼多数快速游离，逃避雄鱼。当雄鱼占区、护区之后，一旦发现有雌鱼游来，雄鱼便开始追逐雌鱼。刚开始，雄鱼向雌鱼张鳍炫耀或在张鳍的同时摆动躯体轻轻碰打雌鱼的躯体或摩擦雌鱼的腹部以示求爱。

7. 交配行为

雌鱼在水草之间游动，雄鱼会紧跟在雌鱼的后面。当雌鱼钻到水草里或游到水草上方时，雄鱼就会与雌鱼进行交尾。交尾时雄鱼从侧面贴近雌鱼，尾部从下向上卷紧雌鱼尾部，肛门相贴，然后瞬间排卵、射精，同时完成受精过程。若雄鱼将尾部从下向上卷的时候，雌鱼突然游走，则交配失败。

二、繁殖行为的生物学意义分析

1. 求偶行为分析

张鳍炫耀展示、轻啄是雄鱼吸引异性的诱发性反应行为；在同性之间张鳍则是一种吓唬行为，也是一种减少能量消耗和受伤的仪式化战斗。

求偶中末期，争夺同一雌鱼引起了同性雄鱼间实力的较量，最终获胜的雄鱼与雌鱼进行交配。获胜的雄鱼是占区最有力的保卫者，可有效驱逐前来抢夺占区的雄鱼，前提是获胜的雄鱼必须一直在自己的区域里。由于雄鱼之间的追打是十分消耗能量的，当原雄鱼回巢时发现占区被其他雄鱼占领，它可能马上发动攻击重新占区，但也可能会因之前消耗过多能量而放弃自己的巢，重新寻找新的占区。

2. 生殖投资

在唐鱼繁殖的过程中，雄鱼的张鳍行为、占区行为、攻击行为等与歧尾斗鱼的求偶行为有一定的相似性。但歧尾斗鱼是典型的雄鱼护卵护幼动物（谢增兰等，2006），而唐鱼不是护卵护幼动物，雌、雄唐鱼甚至都会吞食自己的鱼卵，因此在人工繁殖时唐鱼交配结束后必须将亲鱼捞出。唐鱼是典型的卵生动物，为水草黏附产卵型鱼类，其产卵量相对较大，而鲈形目的斗鱼是泡沫型产卵鱼类，产卵少，所以必须通过护幼行为来提高仔鱼的成活率。从这一点分析，雄性歧尾斗鱼的生殖投资要大于同性的唐鱼。

3. 占区的生态学意义

繁殖期的雄鱼占区是催乳激素和雄激素共同作用的结果，雌、雄鱼能在水中释放吸引异性的化学激素，而且在观察中多次发现求偶过程中雄鱼占区的地方并不一定是将来的产卵地，占区有可能起到了刺激雌鱼性成熟的作用。雄鱼占区、拥有巢穴是为了在配偶争夺战中具有更大的优势。而只有战斗力强的雄鱼才能一直守住自己的巢穴不被抢占，在争夺配偶的战斗中才能取得最后的胜利并与雌鱼配对成功，同时能保护雌鱼不受其他雄鱼的影响。

第三节　唐鱼产卵习性及其繁殖力

繁殖力是鱼类种群增长与发展的重要基础之一。繁殖力一般指繁殖季节中一尾雌鱼可能排出的卵的数量。在繁殖期，唐鱼属于连续产卵型鱼类，其实时怀卵量并不能全面反映其繁殖力的高低。本节将通过野外种群怀卵量的分析及室内种群连续产卵量的记录分析揭示唐鱼的繁殖特性和实际繁殖力。

一、野外自然种群的繁殖力

1. 鹿田种群

据作者调查，广州从化地区鹿田唐鱼雌鱼平均怀卵量（已沉淀卵黄的卵）为（65.4±50.8）粒/尾，变动范围为 6～267 粒/尾。性腺指数与怀卵量极显著相关（$r=0.735$，$n=91$，$P<0.01$；图 2-5），而性腺指数在 0.02 以上时便可出现已沉淀卵黄的卵（图 2-5）（注：本部分性腺指数用性腺与体质量比值表示）。然而，怀卵量与体长间并无显著相关性（$r=0.106$，$n=91$，$P>0.05$）。以已沉淀卵黄的卵为判断标准，雌鱼最小性成熟个体为 21.36 mm，其出现已沉淀卵黄的卵的数目为 6 粒。虽然雌鱼全年的性腺指数平均值为 0.022±0.031，并且某些月份低于 0.02（图 2-5），但采样过程中，在 1 月、3～12 月中均采集到唐鱼仔鱼（全长在 5 mm 以下）。这与种群内部在全年中总有部分个体性腺发育状况较好有关，种群内各月份的个体最大性腺指数均在 0.05 以上，可以推断即使在性腺指数较低的秋冬季节里，各月内均可能有部分个体仍进行繁殖。

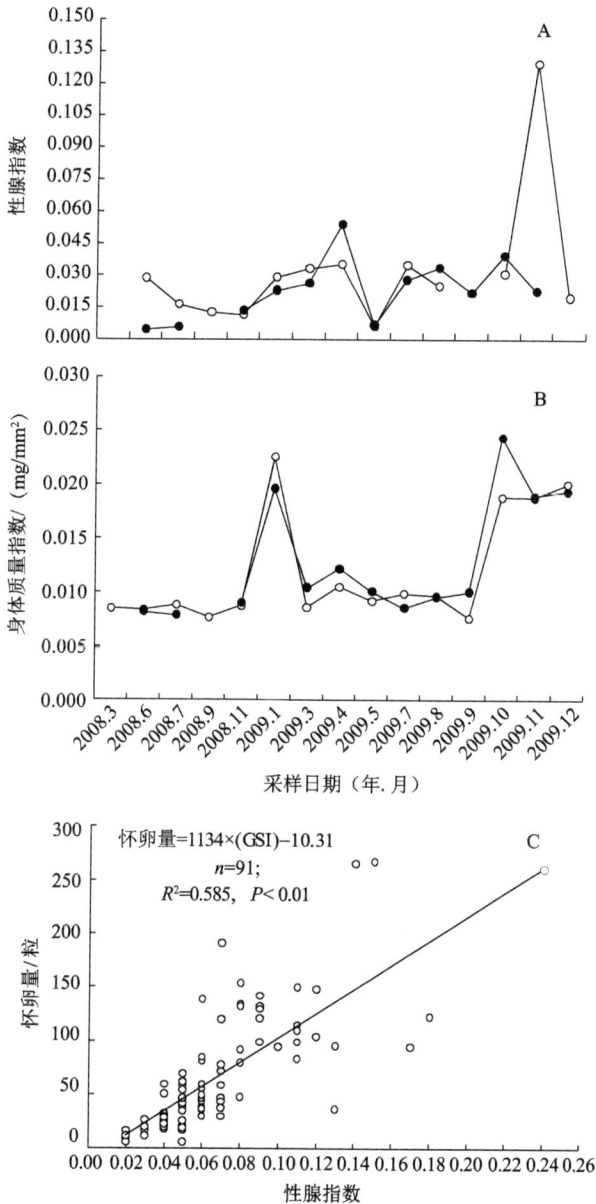

图 2-5 鹿田唐鱼种群的雌性性腺指数（GSI）（A）、身体质量指数（B）和怀卵量（C）

在 A、B 中实心及空心数据点分别为食蚊鱼入侵、无食蚊鱼入侵区域两类唐鱼种群

2. 银林种群

广州从化地区银林唐鱼雌鱼平均怀卵量为（59.1±42.4）粒/尾，变动范围为 3～280 粒/尾。其怀卵量亦与性腺指数极显著相关（r=0.817，n=166，P<0.001）（图

2-6），与鹿田种群不同的是，其怀卵量与全长极显著相关（$r=0.458$，$n=166$，$P<0.01$）（图2-6）。雌鱼最小性成熟个体全长为19.74 mm。

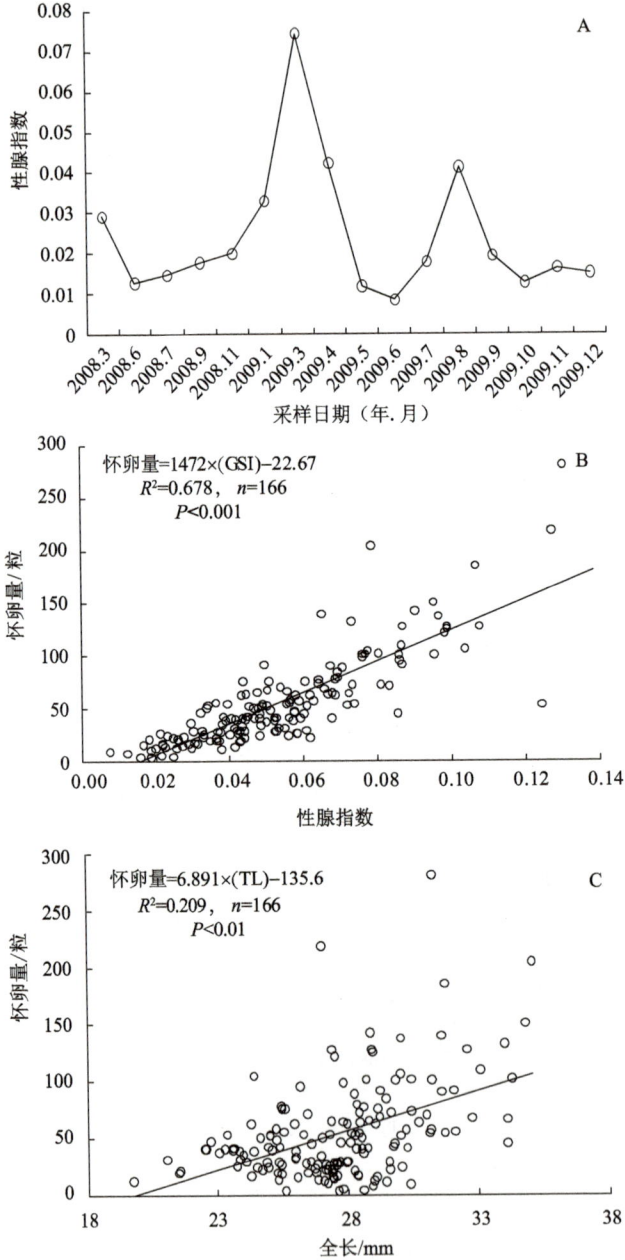

图2-6　银林唐鱼种群雌鱼性腺指数（GSI）（A）、
怀卵量及其与性腺指数（B）、全长（C）的关系

3. 野外不同繁殖群体繁殖力及其与室内养殖群体的比较

唐鱼种群具有小生境淡水小型鱼类的一般特点，即个体细小、寿命短、种群结构复杂等（Gale & Buynak，1982；王剑伟，1992，1999；Tew et al.，2002）。野外周年调查发现，虽然唐鱼的体长指标在越冬前后达到最大，但迄今未发现体长超过 30 mm 的野外个体，这一点与作者在室内饲养个体（800 日龄雌鱼，全长 45 mm，体长 38.2 mm）对比的差距极大。这可能与其在野外的寿命短有关。例如，通过耳石的鉴别，鹿田种群采集的标本中最高日龄仅为 146 d（史方等，2008）。而在本调查中，虽然越冬的个体均较大，能在初春进行繁殖，但却在夏季的前半段（5～7 月）时间里陆续消失。此后相当长的时间里，群体内无法采集到与初春可相比的大个体。因此，估计其特点与食蚊鱼种群特点类似，即越冬而来的繁殖个体在初夏的时候死亡消失（Krumholz，1948）。而后来在初冬的时候，大个体再次出现，为夏季仔鱼成长而来。对于唐鱼越冬群体在初夏消失这一问题，通过对春夏繁殖群体全长的比较也能证明。例如，在 2009 年，3 月与 8 月的性腺高峰值时间中，虽然两个时期的繁殖雌鱼的怀卵量未显示出显著差异[（66.4±43.3）粒/尾 vs.（44.2±24.6）粒/尾，方差分析，$F_{1,71}=2.620$，$P>0.05$]，但全长间存在显著差异[（29.81±2.6）mm vs.（24.35±1.4）mm，方差分析，$F_{1,71}=54.096$，$P<0.001$]。因此推断，越冬群体在初夏已死亡，而其仔鱼则形成夏季繁殖群体，其后成为新的越冬群体，如此循环往复。所以，唐鱼野外个体的寿命可能不会超过 1 年。

在唐鱼繁殖力上，鹿田种群的年平均个体怀卵量为（65.4±50.8）粒/尾，变动范围为 6～267 粒/尾；而银林种群则为（59.1±42.4）粒/尾，变动范围为 3～280 粒/尾。在这一点上，两地种群比较接近。然而，却均显著低于养殖种群。室内养殖种群中，一次的产卵量常在数百粒以上（陈国柱等，2004），作者调查得到的最高纪录是一尾雌鱼在一次配对中产下 1100 粒卵。上述的对比表明，唐鱼具有相当高的繁殖潜力，因而在饵料供应充足的条件下繁殖量大。而反过来，则表明了在野外饵料资源的限制下，唐鱼形成其相应的繁殖策略：卵少量成熟，分批产出。这种繁殖策略的生理基础则是卵巢中卵径大小连续分布，卵分批连续成熟（王剑伟，1992），而无论是在野外还是在微生态系统、室内养殖中均发现唐鱼卵巢具有此特点。作者在从化另一地点岐田所作的周年调查中发现，在某些季节里，唐鱼可以在一侧性腺中仅形成 2 粒成熟的卵，而其余卵在均未沉淀卵黄的条件下保持其繁殖可能性。从调查唐鱼种群周年性腺指数的变动特点中也发现，虽然唐鱼具有两个显著的繁殖高峰期（3 月和 8 月），而其他时间内性腺指数相对较低，但种群内仍可在一年中大部分时间繁殖出仔鱼，这充分表明唐鱼可在较低的能量摄入水平下保持种群的繁衍。另外，在银林种群中，雌鱼最小性成熟个体为 19.74 mm；而在鹿田种群中，雌鱼最小性成熟个体为 21.36

mm，与第四章中述及在室外实验小型池塘系统中最小初次性成熟个体大小（21～22 mm）较为接近。

二、室内种群

1. 不同配对时间间隔对唐鱼繁殖力及受精率的影响

在室内利用不同的配对时间间隔观察唐鱼（雌鱼全长 25.6± 0.5mm；雄鱼全长 23.4±0.5mm）在实验期间的总繁殖量（表 2-5），以初步揭示其实际繁殖力特点。各种配对时间间隔下，唐鱼的产卵情况呈现明显差异（图 2-7，图 2-8），各组间平均每次产卵量也存在极显著差异（方差分析，$F_{6,14}=4.931$，$P<0.01$）。配对间隔为 0 d 时，唐鱼产卵量从实验开始时的 200 粒以上急剧下降到 30 粒以下，随后的时间里平均每次产卵量均在此数量上下波动。配对间隔 1 d 的情况与之类似，但其平均每次产卵量在 50 粒上下波动。总体而言，唐鱼平均每次产卵量随配对时间间隔延长而增加（$r=0.799$，$n=21$，$P<0.01$；图 2-8）。当配对时间延长至 6 d 时，平均每次产卵量增至 150 粒，并且其前后各次产卵量相对稳定，各批次间的产卵量差异不显著（方差分析，$F_{2,6}=0.085$，$P>0.05$）。配对间隔 0 d、1 d 的组别受精率的波动幅度较小，而其后各组的受精率波动幅度较大（图 2-8）。

表 2-5　唐鱼配对时间间隔设计

组别	配对时间间隔/d	实验时间/d															
		0	1	2	3	4	5	6	7	8	9	10	11	12	13	14	15
I	0	+	+	+	+	+	+	+	+	+	+	+	+	+	+	+	+
II	1	+	−	+	−	+	−	+	−	+	−	+	−	+	−	+	−
III	2	+	−	−	+	−	−	+	−	−	+	−	−	+	−	−	+
IV	3	+	−	−	−	+	−	−	−	+	−	−	−	+	−	−	−
V	4	+	−	−	−	−	+	−	−	−	−	+	−	−	−	−	+
VI	5	+	−	−	−	−	−	+	−	−	−	−	−	+	−	−	−
VII	6	+	−	−	−	−	−	−	+	−	−	−	−	−	−	+	−

注："+"表示当天让雌、雄唐鱼配对；"−"表示当天只有雌鱼，没有与雄鱼配对

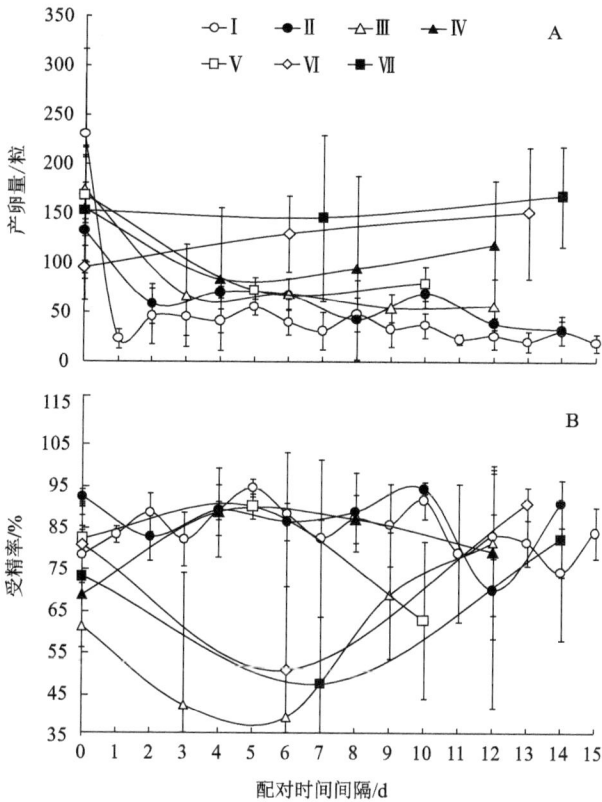

图 2-7 不同配对时间间隔下唐鱼的产卵量及受精率变化

数据的表示方式为 mean±SD，垂线段表示 SD 值

唐鱼各组别的总产卵量、平均产卵量和平均受精率见图 2-8。对各组前 3 次产卵的合计总产卵量的比较显示，各组间并无显著差异（方差分析，$F_{6,14}$=1.094，$P>0.05$）。而在 15 d 实验期间总产卵量上，不同配对时间间隔各组别间则存在极显著差异（方差分析，$F_{6,14}$=8.485，$P<0.01$）。配对时间间隔 0 d 的总产卵量最大，显著大于其余 6 组（$P<0.05$），其次是间隔 1 d 组，其总产卵量大于其他 5 组。整体来看，配对时间间隔从 0 d 增加至 4 d 时，实验期间总产卵量从 755 粒下降到 320 粒，呈现明显下降趋势。而当配对时间间隔达到最大的 6 d 时，总产卵量又重新上升，与间隔 2 d 和 3 d 组无显著性差异（$P>0.05$）。各组实验期间平均受精率有随配对时间间隔延长而呈现逐步下降的趋势（方差分析，$F_{6,14}$=4.362，$P<0.05$）。整体来看，除间隔 2 d 组平均受精率较低外（60%），其余各组的平均受精率均在 70% 以上。

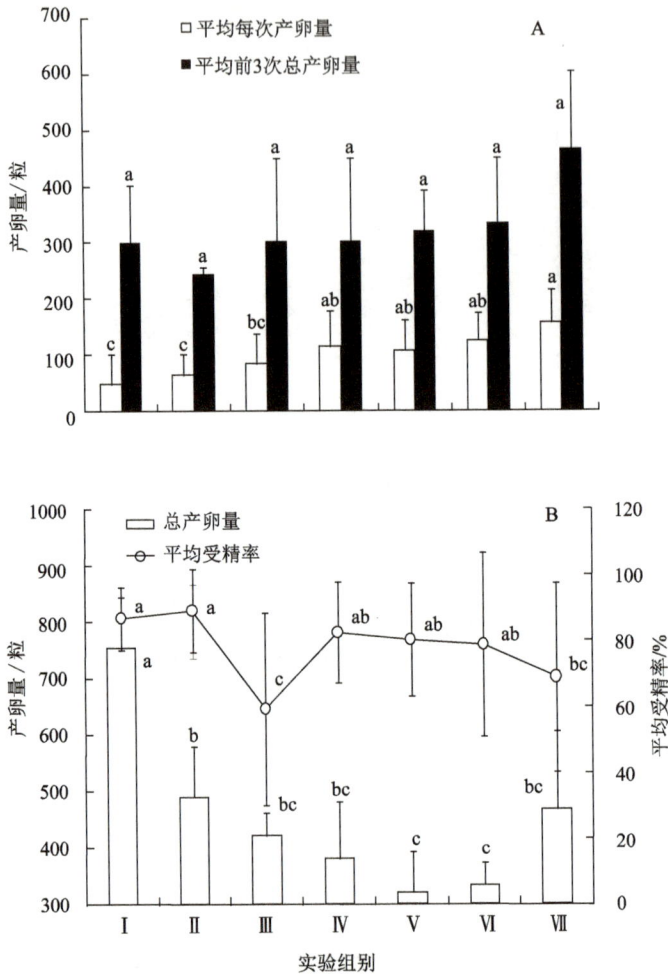

图 2-8　唐鱼各组别平均每次产卵量、前 3 次总产卵量（A）、
实验期间总产卵量和平均受精率（B）

字母不同者表示两者间有显著差异，$P<0.05$

2. 唐鱼连续产卵习性及其生态学意义

产卵类型是鱼类繁殖策略的重要组成部分之一（殷名称，1995）。鱼类是最为原始的脊椎动物类群，大多数种类具有在繁殖季节产出大量后代的能力（Winemiller & Rose，1993；Tyler & Sumpter，1996），并根据饵料供应条件调节其自身繁殖活动（殷名称，1995）。另外，为适应环境饵料资源供应和捕食者捕食的压力，鱼类各类群形成了多种多样的产卵类型，如一次性产卵类型、分批多次产卵类型、连续产卵类型等（殷名称，1995；王剑伟，1999）。

王剑伟（1992，1999）在对稀有鮈鲫繁殖生物学的研究中详细讨论过这种产卵类型与其他产卵类型如一次性产卵类型、分批多次产卵类型的区别。与分批多次产卵的鱼类如香鱼（*Plecoglossus altivelis*）（曹克驹和李明云，1982）、大银鱼（*Protosalanx hyalocranius*）（孙帼英，1985）、小黄鱼（*Pseudosciaena polyactis*）（吴佩秋，1981）不同，连续产卵类型的主要特点在于：①卵的一级贮备库持续更新；②卵母细胞持续成熟；③卵连续分批产出（王剑伟，1992，1999）。本实验中，配对时间间隔为 0 d 的第 I 组唐鱼在实验期间持续的 15 d 里每天均进行产卵，充分显示了连续产卵的主要特征。处在繁殖期的雌性唐鱼卵巢内已沉淀卵黄的卵大小呈连续分布，是其连续产卵的生理基础。迄今所知，连续产卵类型主要出现在小型鱼类中，除稀有鉤鲫、唐鱼外，美洲鰕属（*Notropis*）的鱼类也具有类似特点（Heins & Rabito，1986）。作者对唐鱼主要伴生种之一的条纹小鲃（*Puntius semifasciolatus*）的初步观察也发现类似特点。这种产卵类型具有重要的生态学意义，如保持种群早期补充的稳定性、保证幼鱼有充足饵料供应、减少繁殖代价等（Gale & Buynak，1982），是这些小型鱼类面对复杂多变的自然生境的一种重要策略。唐鱼主要栖息在丘陵地带的 I 级森林溪流及其邻近的农田、沼泽等复杂多变的生境中。一方面，溪流生境中饵料供应相对不足，对鱼类繁殖活动产生高度的压力。如何在从环境中获取较少能量的条件下取得较高的繁殖输出，成为这些鱼类繁殖策略中首先要考虑的问题。大多数野生生物需要获取一定的能量才能在繁殖季节中开始繁殖，即所谓的"繁殖阈能"（reproductive energy threshold）（DeRouen et al.，1994；Naulleau & Bonnet，1996；Madsen & Shine，1999）。虽然目前对鱼类当中是否也存在"繁殖阈能"尚无定论，但许多研究已经表明能量供应对鱼类的繁殖活动有巨大的影响（Wootton，1979）。例如，三刺鱼（*Gasterosteus aculeatus*）在繁殖季节中面临饥饿威胁时能通过消耗身体营养成分来保证卵的发育（Wootton，1973）。唐鱼在繁殖季节中每天连续少量产卵显然是对生境能量供应特点的一种适应，即当获得少量的能量时即可产出少量的卵，保证了繁殖的可能性。另一方面，由于溪流生境中浮游生物等饵料生物丰度相对较低，如果一次大量产卵，势必加剧仔鱼间对饵料的竞争压力，造成饥饿性死亡（殷名称，1991a）。因此，每次少量产卵也是有利于提高仔鱼存活可能性的重要策略。

另外，唐鱼产卵活动具有高度的可塑性。在不同的配对时间间隔下，其产卵表现明显不同，例如，在 0 d 配对时间间隔下，每天均产卵，其产卵量变动在 30 粒左右；随着配对时间间隔的增加，平均每次产卵量上升；而当配对时间间隔达 6 d 时，其平均每次产卵量保持稳定，与实验开始时的第 1 次产卵量相当。显然，这种产卵时间间隔的可塑性对野外种群的生存有利。在溪流当中的种群经常面对极为不稳定的生境压力。例如，雨季所形成的急流常将大量溪流鱼类个体冲到下游区域（Tew et al.，2002），造成上游生境存留个体数量剧烈下降。这些生境中存留个体担负起维持上游种群稳定性的重要任务。这可能是分布在丘陵森林 I 级溪流中的唐鱼一般都是当地鱼类群落优势种群（Chan & Chen，2009）的主要原因之一，也可能是唐鱼面对捕食压力的适应性策略。

然而，对于唐鱼自身产卵活动调节的环境影响因素及其生理基础尚不清楚。许多鱼类均可依据所处环境而调节自身的产卵活动（王剑伟，1992），如四大家鱼之一的草鱼（*Ctenopharyngodon idellus*）既可一年繁殖一次，也可一年多次繁殖（林光华等，1985）；小黄鱼不同地理种群的产卵类型也各不相同（吴佩秋，1981）。唐鱼在间隔较长的时间后，如本实验间隔了 6 d 的组别，在配对后产下大量的卵，这一特点从表面上看类似于青海湖裸鲤（*Gymnocypris przewalskii*）的产卵特点。青海湖裸鲤在繁殖季节里的卵同时成熟，但却是分多次产出的（胡安等，1985）。这不同于分批成熟、多次产卵的鱼类，即卵成熟一批产出一批（殷名称，1995；王剑伟，1999）。唐鱼在 0 d 配对时间间隔下每天产出一批卵，与此对照的是间隔 6 d 的组别此时应当将成熟的卵存储起来，这样才可能出现后来的一次产出大量成熟卵的结果。这样就存在一个疑问，唐鱼的卵很可能是分批成熟的，却可以积存在一起，在同一时间内产出，那么卵在卵巢内保持活力的时间有多长？从本部分的研究结果看，随着配对时间间隔的延长，受精率呈现下降的趋势，这似乎暗示着卵的质量变化。另外，配对时间间隔 0 d 的组别在实验期间的 15 d 中获得了最高的总产卵量，受精率平均高达 80%以上，并且显示出相当的稳定性，这表明采用这种产卵方式，唐鱼获得了最大的繁殖输出。其余的配对组别显示出明显的波动性，总产卵量显著低于 0 d 的组别。在自然条件下，唐鱼常聚群生活，雌、雄鱼每天均可配对繁殖，而本实验结果表明连续产卵是唐鱼自身最佳的繁殖输出方式，显然，这一产卵方式是其适应于所栖息生境的长期进化选择的结果。有关唐鱼连续产卵方式形成的环境机制及其进行调节的生态学及生理学机制尚有待进一步研究。

第三章 唐鱼早期生活史

早期生活史阶段是鱼类整个生活史中极为重要的一个环节，一般包括卵（胚胎）、仔鱼、稚鱼等 3 个阶段，有时也把当年幼鱼包含在内。早期生活史阶段，尤其是仔鱼阶段的成活率对种群数量的补充及动态变化有着决定性影响（殷名称，1991b）。唐鱼作为小型亚热带鱼类，性成熟早，当条件合适时，孵化后仅需数十天即可发育成熟，其早期生活史所经历的时间较短。然而，该阶段同样面临一系列重要事件，如需要克服从内源营养向外源营养的转变、从浮游状态向主动游动状态的转变，面临饥饿、捕食者等因素的威胁等，这些变化及因素对其早期存活有着重大影响。

本章着重从胚胎及胚后发育、仔鱼耳石发育与日龄、仔鱼耐饥饿能力、早期死亡率等方面对唐鱼早期生活史进行详细论述。

第一节 唐鱼胚胎及胚后发育

一、胚胎发育

1. 胚胎发育分期

在水温 22.5～25.0℃（平均水温 24.25℃）条件下，唐鱼胚胎发育过程（从受精到出膜）可划分为 7 个阶段：①受精、胚盘形成阶段；②卵裂阶段；③囊胚阶段；④原肠胚形成阶段；⑤神经胚形成阶段；⑥器官形成阶段；⑦孵化出膜阶段，整个发育过程又可以划分为 28 个时期（表 3-1）。为叙述方便，描述各期时间以距受精后累计时间为准。

（1）受精、胚盘形成阶段

唐鱼受精卵略带黏性，在卵膜吸水膨胀完成后，外观无色透明、饱满而有光泽，外形无极性接近正圆。不同年龄段亲鱼产的卵大小略有不同，8 月龄亲鱼所产卵的卵径为（1.017±0.001）mm，随胚体的发育增大，后期观察需剥除卵膜。受精数分钟后，卵原生质向动物极汇聚，在动物极开始形成胚盘，胚盘随卵膜的膨胀逐步隆起（图 3-1A）。

表 3-1 唐鱼胚胎发育

序号	发育时期	各发育期简要特征	阶段时间	累积时间	图号
1	受精卵	卵质分布均匀，极性不明显			
2	分裂前期	原生质集中于卵的动物极而形成隆起的胚盘	0：50′	0：50′	图 3-1A
3	2 细胞期	胚盘经裂为 2 个大小相等的分裂球			图 3-1B
4	4 细胞期		0：10′	1：00′	图 3-1C
5	8 细胞期		0：19′	1：19′	图 3-1D
6	16 细胞期		0：12′	1：31′	图 3-1E
7	32 细胞期	经过 4 次的经裂，分裂出 32 个分裂球，每一次的分裂沟与前一次的分裂沟垂直，分裂球渐小	0：16′	1：47′	图 3-1F
8	64 细胞期		0：16′	2：03′	图 3-1G
9	128 细胞期	细胞大小不均，形成隆起的细胞层，之后继续分裂	0：22′30″	2：25′30″	图 3-1H
10	多细胞期	分裂球越分越小，形成多细胞的胚体，细胞界限仍然可辨	0：32′	2：57′30″	图 3-1I
11	囊胚早期	分裂球很小，难以辨认，胚层隆起于卵黄囊上	0：39′	3：36′30″	图 3-1J
12	囊胚中期	胚层比早期为低，变薄，下降，已经看不清细胞界限	0：48′	4：24′30″	图 3-1K
13	囊胚晚期	胚层进一步下降，表面细胞向卵黄部分下包，约占整个胚体的 1/3，整个胚胎呈正圆球形	0：25′30″	4：50′00″	图 3-1L
14	原肠胚早期	胚层下包 1/2，胚环出现	1：24′30″	6：14′30″	图 3-1M
15	原肠胚中期	胚层下包 2/3～3/4，胚盾出现	1：03′30″	7：18′00″	图 3-1N
16	原肠胚晚期	胚层下包 4/5	0：53′30″	8：11′30″	图 3-1O
17	神经胚期	胚层下包 4/5～8/9，神经板形成，胚基形成	0：34′30″	8：46′00″	图 3-1P
18	胚孔闭合期	胚孔封闭，斜顶面观可见如火山口状	1：10′00″	9：56′00″	图 3-1Q
19	肌节出现	胚体中部开始出现体节（4 肌节），神经板头端隆起	3：04′00″	13：00′00″	图 3-1R
20	眼囊期	眼囊呈蚕豆形，肌节 6 或 7 对	1：20′00″	14：20′00″	图 3-1S
21	尾芽期	尾部开始与卵黄囊分离	2：06′00″	16：26′00″	—
22	尾泡期	尾部从尾基逐步发育，靠卵黄囊处可见一椭圆形油滴状囊泡结构，肌节 13 对	1：54′00″	18：20′00″	图 3-1T
23	眼晶体期	尾泡消失，眼晶体清晰可见，头部隆起显著，肌节 22 或 23 对	1：26′00″	19：46′30″	图 3-1U
24	肌肉效应期	胚体开始出现微弱的肌肉收缩，后段尾部进一步伸长	3：06′30″	22：53′00″	图 3-1V
25	耳石	一侧耳囊大多数具 2 个耳石	0：56′00″	23：49′00″	—
26	心脏搏动	心脏位于卵黄囊头端脊索前下方，管条状，开始作微弱的搏动	1：40′00″	25：29′00″	图 3-1W
27	血液循环	可见零星的血细胞沿一定的路线缓缓移动	4：22′00″	29：51′00″	—
28	出膜	尾部先出，能旋动。眼稍黑，躯体黑色素少，颜色淡。未见口裂	20：48′00″	50：39′00″	图 3-1X

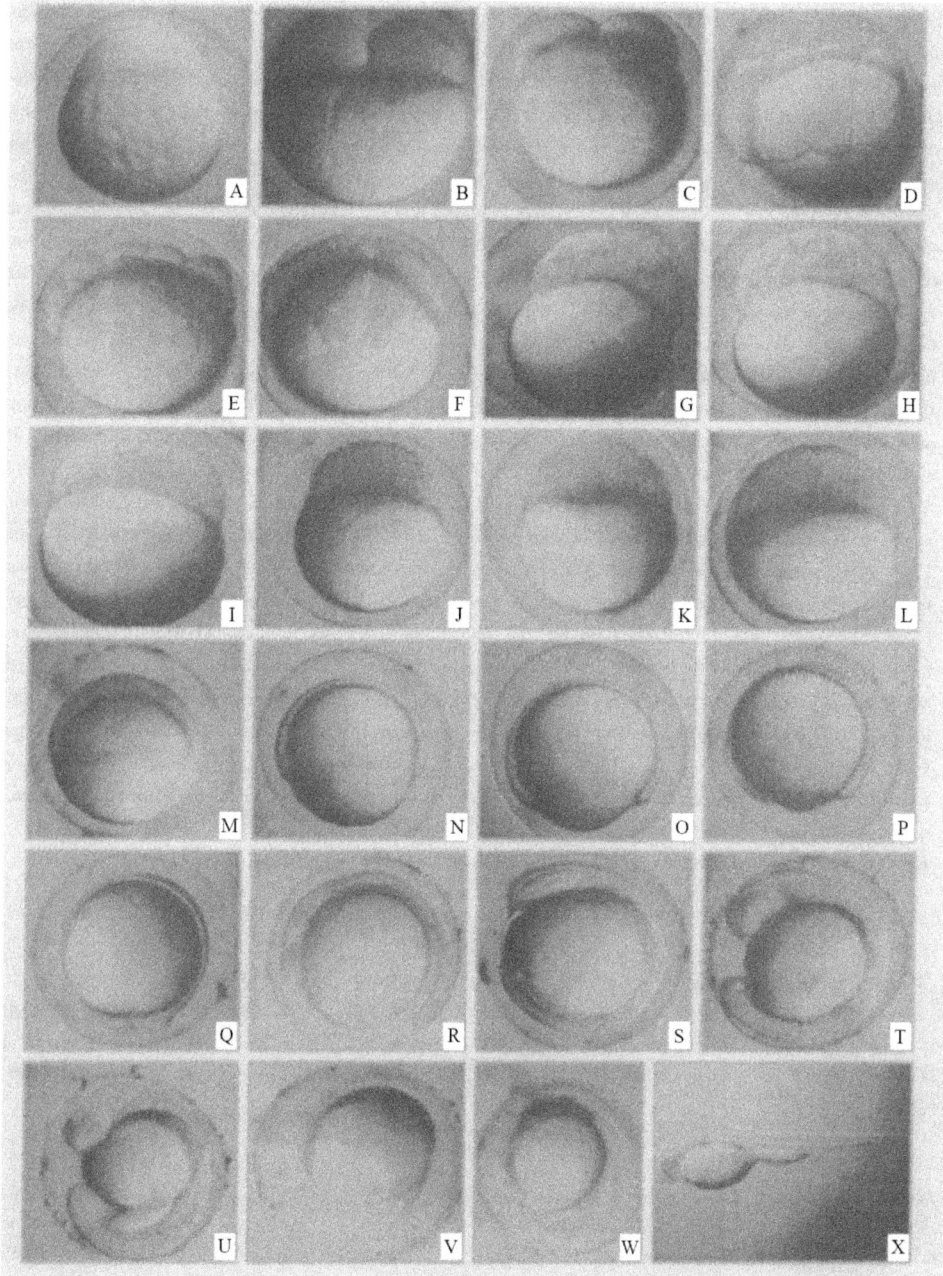

图 3-1　唐鱼胚胎发育图谱（陈国柱等，2004）

A. 分裂前期；B. 2 细胞期；C. 4 细胞期；D. 8 细胞期；E. 16 细胞期；F. 32 细胞期；G. 64 细胞期；H. 128 细胞期；I. 多细胞期；J. 囊胚早期；K. 囊胚中期；L. 囊胚晚期；M. 原肠胚早期；N. 原肠胚中期；O. 原肠胚晚期；P. 神经胚期；Q. 胚孔闭合期；R. 肌节出现；S. 眼囊期；T. 尾泡期；U. 眼晶体期；V. 肌肉效应期；W. 心脏搏动；X. 出膜（A～W，×50；X，×25）

（2）卵裂阶段

受精后 50 min，卵裂开始发生（图 3-1B～H），卵裂仅局限于动物极所在半球。第 1 次卵裂为经裂，将胚盘分成两个大小相等的卵裂球。接着发生的第 2～5 次卵裂亦均为经裂，并且每次卵裂沟均与上一次卵裂沟垂直，对于何时发生纬裂难以观察。随着卵裂的进行，卵裂球逐渐变小至不可数，胚盘逐渐增高隆起成团，状如桑葚，进入多细胞期（图 3-1I），此时距受精时间约为 2 h 57 min。

（3）囊胚阶段

3 h 36 min 左右，卵裂球越分越细，界限难辨，胚盘明显隆高，形成高囊胚，进入囊胚早期（图 3-1J）。其后 48 min 进入囊胚中期（图 3-1K），细胞更为细密，胚盘开始下降。4 h 50 min，胚盘逐渐下降，整个胚胎呈正圆形，进入囊胚晚期（图 3-1L），胚盘约占全胚体的 1/3。

（4）原肠胚形成阶段

囊胚晚期之后，囊胚层细胞以内卷和下包的方式形成原肠胚。6 h 14 min，囊胚层细胞下包抵达植物极卵黄囊的 1/2 处，标志着原肠作用的开始，进入原肠胚早期（图 3-1M），此时测得胚体直径为（0.828±0.002）mm。囊胚层继续下包，胚环、胚盾相继出现。7 h 18 min，当囊胚层下包至卵黄囊的 2/3 处时，进入原肠胚中期（图 3-1N）。囊胚层继续下包达卵黄囊的 4/5 处时，进入原肠胚晚期（图 3-1O），此时距受精时间为 8 h 11 min。

（5）神经胚形成阶段

发育至 8 h 46 min，胚盘下包至卵黄囊的底部，约占胚体的 8/9，植物极部分卵黄囊露出胚环以外，形成卵黄栓，到达神经胚期（图 3-1P）。胚孔继续收缩，逐渐合拢，9 h 56 min 闭合，进入胚孔闭合期（图 3-1Q）。此后 3 h 4 min，出现 4 对肌节（图 3-1R），胚体的头和尾部已经可以初步分辨，头部侧面观呈长蚕豆状，顶面观可见中央凹陷。尾部则增厚。

（6）器官形成阶段

距受精 14 h 20 min 时进入眼囊期（图 3-1S），眼囊如蚕豆状隆起于头部前侧，肌节 6 或 7 对。16 h 26 min 进入尾芽期，尾部逐渐与卵黄囊分离。尾部伸出过程中从卵黄囊中拉出一油滴状的空泡状结构，此为尾泡，18 h 20 min 进入尾泡期（图 3-1T），肌节 13 对，头部充分隆起，可明显分辨出前、中、后脑三部分，与此同时耳囊原基出现。19 h 46 min 在尾泡趋于消失的时候眼晶体出现（图 3-1U），肌节 22 或 23 对。几乎同时耳囊也出现，故耳囊期不另外标出。继而在 22 h 53 min 进入肌肉效应期（图 3-1V），最先出现蠕动的地方是接近头部的前 3 对肌节中，然后随尾部的伸长和肌节的增加，蠕动点逐渐往后推移。23 h 49 min 耳石出现，胚体的蠕动点在卵黄被拉长起点处的肌节上。耳石大部分为一侧耳囊 2 个，但也有观察到 3 个或无的情况，可能与变异有关。距受精 25 h 29 min 时心脏开始微弱搏动，心率为 27.9 次/h，此时心脏位于眼囊之后耳囊之前的卵黄囊前上部（图3-1W）。其后的 4 h 22 min 观察到血液循环的出现，刚开始时只能见到零星的 1或 2 个血细胞沿一定的路线缓缓移动，此时的心率为 53.8 次/h。

（7）孵化出膜阶段

器官形成阶段的后期出现血液循环，血管管道逐渐发展，血细胞逐渐增多，血液渐渐显现淡黄色，可见到一定的循环路线。出膜前卵黄囊前部两侧形成粗大的居维叶氏管，心脏移入围心腔，血液渐出现淡粉红色，血细胞如尖谷状，躯体血液循环路线清晰。出膜前心跳为 149.7 次/h。出膜前卵膜开始软化，如果此时用吸管吸取卵粒则很容易戳破卵膜，造成提前出膜。出膜前胚体在卵膜内不断激烈挣扎，尾部首先刺破卵膜，先于头部伸出（图 3-1X）。尾部出膜后，仔鱼通过猛然抖动摆脱卵膜。刚出膜仔鱼尾部弯曲，只能在水底作旋动，偶尔冲游。身体仅有少量淡灰色色素斑，眼亦为灰色，色素以咽喉所在位置附近最多。头部弯曲紧贴围心腔，围心腔透明，位于卵黄囊前下部。卵黄囊前部长椭圆到椭圆近球形，往后部渐细，呈棒状，整体呈梨状。未出现胸鳍原基，绕躯干及尾部为一连贯的透明鳍膜。消化系统尚未发育。心脏搏动有力，血液淡红色。从受精到出膜的整个胚胎发育过程大约历时 50 h（22.5～25.0℃）。

综上所述，唐鱼的胚胎发育主要有以下几个特点：①眼囊出现的同时可观察到克氏囊（Kupffer's vesicle）的出现，此时的卵黄囊近乎通透，可透过它观察到肌节的腹面。②尾泡出现的同时可观察到耳囊原基的出现，但尾泡期先于听囊期出现这一点与四大家鱼相反，与银色颌须鮈（Gnathopogon argentatus）（梁秩焱等，1982）及稀有鮈鲫（Gobiocypris rarus）（常剑波等，1995）相同。尾泡消失的同时进入肌肉效应初期，与稀有鮈鲫有所不同。稀有鮈鲫尾泡存留时间较长，肌肉效应期仍清晰可见，而银色颌须鮈尾泡存留的时间较短。③孵出前的器官分化程度低，消化系统尚未发育，还未形成胸鳍原基，与银色颌须鮈近似，与稀有鮈鲫差异较大。孵出时身体仅有少量色素花，且头部居多，颜色浅灰较淡。

2. 水温对胚胎发育的影响

利用差异明显的 4 个自然水温梯度初步研究了水温对胚胎发育的影响，4 个阶段的统计结果如表 3-2 所示。14.0～16.8℃时发育约需要 147 h，22.5～25.0℃需要 50 h，28～30℃大约需要 28 h。7月和 10 月的水温比较稳定，11月中下旬水温发生了明显的变化。11 月 9～15 日观察期间，发现两种不同的现象：水温由 20.3℃骤然下降至 17℃，后缓慢回升到 21℃，产卵发生在水温 20.3℃，在 19.1℃时出膜，发育历时约 122 h；水温由 17.0℃缓慢回升到 21.0℃，产卵发生在 17.0℃，在水温回升到 21.0℃时出膜，发育历时约 89 h，两者相差约 33 h。水温在 14～30℃时，升高水温能缩短唐鱼胚胎发育时间，降低水温则对发育起到相应的延迟作用。

表 3-2　水温对唐鱼胚胎发育的影响

项目	观察日期（2003 年）				
	7 月 20～21 日	10 月 21～23 日	11 月 9～14 日	11 月 12～15 日	12 月 14～21 日
水温/℃	28.0～30.0	22.5～25.0	17.0～20.3	17.0～21.0	14.0～16.8
平均水温/℃	—	24.25	17.78	19.28	15.25
历时/h	28	50	122	89	147

11 月进行的实验发现，胚胎早期遇到水温下降，即使后来温度回升，发育历程仍然大为延长，作者认为这里可以用有效积温（effective accumulated temperature）理论作解释。温度与生物发育的关系比较集中地反映在温度对植物和变温动物发育速率的影响上，植物和变温动物在生长发育过程中必须从环境中摄取一定的热量才能完成某一阶段的发育，而且各个发育阶段所需要的总热量是一个常数，为了完成某一发育阶段所需的一定的总热量就称为有效积温，依据 $K=N$ $(T-C)$ 公式计算。K 为总积温（为一常数），N 为生长发育所需时间，T 为发育期间的平均温度，C 为发育起点温度（孙儒泳等，1993），只有在发育起点温度以上的温度对发育才是有效的。初步估算唐鱼发育的理论起点温度为 13.73℃，发育所需的理论有效积温为 494 时度，计算方法参见参考文献（孙儒泳等，1993）。在平均水温为 15.25℃时，胚胎发育积温为 223.44 时度，明显低于理论值，这可能反映出此温度已超出唐鱼最适孵化水温。在适宜温度范围内有效积温应较为一致，而超出此适宜范围，在低温区，实际发育时间常低于预测值，对适温范围较宽的鱼类来说，胚胎发育的积温在接近下限时会有较大的变化（张春光和赵亚辉，2000）。因此可以解释 11 月进行实验发现的在始-末温度极为接近的情况下，为何发育历时相差 33 h，其主要原因在于两者的平均水温不同。11 月 9～14 日平均水温为 17.78℃，比 11 月 12～15 日平均 19.28℃低 1.5℃，完成某一发育阶段所需发育总积温是相同的，故平均水温较低的条件下完成胚胎发育的时间相应延长。

二、胚后发育

1. 胚后发育分期

狭义上，鱼类胚后发育指由孵出到仔鱼鳞片覆盖全身所经历的过程；广义上，则包括了孵出后直到成熟以致死亡的整个生活史。本部分对其胚后发育过程的描述采用了前者，但也对至性成熟阶段的发育特点进行了补充描述。唐鱼的胚后发育经历卵黄囊期仔鱼（yolk-sac larva）、晚期仔鱼（late stage larva）、稚鱼（juvenile fish）、幼鱼（young fish）和成鱼（adult fish）5 个阶段。根据外部形态、器官发育程度等特点又分为 12 个时期。各时期均依据 50%以上个体出现该时期特征作为起始时间。所标明温度为该阶段平均温度。

（1）卵黄囊期仔鱼阶段

本阶段从仔鱼孵化出膜至卵黄吸收，仔鱼开始完全依靠外源营养为止，从出膜起历时 5 d，包括孵出期（hatching stage）、胸鳍形成期（pectoral fin formation stage）和鳔一室期（one chamber air bladder stage）。水温为（24.0±1.0）℃。

1）孵出期

初孵仔鱼全长（2.760±0.002）mm，身体无或仅有少量淡灰色色素斑，眼淡灰色。头部弯曲紧贴透明围心腔。卵黄囊前部长椭圆到椭圆近球形，往后部渐细，呈棒状，整体呈梨状。未出现胸鳍原基，绕躯干及尾部为一连贯的透明鳍膜。心脏位于身体中轴线偏卵黄囊左侧（图 3-2A～C），搏动有力，心率为 147.9 次/min，血液淡红色。消化系统尚未发育（图 3-3-1）。孵出后 4～6 h 胸鳍原基出现，在 2 或 3 肌节外侧隆起小团状物。孵出后 6～8 h 心脏进入正中线（图 3-3-2）。肌节 5+12+15=32，"V"形。此时仔鱼静息水底，偶尔作垂直向上冲游。12 h，耳囊两侧开始聚集色素花，呈带状，颜色由浅灰色逐步向黑色过渡；身体背面，特别是头前部出现淡黄色，眼浅灰。出现不太明显的口窝，部分仔鱼开始倚靠养殖容器壁。

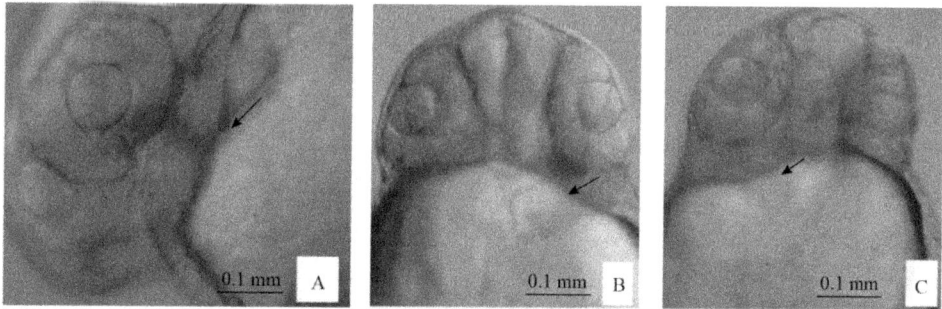

图 3-2　唐鱼胚后发育图谱（初孵仔鱼）（方展强等，2006b）

A. 初孵仔鱼侧面观（×100）；B. 初孵仔鱼腹面观（×60）；C. 初孵仔鱼背面观（×60）；箭头所指位置为心脏所在

2）胸鳍形成期

孵出后 20～24 h 形成胸鳍芽，呈月牙状突起，尚不能动。身体黄色加深，色素花收缩成色素小圆点（图 3-3-3）。口窝明显，下凹。此时可以观察到绝大部分仔鱼依靠头部吸附挂在烧杯壁上。血液循环开始环绕躯体的鳍褶，逐步出现一些血管通道小弧，与主循环沟通尚不通畅。2 d 后口裂和鳃裂出现，在显微镜下可以观察到鳃裂处的微小血液循环，开始仅有一小段回路，之后形成第二、第三回路（图 3-3-4）。卵黄囊消耗较多，在鳔雏形下方出现黄色到浅橘黄色的小团，至此，消化道可见裂缝出现。卵黄囊靠近头部一段可清晰地看到肝的出现，尚未分叶。2～2.5 d，胸鳍形成，鳍尖可达 4～6 肌节处，能划动，此时仔鱼多作短时斜向上冲游，尚未能水平游动。环绕躯体的鳍褶出现许多规则的血管弧，血流迅速，与主循环沟通顺畅。消化道裂缝进一步扩大，可达鳔雏形的后部，尚未见到肠道皱褶。仔鱼颌部形成并出现开合动作。

3）鳔一室期

孵出后 3 d，鳔充气，一室。鳔充气初期，可以在鳔囊中观察到逐步出现折光很强的圆形小气泡，起始的位置多在鳔囊前端。其后气泡逐步增大，占据鳔囊中部。鳔充气完成需耗时约 24 h。充气初期，仔鱼开始脱离养殖容器壁，浮集水面，此时仔鱼反复进行间断的斜向短距离冲游，努力接近水面。当鳔充气接近鳔囊 1/3 时，仔鱼依靠鳔的调节作用，开始获得水平游动能力，巡游模式建立（图 3-3-5）。巡游模式建立后的仔鱼集中在水体表层，来回游动进行类似搜索食物的运动。此时若进行投喂，部分仔鱼能摄食，但主动追捕猎物能力有限，常观察到刚刚捕捉到的草履虫从仔鱼口中逃出，而仔鱼稍作追逐便放弃。鳔一室期仔鱼卵黄囊尚多，让位于逐步出现的消化道，退居腹部下侧。在卵黄囊前端已经可以观察到一侧肝分为上、下两叶。3.5 d 左右，肠道皱褶出现，此时仔鱼开口摄食，进入了混合营养期（mixed nutrition stage）。此时，仔鱼在身体侧部和头部可观察到出现少量感觉芽，体一侧有 5～7 个，头部有 4～6 个。

（2）晚期仔鱼阶段

本阶段的仔鱼完全依靠外源物质获取能量，主要以鳔二室、脊椎形成，以及各鳍的分化与形成为主要标志。包括卵黄消失期（exhaustion of yolk stage）、尾鳍分化期（caudal tip lifting stage）、背鳍分化期（differentiation of dorsal fin stage）、鳔二室期（two chambers air bladder stage）、臀鳍形成期（formation of anal fin stage）和腹鳍形成期（formation of pelvic fin stage）。

1）卵黄消失期

孵出后第 5 天，卵黄吸收完全（图 3-3-6）。全长为（3.862±0.006）mm。此时鳔从背面观呈倒心形，折光性强。仔鱼身体色素花开始有规律地聚集，背、腹和体侧中线上聚集成线。胸鳍上可以观察到鳍条已经出现，散开成扇状。在体侧可以观测到一些细微皮肤突起，为感觉芽，但排列不规则，而且数量很少。眼乌黑发亮，转动灵活。眼眶内出现银蓝色色素。肌节"V"形。肠道为直条形，该时期仔鱼在空腹状态下可以明显观察到肠道皱褶的突起和肠道的缓慢蠕动。

2）尾鳍分化期

孵化后第 7 天，尾鳍褶斜下方出现了一团模糊的鳍条原基，血流开始在此出现。孵出后的第 9 天，尾椎骨斜下方开始出现色素花下移入尾鳍褶，呈斜扇状，尾鳍开始分化，大部分个体出现鳍条；脊索末端未向上弯曲。全长（4.138±0.007）mm，鳔一室；肠道为直条形；肌节"V"形；第 12 天的仔鱼全长（4.753±0.054）mm。肌节仍为"V"形，脊索末端略向上弯曲，近末端斜下方隐约可见出现数枚尾鳍鳍条，分辨不甚清晰（图 3-3-7），此为第一组鳍条。仔鱼躯体上的淡黄色消失，代之出现淡暗红色。色素点分布更为规则。该时期仔鱼在各个水层均停留觅食。

3）背鳍分化期

孵出后第 15 天，全长（5.868±0.388）mm。背鳍褶突起明显，可观察到鳍条原基的出现，在此稍前，臀鳍原基亦已经出现（图 3-3-8）。此时尾鳍发育出第二组鳍条，位于第一组鳍条上侧，比第一组向外。两组鳍条分居于尾椎骨上下两侧，仍为歪尾型。鳔一室；肠仍为直条形。孵出后 30 d 左右背鳍分化才完成。

4）鳔二室期

孵出后 18 d 左右，部分仔鱼在第一鳔室前端出现了第二鳔室原基，逐步出现一个小气室，最后发育出第二鳔室。孵化后 20 d 有 73.3%的仔鱼长出第二鳔室，全长为（6.758±0.519）mm。肠道开始出现弯折（图 3-3-9），形成第一个弯曲。背鳍突起明显，约有 33%的仔鱼长出 1～3 枚鳍条。有 73.3%的仔鱼长出 3～10 枚臀鳍条。该时期在鳔下方可见有一团圆形颗粒结构，初步确定为早期性腺。脊索末端向上弯曲，一叶尾鳍条为 3～7 枚。肌节开始向"W"形过渡。

5）臀鳍形成期

时期较长，横跨鳔二室期。臀鳍的分化几乎与背鳍分化同步，但发育时间更长。孵出后 30 d 鳍条基本长齐，臀鳍条 i-9。

6）腹鳍形成期

孵出后 33 d，全长（11.173±0.539）mm。仔鱼长出腹鳍芽，20%的仔鱼可观察到腹鳍条（图 3-3-10）。躯体后部鳍褶仍残存较多。尾鳍正尾型，鳍条发育完全。背鳍和臀鳍已经发育完全，鳍条均清晰可见，背鳍条 i-7，臀鳍条 i-12。肌节类型转入"W"形。肠道形成第二个弯曲。感觉芽逐步隐退。此时可观察到尾鳍中央靠近尾柄的地方呈现特征性的红色。

（3）稚鱼阶段

稚鱼期始于孵出后的 45 d，全长（14.45±2.24）mm。仔鱼腹鳍条基本长出，42.9%的仔鱼完成腹鳍的分化；85.7%的仔鱼长出鳞片，57.1%的仔鱼身体前后均长出鳞片，但身体透明这一仔鱼特点尚未消失；腹膜尚未闭合，鳍褶基本消失。初次出现的鳞片鳞纹只有 1 或 2 圈，且多数不完全闭合。此时由于白色腹膜的遮盖，已经不能活体观察到肠道的盘折状况。解剖发现肠道的盘折与成鱼特点类似，共有两个回曲，均为逆时针盘曲。部分个体在尾柄和尾鳍联结处出现一小团黑斑，尾鳍上出现橘红色素点。体侧出现类似成鱼的 3 条色带，呈银绿色金属光泽。

（4）幼鱼阶段

幼鱼期始于孵出后 50～55 d，全长（15.62±1.65）mm，稚鱼身上鳞片基本长出，腹膜闭合，为银白色。身体透明这一稚鱼特点完全消失，标志着进入幼鱼期（图 3-3-11）。此时鳞片鳞纹只有 2 或 3 圈。进入幼鱼阶段的个体形态与成鱼类似，体侧色带显示出鲜艳颜色。

（5）成鱼阶段

在进入成鱼阶段之前，仔幼鱼生长非常迅速。孵出后 77 d 左右，部分性成熟较早的个体开始繁殖，但只能产少量的卵。此时雌性个体较雄性个体易于辨别。同一批仔鱼雌、雄成熟时间基本一致。性成熟的雄鱼尾部红色色斑变得艳丽，出现追逐雌鱼和驱赶同性的行为。室内饲养条件下初次成熟雌鱼和雄鱼的全长分别为（22.5±2.53）mm 和（20.2±1.86）mm。孵出 90 d 后，雌、雄鱼之间的性别特征渐趋明显（图 3-3）。雌鱼由于怀有的成熟卵量渐增，腹部开始膨大，雄鱼体色渐趋华丽，雄鱼间的争斗现象逐渐增多。

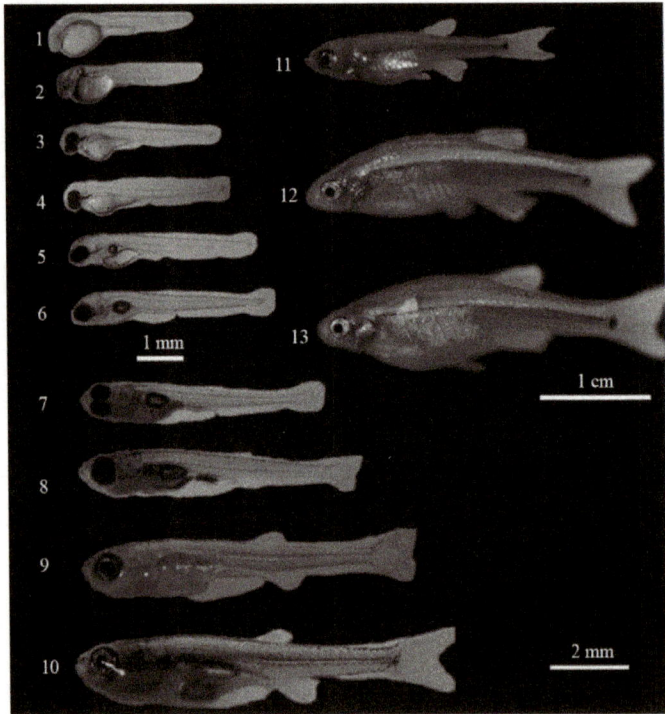

图 3-3　唐鱼胚后发育图谱（仔鱼到成鱼）（方展强等，2006b）

1.初孵仔鱼；2.孵出 6 h 仔鱼；3.1 d 仔鱼；4. 2 d 仔鱼；5. 3 d 仔鱼，巡游模式建立；6. 5 d 仔鱼，卵黄耗尽；7. 12 d 仔鱼，尾鳍分化期；8. 18 d 仔鱼，臀鳍、背鳍分化期；9. 20 d 仔鱼，鳔二室期；10. 33 d 仔鱼，腹鳍分化期；11. 60 d，幼鱼期；12. 成年雄鱼；13. 成年雌鱼

2. 胚后发育特点

（1）心脏位置

唐鱼初孵仔鱼心脏居于身体中轴线的左侧，随着发育时间的增加，心脏位置落入围心腔并逐步转移到身体中轴线上。这与许多淡水鱼类初孵仔鱼的特征有不同之处，如对斑马鱼（*Brachydanio rerio*）初孵仔鱼心脏位置的观察发现，初孵仔

鱼的心脏已经居于身体的正中线。一些鱼类，如泥鳅（*Misgurnus anguillicaudatus*），初孵仔鱼发育极不完善，出膜后 7 h 30 min 才在内耳的前下方出现心管，其后才产生节律性搏动（郑文彪，1985）。因此可以认为，初孵仔鱼心脏位置的变动特点是种的发育特征。其他一些鱼类关于初孵仔鱼心脏位置的描述较为简单，如麦穗鱼（*Pseudorasbora parva*）初孵仔鱼心脏位于卵黄囊前方（孟庆闻，1982）；尖鳍鲤（*Cyprinus acutidorsalis*）初孵时期心脏落入围心腔（易祖盛等，2002），具体的位置则没有明确描述。在对稀有鮈鲫（*Gobiocypris rarus*）胚胎发育的观察中，研究者也没有明确指出它初孵时的心脏位置（常剑波等，1995），但从胸鳍发育已经相当完善的情况推测，其心脏应该已经居于身体正中线。

唐鱼仔鱼心脏位置随卵黄囊卵黄的消耗变化而变动。随着卵黄囊前部卵黄的消耗，腾出的空间让围心腔得到扩展，心脏随之移动。由此推测，唐鱼仔鱼心脏在发育初期位居身体一侧的原因可能是当心脏位于身体一侧时，可减少来自卵黄的挤压作用，从而降低搏动的代谢耗能，这是进化过程中自然选择的结果。孵出后，仔鱼的身体得到舒展，由于发育尚不完善，卵黄尚多，心脏位置还得不到调整，因此观察到初孵时心脏居于左侧的现象。至于为何选择在左侧而不是右侧，这可能与胚胎时期胚胎的卷曲方式有关，尚有待进一步研究。

一般认为，高温和缺氧会导致鱼类胚胎提前出膜。不同水温条件下，唐鱼初孵仔鱼的发育程度有较大差别。据不完全统计，唐鱼胚胎发育在平均水温低于20℃的条件下进行时，初孵的仔鱼已经发育至胸鳍芽突起时期，此时头背部出现淡黄色，色素花呈灰黑色，其颜色较深，鳍膜舒展，心脏位置也较为接近身体中轴线；在23～30℃水温条件下进行时，则初孵仔鱼身体没有任何色素花，心脏位置偏左，胸鳍原基未出现，鳍膜尾部尚未充分舒展；在20～23℃水温条件下进行时，初孵仔鱼特征则介于以上两者之间。

（2）仔鱼卵黄囊的消耗方式

对仔鱼卵黄囊吸收方面的研究有较多报道（潘炯华和郑文彪，1982，1983；潘炯华，1983；郑文彪，1984）。鲤科和鳅科鱼类的卵黄囊前部先被吸收，故呈长柱形或卵圆形（孟庆闻，1982；郑文彪，1985）；鲈形目的歧尾斗鱼（*Macropodus opercularis*）的卵黄囊先从后部吸收，故卵黄囊呈圆形（郑文彪，1984）；鲇形目的几种胡鲇的卵黄囊不呈明显的前部或后部先吸收的现象，而是趋于逐步吸收缩小，最后在腹部残留一长条形的卵黄囊（潘炯华和郑文彪，1982，1983；潘炯华，1983）。本研究发现，唐鱼仔鱼卵黄囊的形状从初孵时的近似梨状转变成瓢状、芒果状，退居腹部后下侧，直至消失。这个特点与大多数的鲤科鱼类仔鱼的卵黄囊吸收特点存在一定差异。唐鱼卵黄囊的变化方式与内脏器官的发育是相适应的。例如，鳔逐步发育，卵黄囊最先在鳔下侧部分被迅速吸收；接着消化系统出现，如肝最早在卵黄囊前部出现，卵黄囊前部也进行快速吸收；随着消化道的扩张，卵黄囊靠近这些结构的部分均被迅速吸收；同时卵黄囊的吸收也推进了居维叶氏管的前移。仔鱼消化道最初形成时呈直条形，前部膨大呈囊状，直接导致了卵黄囊退居腹部后侧，并在这个位置最终被吸收完毕。

（3）感觉芽

鱼类仔鱼体表出现管状突起的感觉芽，是仔鱼的感觉器官。唐鱼仔鱼体表感觉芽最早在孵出后的 2.5～3 d 观察到，较为稀少，此时也是巡游模式即将建立的时期。感觉芽在此时期出现的生理和生态意义在于：感觉芽是仔鱼的感觉器官，此前的仔鱼活动较少，暂不需要较为敏感地感知水流等环境变化的感觉器官；一旦仔鱼巡游模式建立，游动变得频繁，摄食活动也将展开，要求精确地感知水流等环境变化，这就需要得到感觉芽等感觉器官的帮助。因此，感觉芽的出现与仔鱼的发育和生态行为模式的转变相适应。不同种类的仔鱼感觉芽的有无和多寡存在较大差异，蛇鮈（*Saurogobio dabryi*）仔鱼孵出后的 3 d 可观察到体一侧的感觉芽约有 21 个，头部有 23～26 个（孟庆闻，1982）；底层孵化的鲶鮕（*Pangasius sutchi*）和泥鳅仔鱼体表也具有较多的感觉芽（郑文彪，1985；潘炯华和郑文彪，1983）；而同为底层孵化的须鲶属的几种仔鱼的头部或体表则均没有发现感觉芽（潘炯华和郑文彪，1984）。但是，唐鱼仔鱼发育至腹鳍芽后，感觉芽逐步消失，成鱼在形态上没有侧线，是否存在着替代感觉芽和侧线的其他结构来行使感知水流的功能尚有待进一步研究。

（4）发育时间

室内饲养条件下唐鱼胚后发育速度较慢，在水温 23.0～29.0℃的条件下完成胚后发育需 50 d 左右。稀有鮈鲫在水温 24.7～31.8℃室内养殖条件下，25～30 d 即可完成胚后发育（常剑波等，1995）。这可能与两者种间差异有关，也可能与养殖条件如温度有关。温度较高的条件下可以缩短发育时间。

第二节　唐鱼仔鱼耳石发育与日龄

耳石是存在于硬骨鱼类内耳的膜迷路内的硬组织，主要由碳酸钙构成，起平衡和听觉作用。鱼类内耳的椭圆囊（utriculus）、球囊（sacculus）和听壶（lagena）中分别具有矢耳石（sagitta）、微耳石（lapillus）和星耳石（asteriscus）各一对（解玉浩，1995）。耳石的结构和组成相当稳定，可以反映鱼类一生所经历的环境状况变化及自身的生长情况。

耳石日轮（daily increment）是指在鱼类耳石上，由宽的生长带（increment zone）和窄的间隙带（discontinuous zone）构成的生长轮（growth ring）。生长带宽而透明，由针状碳酸钙晶体聚集而成；间隙带窄而不透明，主要成分为有机质（Campana & Neilson，1985）。1899 年，Reilish 开始用耳石鉴定鲽的年龄。1971 年，Pannella

首次发现了耳石上日轮的形成规律，引起了广大学者的关注。

现今，耳石显微结构的检测与分析已成为研究鱼类早期生活史、年龄、生长和种群结构等的基础。本节针对唐鱼耳石形态发育及其在仔鱼日龄分析中的应用进行系统叙述。

一、唐鱼仔鱼耳石形态发育

史方等（2006）对唐鱼仔鱼的耳石形态发育进行了研究（图 3-4）。研究结果表明，水温（26±0.5）℃时，唐鱼的受精卵经过 20 h 左右的胚胎发育，在其听囊内开始出现两对形状不规则的耳石，均由几小块结晶体堆积而成。经过 24 h 左右的胚胎发育，小块结晶体逐渐融合成两对圆形的结晶体，前一对为微耳石，后一对为矢耳石，矢耳石略大于微耳石。而部分唐鱼在孵出后 23 d 可观察到星耳石，36 d 时在全部样品中均可观察到。各耳石及其主要结构随时间变化的形态发育如图 3-4 所示。

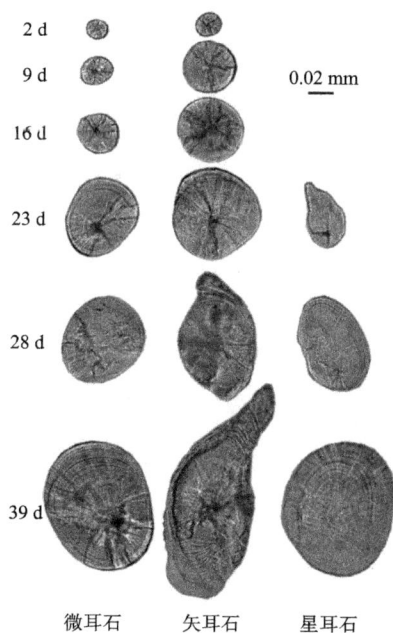

图 3-4　唐鱼仔鱼耳石形态发育（×400）（史方等，2006）

1. 微耳石

孵出前唐鱼的微耳石形状不规则，含有一些结晶状物。孵出后，仔鱼的微耳石通常为圆盘状，孵出 16 d 后转变为近似椭圆形，孵出 30 d 后转变为梨形。

2. 矢耳石

孵出前后唐鱼的矢耳石形状与微耳石类似，通常为圆盘状。孵出 16 d 后转变为椭圆形，孵出 23 d 后变成中部圆凸两端较尖的菱形。1 月龄之后的仔鱼矢耳石逐渐变成前端较尖、后端圆钝、中间呈卡腰状的稳定的梨形。

3. 星耳石

在唐鱼孵出后 23 d 观察到 40% 的样品出现星耳石，36 d 时在全部样品中观察到星耳石。多数星耳石中含有一个不定型的中心核，核内耳石原基不是很清晰。大多数星耳石最初为一端略尖的梨形，几天后转变为椭圆形，但也有少数形状很不规则，是由几个小的圆形和一个大的圆形联结在一起形成的，而且每个圆形都具有独立的中心核和原基。这种形状的星耳石可能是在形成过程中各小块结晶体没有完全融合而分别沉积所造成的。

4. 中心核和原基

唐鱼大部分耳石具一个中心核（nucleus）和一个原基（primordium），但也有少数耳石具有一个以上的中心核或原基，包括一个中心核两个原基、两个中心核两个原基、三个中心核三个原基等多种形式（图 3-5）。这些耳石仅约占耳石总

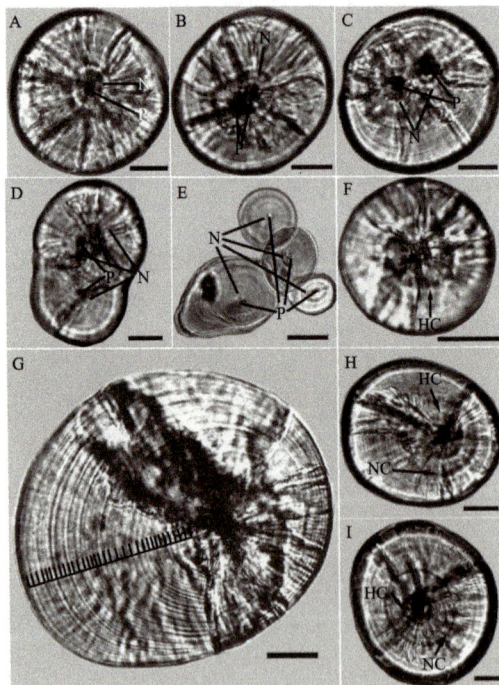

图 3-5　中心核或原基数目不同的耳石及耳石的标记轮（×400）（史方等，2006）

A. 具一中心核和一原基的矢耳石；B. 具一中心核和双原基的微耳石；C. 具双中心核和双原基的矢耳石；D. 具三中心核和三原基的微耳石；E. 具四中心核和四原基的星耳石；F. 4 日龄仔鱼微耳石；G. 35 日龄仔鱼微耳石；H. 23 日龄仔鱼微耳石；I. 23 日龄仔鱼矢耳石。N. 中心核；P. 原基；HC. 孵化标记轮；NC.营养转换标记轮；标尺代表 0.02 mm

数的 4.3%，其中以两个中心核两个原基最为常见。具有多个中心核或原基的耳石中，以矢耳石最多，占 54%；微耳石次之，占 41%；而星耳石最少，仅占 5%。

二、唐鱼仔鱼耳石生长特征

唐鱼全长（TL）与其体质量（W）均随其日龄（D）的增长呈显著的指数增长，其关系式分别为

TL=$3.0907e^{0.0265D}$（r=0.9277，P<0.001，n=39）

W=$0.1034e^{0.0979D}$（r=0.9305，P<0.001，n=39）

唐鱼微耳石长径（D_l）、矢耳石长径（D_s）、星耳石长径（D_a）与其全长（TL）呈显著的线性相关，其关系式分别为

$$D_l=0.0196TL-0.031（r=0.9616，P<0.001，n=218）$$

$$D_s=0.0276TL-0.0437（r=0.924，P<0.001，n=219）$$

$$D_a=0.0166TL-0.0041（r=0.3696，P<0.001，n=44）$$

唐鱼微耳石长径（D_l）、矢耳石长径（D_s）、尾耳石长径（D_a）与其体质量（W）呈显著的幂函数相关，其关系式分别为

$$D_l=0.0813W^{0.398}（r=0.8897，P<0.001，n=218）$$

$$D_s=0.113W^{0.3829}（r=0.8004，P<0.001，n=219）$$

$$D_a=0.0821W^{0.3502}（r=0.3542，P<0.001，n=44）$$

在唐鱼生长过程中，矢耳石的生长最快，微耳石其次，星耳石最慢。

三、唐鱼仔鱼耳石日轮的形成

唐鱼孵出前其耳石不形成生长轮，孵出后以体内卵黄为营养开始形成第一条生长轮，以后每日形成一轮，即为日轮。对唐鱼耳石进行生长轮计数分析，显示微耳石、矢耳石生长轮数目与日龄密切相关（r>0.99）。微耳石生长轮数目（LI）和矢耳石生长轮数目（SI）与日龄（D）的回归方程分别为

$$LI=1.006D-1.7001（r=0.9942，P<0.001，n=205）$$

$$SI=0.9538D-0.9116（r=0.9935，P<0.001，n=161）$$

经检验，两者的斜率都与 1 无显著差异（P>0.05），表明唐鱼的生长轮为每天形成一轮，即为日轮。

从不同采样时间的样本发现，唐鱼形成日轮的时间多为 16：00 到次日 8：00

的这段时间内，但也有少数个体较大的仔鱼在 16：00 前就已形成新的不完整的日轮，少数个体较小的仔鱼次日形成的日轮仍不完整。这也说明唐鱼个体的生长率对耳石的日轮沉积率有一定的影响。

因生理的变化或生态的压力而使鱼类生长节奏被打乱，就可能在耳石上形成记载鱼类生长和发育过程中一些重要经历的"标记"，如孵化、初次摄食、变态、定居、栖息地的改变及生存环境的突然变化等（Campana & Neilson，1985）。孵化当天唐鱼仔鱼耳石样本中没有标记轮出现，1 d 后开始出现第一个轮纹，且此轮纹的有机物填充带颜色明显深于一般的生长轮，故可认为是孵化标记轮（图 3-5）。孵出后第 4 天，耳石上已有 3 个轮纹。这表明耳石上的轮纹是在孵出后形成的。58.37%的唐鱼仔鱼在由内源性营养向外源性营养转变时还形成了营养转换标记轮（图 3-5）。营养转换标记轮一般在仔鱼卵黄囊消失后一天，即孵出 3～4 d 后出现。同孵化标记轮相似，此轮纹的有机物填充带颜色也较深，其内具有 2 或 3 条生长轮。

日轮记录着鱼类一生的生长发育过程和重要的环境变迁，因此其在研究鱼类的繁衍、生长、存活及种群生态学上有着重要的意义。国外学者在利用耳石日轮鉴定鱼类年龄时大多采用矢耳石，少数采用微耳石和星耳石。但 Victor 和 Brothers（1982）在研究中发现鲤科鱼类的矢耳石不适用于鉴定年龄，因其在生长发育过程中形态结构变化较大。Mugiya 和 Tanaka（1992）发现，鲫（*Carassius auratus*）的星耳石太小，不易于解剖，矢耳石随生长发育形状变化大，而微耳石较大，且发育中基本保持圆形，故最适合进行日轮研究。在对唐鱼微耳石和矢耳石的日轮计数中也发现，随着日龄的增长，矢耳石形态变化很大，逐渐形成较为脆弱的结构，给计数带来了困难，星耳石出现则较晚，而微耳石在孵出前就已形成，且在发育过程中形状变化较小，基本保持圆形，具有较好的日轮可读性，因此更适于作为日轮研究的材料。

第三节　唐鱼仔鱼耐饥饿能力

种群早期补充机制一直是鱼类种群生态学研究领域的一个重要方面。影响早期补充的主要因素是饥饿和捕食（殷名称，1991a；万瑞景等，2003），目前对饥饿因素的研究更为深入。在初次摄食期（first feeding stage）因遭受饥饿而引起的死亡是自然状况下仔鱼数量剧烈变动的潜在原因，而饥饿"不可逆点"（the point of no return，PNR）的测定是衡量某种仔鱼耐饥饿能力的常用方法（Blaxter & Hempel，1963）。所谓的"不可逆点"是指仔鱼到达该时间点时，其后尽管还能生存较长一段时间，但已虚弱得不可能再恢复摄食能力，最终死亡。而 PNR 后的仔鱼会呈中性浮性而容易被浮游生物网捕获，这会对仔鱼补充数量的估算工作造成不可低估的误差，因而必须对采样中仔鱼的饥饿状况进行鉴别。鉴别饥饿仔鱼的方法主要有形态、生理和 RNA/DNA 等，其中形态鉴别最为简便。

由饥饿而导致仔鱼的死亡作为影响鱼类早期补充的主要原因到目前为止仍是鱼类早期生活史研究的热点之一（殷名称，1991a；万瑞景等，2003）。本节将对在实验室条件下测定唐鱼耐饥饿能力及与之相关的摄食与形态发育影响研究进行叙述，并对仔鱼耐饥饿能力与生境、生活史策略关系进行讨论。

一、仔鱼的饥饿不可逆点

仔鱼的饥饿不可逆点（PNR）以仔鱼初次摄食率低于最高初次摄食率 50%确定，测定时需要逐日对实验仔鱼进行孵化后的初次投喂，确定其经历不同饥饿时间后的初次摄食率，详细分析方法见陈国柱和方展强（2007）所述。如前所述，孵化后 2.5～3 d，唐鱼仔鱼开口摄食。当天的初次摄食率为（33.3±16.8）%（图 3-6）。饥饿组仔鱼在孵化后第 4 天达到最高初次摄食率 100%并保持约 4 d；第 8 天初次摄食率显著下降到（89.7±5.5）%（$P<0.05$，t 检验），第 9 天初次摄食率急速下降到 50%以下，第 10 天下降到 0，由此可确定饥饿组仔鱼的 PNR 为孵出后的 8.5 d（图 3-6）。相关分析显示，饥饿组仔鱼初次摄食率变化与日龄（3～10 d）并无显著相关关系（$P>0.05$，$r=0.304$）。摄食组仔鱼摄食率从第 4 天起就保持在 100%（图 3-6）。

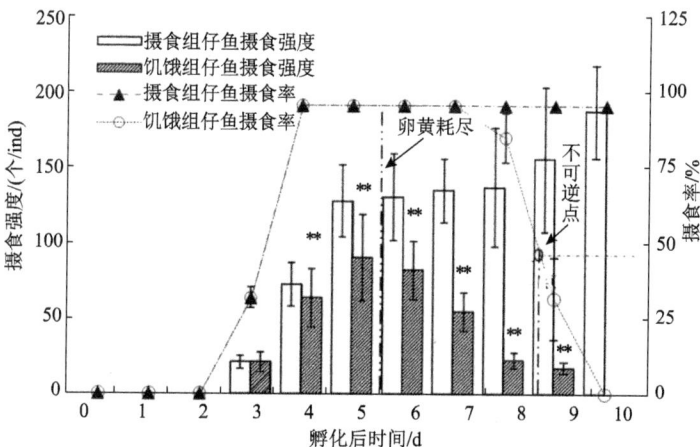

图 3-6　摄食组和饥饿组仔鱼摄食率、摄食强度变化及饥饿组仔鱼 PNR

平均水温为（26.2±1.3）℃。**表示同日龄饥饿组仔鱼与摄食组仔鱼摄食强度差异极显著，$P<0.01$，t 检验

PNR 是衡量鱼类仔鱼耐饥饿能力的常用指标。抵达 PNR 时间长，表明耐饥饿能力强；反之，则耐饥饿能力弱（殷名称，1991a；王剑伟等，1999）。对 PNR 产生影响的因素主要有仔鱼的孵化时间、卵黄容量、温度和代谢速度等（殷名称，

1991c）。在不同种类间进行比较时，单纯使用时间尺度往往会由于不同研究者所采用的实验温度不同而使文献间 PNR 数据缺乏可比性，因而后来有学者开始在仔鱼 PNR 研究领域使用有效积温这一概念（Dou et al., 2002），以便在比较不同种类仔鱼 PNR 时具备更为合理的标准。PNR 有效积温的计算可表示如下：PNR 时间（d）×实验过程平均水温（℃）。表 3-3 总结了我国近十年对 20 余种鱼类仔鱼 PNR 的研究数据，多数种类 PNR 有效积温在 100～250 d·℃，唐鱼的 PNR 有效积温为 222.7 d·℃，与其他种类比较处于中游位置，与分类地位最接近的稀有鮈鲫（*Gobiocypris rarus*）近似。一些产漂浮性卵的种类如鲢（*Hypophthalmichthys molitrix*）、鳙（*Aristichthys nobilis*）、草鱼（*Ctenopharyngodon idellus*）和具有油球的歧尾斗鱼（*Macropodus opercularis*）仔鱼 PNR 有效积温均在 300 d·℃ 以上，耐饥饿能力较强。产大型卵的中华鲟（*Acipenser sinensis*）、史氏鲟（*Acipenser schrencki*）等种类则在 400 d·℃ 以上。海洋鱼类仔鱼 PNR 有效积温多在 110 d·℃ 上下，而淡水种类多在 200 d·℃ 左右，这可能与海洋鱼类仔鱼在渗透压调节方面消耗能量较多有关。仔鱼的 PNR 特点构成了鱼类生态策略的一个重要部分。

表 3-3 部分鱼类仔鱼的不可逆点

鱼类	发育水温/℃	平均水温/℃	初次摄食率/%	最高摄食率/%	抵达 PNR 的时间/d	抵达 PNR 有效积温/（d·℃）	资料来源
中华鲟 *Acipenser sinensis*	18.0～21.0	19.5	——	——	24.0	468.0	庄平等，1999
史氏鲟 *Acipenser schrencki*	23.0～27.0	25.0	40	100	16.5	412.5	黄晓荣等，2007
军曹鱼 *Rachycentron canadum*	28.0～32.0	30.0	10	50	6.5	195.0	初庆柱等，2005
黄盖鲽 *Pseudopleuronectes yokohamae*	10.5～19.0	13.1	20	100	8.8	115.3	周勤等，1998
		15.2	30	100	7.9	120.1	
		16.5	35	100	7.8	128.7	
		18.1	30	100	7.4	133.9	
大泷六线鱼 *Hexagrammos otakii*	13.5～14.0	13.8	20	100	10.0	137.5	邱丽华等，1999
浅色黄姑鱼 *Nibea chui*	24.0～24.8	24.4	30	50	5.0	122.0	黄良敏等，2005
白斑狗鱼 *Esox lucius*	17.0～20.0	18.5	92	100	13.0	240.0	海萨等，2006
鳜 *Siniperca chuatsi*	19.5～31.0	19.5	5	10	7.9	154.4	张晓华等，1999；张晓华和崔礼存，2000
		25.0	20	40	8.0	200.0	
		28.0	10	20	7.0	196.0	
		30.0	15	15	5.8	175.0	
		31.0	10	10	4.8	148.5	

续表

鱼类	发育水温/℃	平均水温/℃	初次摄食率/%	最高摄食率/%	抵达 PNR 的时间/d	抵达 PNR 有效积温/（d·℃）	资料来源
沙氏下鱵 *Hyporhamphus sajori*	24.2～24.8	24.5	91	100	3.5	85.8	万瑞景等，2003
鳀 *Engraulis japonicus*	23.0～24.8	43.9	10	94	6.0	143.4	万瑞景等，2004
点带石斑鱼 *Epinephelus malabaricus*	26.0	26.0	18	70	8.0	208.0	邹记兴等，2003
大西洋鲱 *Clupea harengus*	—	13.1	20	48	11.0	114.1	殷名称，1991c
真鲷 *Pagrosomus major*	16.0～19.0	17.5	10	85	6.5	113.8	鲍宝龙等，1998
牙鲆 *Paralichthys olivaceus*	16.0～19.0	17.5	10	25	5.5	96.3	鲍宝龙等，1998
红鳍东方鲀 *Takifugu rubripes*	15.0～17.0	16.0	20	95	15.5	248.0	姜志强等，2002
瓦氏黄颡鱼 *Pelteobagrus vachelli*	24.5～25.5	25.0	15	100	14.5	362.5	马旭洲等，2006
黄颡鱼 *Pelteobagrus fulvidraco*	—	24.0	15	100	8.0	192.0	李秀玉等，2005
	—	28.0	30	100	7.5	210.0	
	—	32.0	25	95	6.0	192.0	
	—	36.0	30	80	5.0	180.0	
鲢 *Hypophthalmichthys molitrix*	—	19.0	40	80	16.5	313.5	殷名称，1991a
鳙 *Aristichthys nobilis*	—	19.0	45	95	16.5	313.5	殷名称，1991a
草鱼 *Ctenopharyngodon idellus*	—	19.0	30	90	16.5	313.5	殷名称，1991a
银鲫 *Carassius auratus*	—	19.0	40	90	11.0	209.0	殷名称，1991a
稀有鮈鲫 *Gobiocypris rarus*	—	25.0	16	100	9.0	225.0	王剑伟等，1999
唐鱼 *Tanichthys albonubes*	24.0～28.0	26.2	33	100	8.5	222.7	本研究
歧尾斗鱼 *Macropodus opercularis*	—	28.0	16	100	12.5	350.0	待发表资料

　　要全面了解不同种类仔鱼的耐饥饿能力，应结合各种类生活史策略进行考察。一些在江河繁殖、对生态条件要求较高的鱼类的仔鱼均具有较强的耐饥饿能力，

如鲢、鳙、草鱼、中华鲟、史氏鲟等种类留给仔鱼建立外源营养的时间相当长。这是由于仔鱼孵出后从饵料资源贫乏的繁殖地到饵料资源丰富的河汊育肥地需要相当长的时间，没有足够时间则会失去生存机会。例如，长江中游的四大家鱼仔鱼存在相当高的空肠率，遭受饥饿的个体达 40% 以上（宋昭彬和曹文宣，2001）。生活在较稳定的湖沼鱼类仔鱼的耐饥饿能力相对弱些，如银鲫仔鱼 PNR 有效积温为 209 d·℃左右，这些生境饵料资源往往相对丰富。唐鱼栖息环境主要为小溪流、沟渠和农田等小生境（易祖盛等，2004；舒琥等，2006；程炜轩等，2006），这些生境稳定性较差，因而它属于 r 选择适应策略种类（主要特点是个体较小，性成熟时间短且分批多次产卵，能短时间繁殖大量个体）。但是，由于这些小生境营养输入较多，繁殖季节的饵料资源也相对丰富，如轮虫密度在 8 月可达 134 个/L（程炜轩等，2006），并且在开口摄食后仔鱼有 5 d 左右相对充足的时间寻求建立外源营养，因而仔鱼在初次摄食期建立外源营养的机会较大。从这个角度考察，唐鱼的耐饥饿能力很好地适应了它的生境特点。目前，唐鱼野外仔鱼营养状况资料相对缺乏，对于饥饿是否为影响它早期补充的主要因素还缺乏相关证据，就本部分研究结果来看，仔鱼耐饥饿能力还是比较强的，加上具有极高的初次摄食率，因而推测饥饿可能不是影响它早期补充的最主要因素。然而，根据 Cushing 的相配/不相配理论（match/mismatch theory），仔鱼饥饿情况是否出现主要取决于鱼类繁殖活动是否与饵料生物的生物量高峰相匹配（殷名称，1996），某些年份两者的错位将导致饥饿的出现，从而造成种群年际丰度差异，这也提示了鱼类在一个地区的繁殖策略很可能反映了饵料生物生产的一般季节形式。上述理论的研究基础主要来自海洋领域，而着眼于小溪流、沟渠和农田等小生境的研究资料并不多见。已有的资料表明，地处亚热带季风气候的广东地区的唐鱼野外繁殖期很可能在 3～12 月（易祖盛等，2004；史方等，2008），并且在繁殖期间采取连续产卵的繁殖策略（陈国柱等，2004）。这样漫长的繁殖期内饵料生物可以发生很大变动。例如，在从化某唐鱼分布点内轮虫密度 6～12 月为 2～134 个/L（程炜轩等，2006），可见野外条件下唐鱼仔鱼有遭受饥饿的可能，估计主要出现在繁殖初期和末期。

二、饥饿对仔鱼发育的影响

初孵仔鱼全长为（2.748±0.094）mm，本研究根据生长特点将仔鱼的生长划分为 3 个阶段：初孵阶段（phase from hatching to first feeding）（0～2 d）、摄食阶段（feeding phase）（3～8 d）和 PNR 阶段（PNR phase）（9～12 d）。实验仔鱼共分为 4 组，第 1 组为正常摄食组，实验期间分别在 8：00、12：00、16：00各投喂室内培养的草履虫（*Paramecium caudatum*）一次，投喂后的虫体密度大于

150 个/mL；第 2 组为延迟 1 d 摄食组；第 3 组为延迟 2 d 摄食组；第 4 组为饥饿组，实验期间不投喂。各处理组仔鱼不同生长阶段全长增长率见图 3-7。初孵期仔鱼完全依靠卵黄供给营养，全长增长迅速，达 0.427 mm/d；进入摄食期以后，摄食组仔鱼由于搜索和摄取食饵耗能，生长速率显著下降，平均为 0.357 mm/d；而饥饿组仔鱼全长生长几乎停滞，平均仅为 0.063 mm/d；进入 PNR 期，饥饿组仔鱼负增长明显；而同期的摄食组仔鱼由于不断得到外源营养的补给，生长速率迅速提高，达 0.467 mm/d，超过仔鱼在早期发育阶段（0～12 d）的平均生长率（0.434 mm/d）。混合营养期延迟投喂 1 d、2 d 的两组仔鱼各阶段的生长率、全长相应低于同期正常摄食组仔鱼。

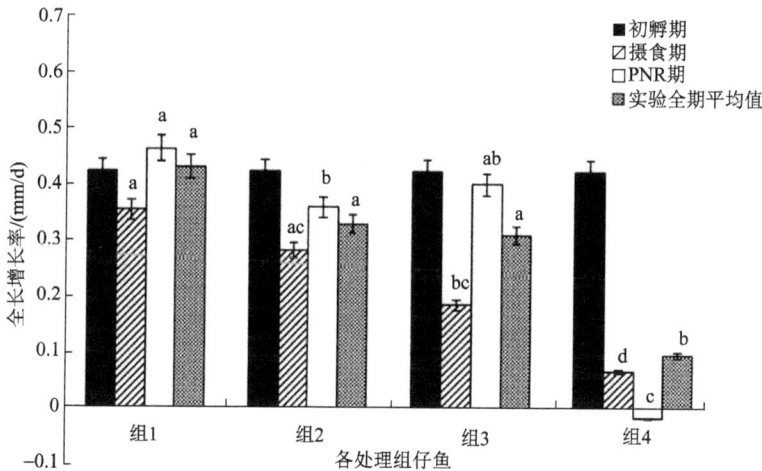

图 3-7 各处理组仔鱼不同生长阶段全长增长率

平均水温（26.2±1.3）℃。初孵期为 0～2 d；摄食期为 3～8 d；PNR 期为 9～12 d；平均值为 0～15 d。同系列直柱上标不同字母者表示两者间有显著差异（$P<0.05$）；含相同字母者表示两者间无显著差异（$P>0.05$），垂线段表示标准差

摄食组和饥饿组仔鱼不同日龄阶段日瞬时增长率比较见图 3-8。初孵期仔鱼完全依靠卵黄供给营养，具有相当高的日瞬时增长率，其后下降，但进入摄食期后又逐日上升，8 日龄后又有所下降；饥饿组仔鱼日瞬时增长率逐日下降，在卵黄耗尽后 PNR 点出现之前便出现负增长现象。

不同投喂条件下唐鱼仔鱼全长生长曲线见图 3-9，各组仔鱼的生长描述方程见表 3-4，摄食组和延迟投喂组仔鱼几近线性生长，而饥饿组仔鱼则呈自然对数生长。

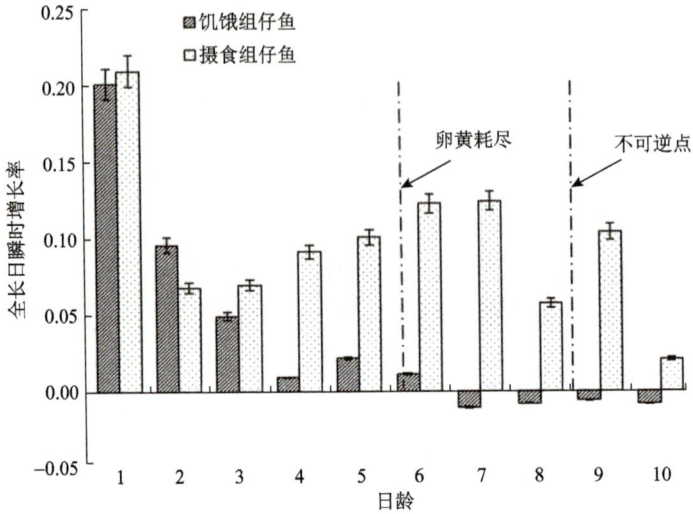

图 3-8 摄食组和饥饿组仔鱼全长日瞬时增长率的变化

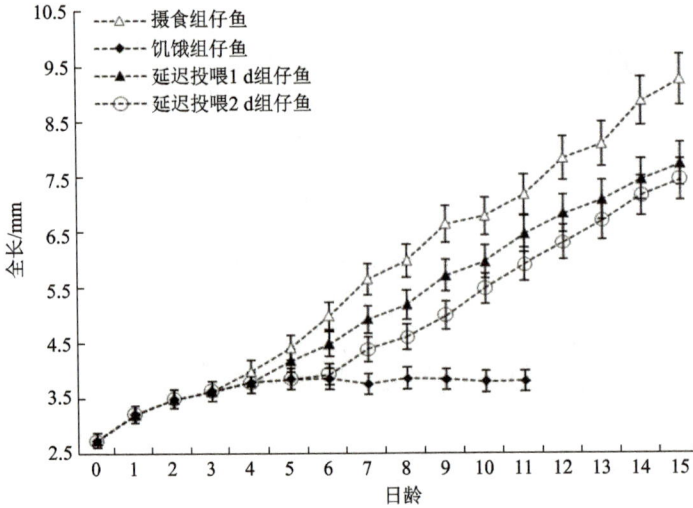

图 3-9 不同投喂条件下唐鱼仔鱼全长生长曲线

表 3-4 不同投喂条件下仔鱼全长（L）增长和日龄（d）的回归分析

仔鱼	回归方程	n	R^2	P
正常投喂仔鱼	L（mm）$=0.2786d+2.4837$	225	0.9799	<0.001
延迟 1 d 投喂仔鱼	L（mm）$=0.3371d+2.3207$	225	0.9934	<0.001
延迟 2 d 投喂仔鱼	L（mm）$=0.3046d+2.2704$	225	0.9655	<0.001
不投喂饥饿仔鱼	L（mm）$=0.4833\ln d+2.8355$	165	0.8284	<0.001

仔鱼卵黄的消耗有明显的规律性（图3-10）。孵出后的第2天卵黄日消耗量最大，其后逐渐下降，孵出后第5天卵黄基本被完全吸收。4 d内同日龄不同组的仔鱼对卵黄日消耗量并无显著差异（$P>0.05$），但在5 d时，摄食组仔鱼残存的卵黄量显著高于其他各组。仔鱼卵黄囊容积（V）和日龄（d）关系的回归分析方程为：V（mm^3）$=-0.016d+0.0741$（$R^2=0.9366$，$n=75$，$P<0.001$）；全长（L）和卵黄囊容积（V）关系的回归分析方程为：L（mm）$=-0.0494V$（mm^3）$+0.1999$（$R^2=0.9536$，$n=75$，$P<0.001$）。

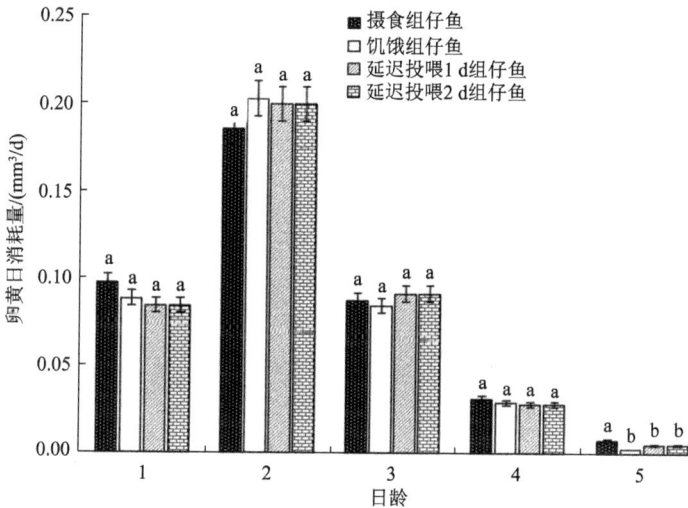

图3-10　仔鱼对卵黄的日消耗量

毫无疑问，饥饿对唐鱼仔鱼生长发育有着重要影响。唐鱼初孵仔鱼发育极不完善，直到2.5 d以后才能开口摄食，此前可利用口窝上的黏附腺分泌黏性物质黏附在水草等物体上，一方面躲藏起来，另一方面可对抗水流的冲击，这是鲤科鱼类仔鱼普遍具备的特点。直到巡游模式建立仔鱼才具有摄食能力，也与多数鱼类仔鱼的发育规律一致。大多数种类仔鱼的混合营养期在1～2 d，部分鱼类则不具备混合营养期，如丁鱥（*Tinca tinca*），它在卵黄吸收完毕后才开始摄食（凌去非等，2003）。唐鱼仔鱼混合营养期大约为2 d，在混合营养期中延迟投喂就会导致其生长发育的延迟，而且随着延迟投喂时间的延长危害加重，这即为大多数学者所认同的进展性饥饿现象。在饥饿条件下，仔鱼生长发育停滞甚至出现负增长现象，最终全部死亡。对于仔鱼生长（如全长）出现的负增长现象，现在一般认为是骨骼系统尚未发育完善的仔鱼为保障活动耗能，提高摄食和存活机会的一种策略（殷名称，1991a，1991b；邹记兴等，2003）。这种现象在不同鱼类仔鱼中的出现时间各异，大西洋鲱、唐鱼、丁鱥均出现在PNR前（殷名称，1991c；凌去非等，2003），且大西洋鲱和唐鱼出现在卵黄耗尽后 1 d 而丁鲹则在卵黄耗尽后紧接着出现。在研究仔鱼早期生长时通常可以将其划分出 3 个相期，即初孵时的快速生长期、卵黄消失前后的慢速生长期和不能建立外源营养的负生长期（Farris，1959；殷名称，1991a；邹记兴等，2003），唐鱼仔鱼与之基本相符。

　　无论是投喂、混合营养期延迟投喂还是饥饿，唐鱼仔鱼卵黄消耗规律都基本一致，消耗高峰出现在第 2 天，这与真鲷的特点相同（鲍宝龙等，1998），而丁鲹则出现在孵化后第 1 天（凌去非等，2003）。在实验过程中唐鱼各组仔鱼卵黄囊长短径和卵黄容量基本无明显差异，尽管在卵黄接近消耗完毕的当天摄食组仔鱼残留的卵黄量显著高于其他各组，但由于残留量极小，可认为各组间的差异无特别的生物学意义。上述现象表明，尽管进入了混合营养期，内外源营养的吸收仍遵循着各自独立的途径进行。

三、饥饿对仔鱼死亡率的影响

　　饥饿组仔鱼死亡率变化见图 3-11。在 PNR 前饥饿组仔鱼的死亡率维持在较低水平，不超过 20%。PNR 后 1～1.5 d 即第 10 天左右，饥饿组仔鱼死亡率超过 50%，第 12 天全部死亡。因此，它的 PNR 期在本实验条件下为 3 d 左右（平均水温 26.5±1.6℃）。实验期间摄食组仔鱼的死亡率低于 5%。

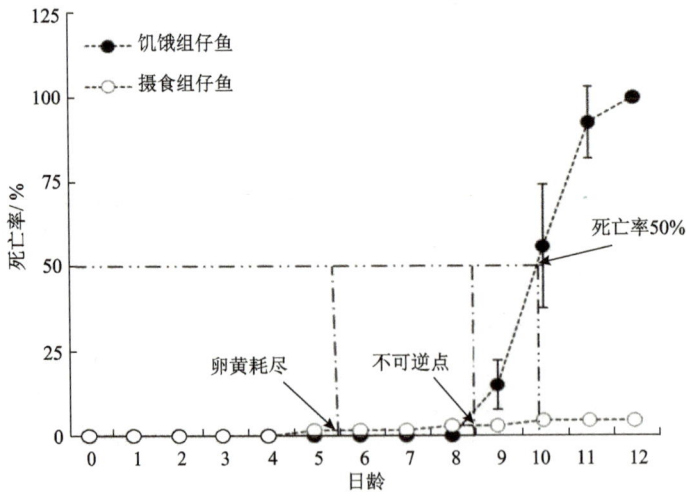

图 3-11　饥饿条件下仔鱼的死亡率变化

　　饥饿仔鱼死亡率超过 50% 的时间出现在 PNR 前还是 PNR 后，在不同的种类中表现不同。唐鱼饥饿仔鱼在 PNR 前的死亡率不高，PNR 后的 1～1.5 d 才迅速超过 50%，鲢、鳙、草鱼、银鲫仔鱼出现在 PNR 后的 3～4 d（平均水温 19.0±1.0℃），而稀有鮈鲫仔鱼则出现在 PNR 前 1.5 d（平均水温 25.0±1.0℃）。仔鱼 50%死亡率出现在 PNR 之后，意味着在 PNR 前饥饿仔鱼如能得到食物则尚有较大恢复可能，反之，可能性较小。研究资料已证实，唐鱼饥饿仔鱼在 PNR 前 1 d 恢复投喂，其最终存活率虽然低于 30%，但仔鱼仍能迅速恢复到或接近正常生长水平（陈国柱等，2006），这个特点对其种群野外生存显然是有利的。部分鱼类，如真鲷和牙鲆的仔鱼，无论是饥饿还是投喂仔鱼都会出现 50%以上的死亡率，可见除了饵料条件外，其他生态因子和仔鱼本身的活力对存活的影响也是相当重要的（鲍宝龙等，1998）。

第四节　唐鱼早期死亡率

鱼类早期死亡率是决定种群年际补充的重要因子（Essig & Cole，1986）。因此，估算鱼类的早期死亡率不仅可以预测物种的种群结构（Swartzman et al.，1977），还可以评估生物环境因子（如捕食和种内密度制约等；Essig & Cole，1986；Holbrook & Schmitt，2002）和非生物环境因子（如温度和污染物等；Edsall，1970）对种群的影响。因此，估算唐鱼野外种群的早期死亡率，可以帮助判断唐鱼的早期生活史策略，以及导致唐鱼自然种群濒危的机制。

事实上，鱼类的早期日死亡率可以通过野外采样的捕捉-曲线分析法（catch-curve analysis）并结合仔稚鱼耳石日轮增长进行计算（Essig & Cole，1986）。基于这一基本方法，作者采用唐鱼自然种群仔稚鱼耳石作为研究材料，结合耳石上日轮数，用 3 种方法［即样本日龄分布法、单位面积捕捞量（CPUE）法及围网原位试验法］对广州从化银林地区森林 I 级溪流中唐鱼自然种群的早期死亡率进行了研究和估算。

一、样本日龄分布法

调查分两个阶段，第一阶段在 2010 年 8 月 8 日至 2010 年 8 月 24 日进行，共17 d，每 2 d 采样一次，共 9 次，在 3 条溪流中同时进行；第二阶段于 2011 年 4 月 28 日至 2011 年 5 月 10 日在同样的 3 条溪流进行，采用同样的方法和网具每 2 d 采样一次，共 7 次（图 3-12）。为避免对唐鱼自然种群造成资源性破坏，采用样方法进行采样。使用了自制的长、宽、高为 30 cm×30 cm×50 cm、网孔 64 μm 的网具进行采样。根据唐鱼仔稚鱼群居生活的习性，每次采样时，随机选择唐鱼仔稚鱼聚集的水面，放下网具，阻断网具内外鱼类的迁移，用网口直径 10 cm、网孔 64 μm、探杆 25 cm 的手抄网捞取网具中的所有仔稚鱼，每条溪流总共选择10 个采样点，采样总面积约为 1 m²。对现场采集的所有标本用 95%的乙醇固定，带回实验室用电子数显卡尺（精确到 0.01 mm）对样本进行常规指标测量，在解剖镜 OLYMPUS-SZX10 下挑取耳石进行日龄鉴定。

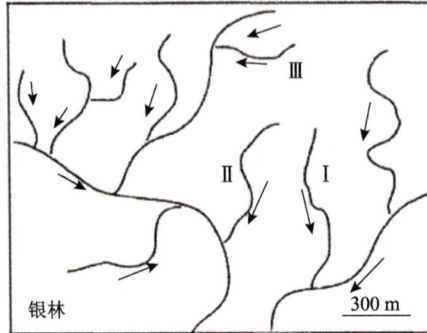

图 3-12　银林地区水系分布及采样位置示意图
（23°49′75″N～23°52′00″N，113°45′83″E～113°47′94″E）

箭头方向表示水流方向，罗马数字表示采样溪流编号

根据唐鱼仔稚鱼耳石轮纹的清晰度，选用微耳石进行日龄的鉴定（史方等，2006）。微耳石取出后用蒸馏水洗涤，95%的乙醇脱水、干燥，二甲苯透明，中性树胶封固于载玻片上。在 OLYMPUS 光学显微镜（CX41）下统计微耳石上的生长轮数目，用 DeltaPix Camera 2005 摄像装置多次拍照，用 iSolution Lite 软件对照片进行处理，再统计耳石上所有轮环的数目，最终鉴定其日龄。对同一样品进行多次重复计数，当 3 次计数间的差异在 10%以内时，取其平均值作为耳石的最终轮纹数，对于差异大于 10%的样品则不采纳该数据（赵天等，2010）。

参照 Essig 和 Cole（1986）的研究方法并根据溪流生境的特殊性对死亡率的估算方法做出一定的修改。利用如下公式计算唐鱼自然种群早期生活史的日死亡率。

$$Z = \frac{N_t - N_{(t-1)}}{N}$$

式中，Z 表示日死亡率；N_t 表示 t 时间采样时所得该日龄个体数；$N_{(t-1)}$ 表示 $t-1$ 时间采样时所得对应日龄个体数。

利用如下公式计算平均日死亡率。

$$\bar{Z} = \frac{\sum Z}{T-1}$$

式中，$\bar{Z}$ 表示平均日死亡率；$\sum Z$ 表示追踪的特定日龄仔鱼日死亡率之和；T 表示采样次数。由于人为捕捞会对唐鱼仔稚鱼的自然死亡率造成干扰，作者利用如下公式计算捕捞（采样）死亡率并假设其恒定。

$$F = \frac{N_t}{N_0}$$

式中，F 表示捕捞死亡率；N_t 表示 t 时间采样时单位体积个体数；N_0 表示 t 时间采样时溪流中的总个体数。由于唐鱼仔稚鱼有集群在岸边活动的习性，故可用测量唐鱼仔稚鱼活动体积的方法估算唐鱼仔稚鱼总数，即

$$N_0 = N_t \times \frac{V_0}{V_t}$$

式中，V_0 表示唐鱼仔稚鱼活动区域总体积（溪流中唐鱼仔稚鱼集群活动的水体体积相加之和）；V_t 表示 t 时间采样时的单位体积。最后利用如下公式计算唐鱼仔稚鱼早期自然死亡率：

$$M = \bar{Z} - F$$

式中，M 表示自然死亡率。

通过计算，2010 年的数据显示溪流 I 中唐鱼仔稚鱼自然死亡率为 0.033；溪流 II 中为 0.036。溪流III因在采样第 3 天时被人为改造成灌溉渠，导致采样被迫终止，故缺乏相应数据。依据同样的方法，2011 年的数据显示 3 条溪流唐鱼仔稚鱼的早期自然死亡率分别为 0.035、0.039 和 0.041（表 3-5）。

表 3-5　不同估算方法唐鱼仔稚鱼早期死亡率比较

调查年份	实验时间（年.月.日）	研究方法	唐鱼仔稚鱼日死亡率		
			溪流 I	溪流 II	溪流III
2010	2010.8.8～2010.8.24	样本日龄分布法	0.033	0.036	NA
	2010.8.8～2010.8.24	CPUE 法	0.024	0.025	NA
	2010.11.23～2010.12.10	围网原位试验法		0.028	
		加权平均值		0.030	
2011	2011.4.28～2011.5.10	样本日龄分布法	0.035	0.039	0.041
	2011.4.28～2011.5.10	CPUE 法	0.027	0.032	0.034
	2011.9.19～2011.10.9	围网原位试验法		0.027	
		加权平均值		0.032	

注：NA 表示没有数据

二、CPUE 法

利用 CPUE 法估算鱼类早期日死亡率的方法自 20 世纪 70 年代起被国外学者广泛采用（Noble，1972；Henderson et al.，1984）。为适应溪流生境的特殊性，作者对这种方法进行了一些改进，在每次采样时，将网具中所得样本数转化为每平方米水面所能采到的样本数并取对数（ln），以采样日期为横坐标，以 ln（每平方米水面能采到的样本数）为纵坐标作图，线性曲线的斜率即为日死亡率。2010 年的数据显示，溪流 I 和溪流 II 采用此方法所得唐鱼仔稚鱼平均日死亡率分别为 0.024 和 0.025。而 2011 年的数据显示 3 条溪流的平均日死亡率分别为 0.027、0.032 和 0.034（表 3-5）。

三、围网原位试验法

作者在溪流 II 中设置了 4 个样方进行围网原位试验（图 3-13）。根据试验前后各日龄组仔稚鱼的个体数差值，计算其平均日死亡率。2010 年和 2011 年的试验表明 4 个样方的唐鱼仔稚鱼平均日死亡率分别为 0.022、0.023、0.029、NA（样方干旱）和 0.035、0.029、0.027、0.030，分年度加权平均值分别为 0.028 和 0.027（表 3-5）。

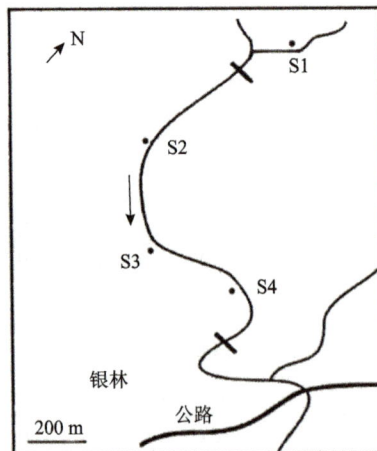

图 3-13　围网原位试验样点（23°50′41″N～23°50′98″N，113°47′80″E～114°48′05″E）

箭头方向表示水流方向

四、唐鱼早期死亡率特征

和大多数海洋鱼类的仔稚鱼相比（Dahlberg，1979），唐鱼具有较低的早期死亡率（赵天，2011；徐采，2013），但与大多数淡水鱼类仔稚鱼时期的死亡率相似，如白斑狗鱼（*Esox lucius*，0.055，8～22 日龄）、大眼梭鲈（*Stizostedion canadense*，0.035，9～31 日龄）和双带黄鲈（*Diploprion bifasciatum*，0.044，1～30 日龄）等（Dahlberg，1979）。大量鱼类生态学的研究表明，鱼类早期死亡率与种内或种间对资源的竞争，以及天敌的捕食等生物因子密切相关（殷名称，1996）。研究发现，唐鱼自然种群具有分批产卵的特点，减少了种群内对资源的竞争（陈国柱，2010）。同时，其生境内伴生鱼类较少（刘汉生，2008），生态位重叠不明显，且没有明显的捕食性天敌，减少了种间的竞争和捕食。但是，目前已在某些唐鱼栖息溪流的下游出现了食蚊鱼的入侵（陈国柱，2010）。由于食蚊鱼仔稚鱼（卵胎生）与唐鱼仔稚鱼的生态位高度重叠且比唐鱼具有更强的种间竞争力，且食蚊鱼成鱼对唐鱼仔稚鱼具有潜在的捕食作用（陈国柱，2010），作者推测未来食蚊鱼的入侵会增加唐鱼仔稚鱼的早期死亡率。另外，鱼类早期死亡率也与水流、水温等非生物环境因子密切相关（殷名称，1996）。作者野外调查发现，唐鱼仔稚鱼主要栖息于水流较缓的水体，水文及水温条件相对稳定，也在一定程度上降低了其早期死亡率。研究表明，受仔稚鱼生长和发育的影响，鱼类早期生活史不同阶段的死亡率特征通常有所不同（Miller et al.，1988；Margulies，1993）。但因缺乏相关的研究资料，目前尚不清楚唐鱼仔稚鱼不同阶段是否具有特定的死亡率特征，或者受到选择性死亡的影响。

第二篇　唐鱼基础生态学

第四章　唐鱼摄食生态学

摄食是鱼类重要的生命活动之一。唐鱼主要栖息于狭窄的溪流生境,这类生境时空变化较强烈,特别是在华南地区山区丘陵区域,雨季季风降雨及台风降雨对溪流栖息生境的冲击巨大,唐鱼如何适应此类栖息生境的饵料条件,采取何种策略应对饵料条件的时空动态变化是本章重点阐述的内容。本章首先从唐鱼个体发育与食物转换入手,探讨唐鱼能否通过食物转换策略,降低种群内食物竞争强度,从而广泛利用一切能够利用的食物资源,求得种群的发展;在第二节中从野外食物资源基础调查、消化道食物分析等方面揭示唐鱼在自然条件下的实际摄食状况;最后在第三节中着重探讨溪流生境中重要的环境因素水流条件和饵料密度对唐鱼摄食的影响。

第一节　唐鱼个体发育与食物转换

在鱼类生活史过程中,伴随着个体生长发育,与摄食相关的形态学和生理生态学特征也发生了变化,并体现在其食物组成和饵料的选择上。在野外条件下,唐鱼为杂食性鱼类,由于在溪流生境中营养结构较为简单,其主要摄食藻类、浮游动物及有机杂质(易祖盛等,2004),个体在不同发育阶段的食物转换情况较难观察。因此,在本节中,通过构建室外小型水生生态系统,在饵料资源较为丰富的条件下围绕该问题进行观察。

一、唐鱼实验种群的动态变化

选择 3 个面积为 3 m×6 m、深 60 cm 的水泥池构建以凤眼蓝群落为主体(占水面 1/4),铺有 1~2 cm 落叶园土作底质的小型水生生态系统。水温 23.8~29.5℃,水深维持在 30~45 cm。上述小型水生生态系统建立 30 d 后开始实验,放入 30 对 8 月龄已性成熟的唐鱼成体(♀:26.2±2.4 mm;♂:25.3±1.2 mm)。从实验开始后的第 3 天、第 19 天、第 25 天、第 30 天、第 40 天、第 50 天、第 60 天、第 70 天和第 80 天分别取样。采样网具为网口 25 cm×15 cm、网孔 1.5 mm 的手抄网(用于采集 7 mm 以上个体)及浮游动物网(用于采集 7 mm 以下仔鱼)。实验第 3 天,实验池水面出现了初步建立巡游模式的卵黄囊期仔鱼。实验期间唐鱼种群结构的发展变化见图 4-1。第 19 天,采集到大量不同发育时期的仔鱼,部分出生较早的个体进入了幼鱼期。第 30 天，F_1 代部分个体性腺分化已经完成，向初次性成熟期过渡，种群内同时存在各个发育时期的唐鱼。第 40 天，采样中同时采集奠基种群 F_0 代个体，依据鳞片上的轮环鉴别 F_0 和 F_1 代个体，此时种群的估算数量为560 尾（表 4-1）。第 40 天前后，F_1 代部分个体体长已经接近 22 mm，

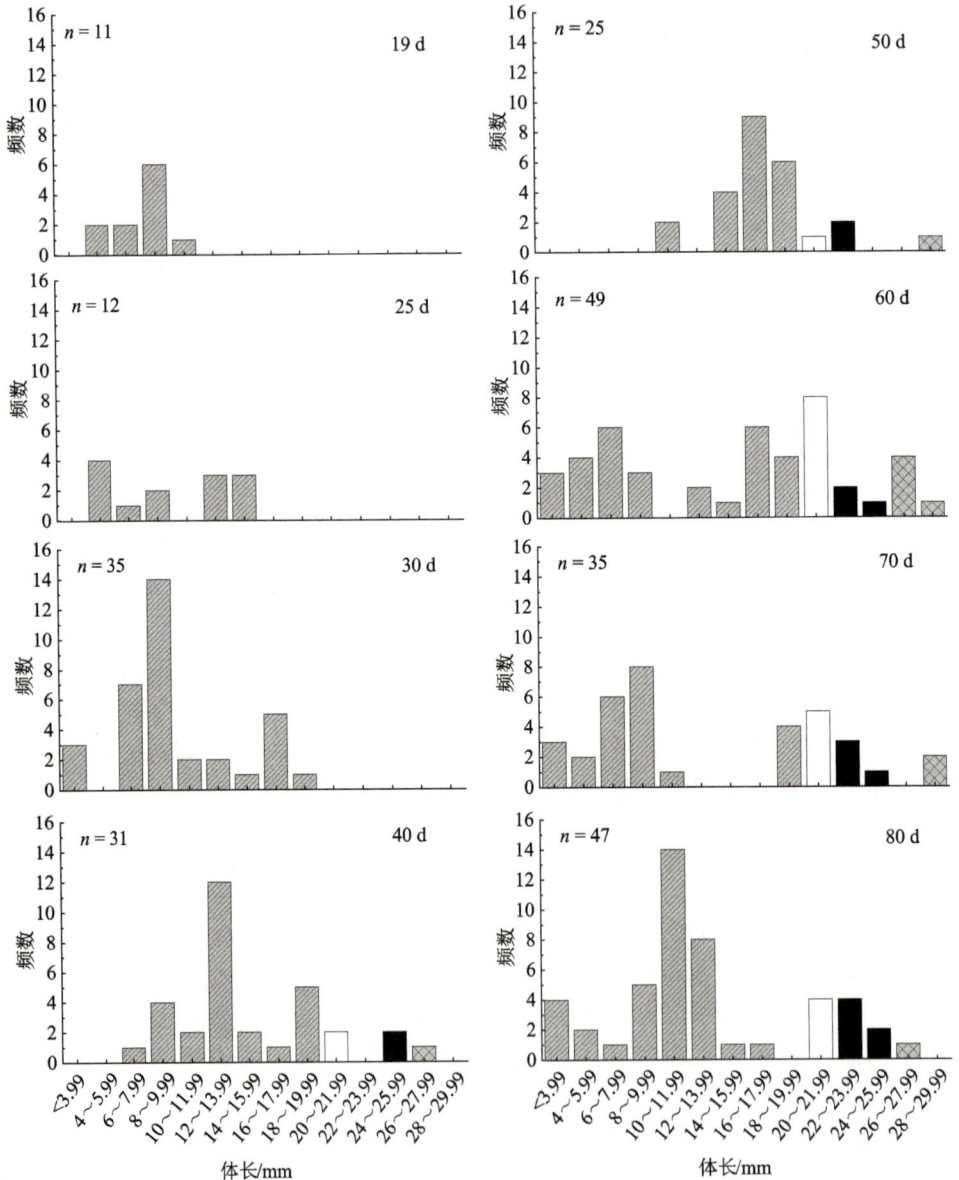

图 4-1　唐鱼实验种群结构变化

斜纹框代表仔鱼和幼鱼；白色框代表初次性成熟个体；黑色框代表完成性成熟个体，马赛克框代表奠基种群个体

表 4-1 唐鱼实验种群数量动态

采样时间/d	样品数/尾			F_0 剩余数/尾	种群估算数量/尾		捕捞死亡率/%		增长倍数	
	全体	F_0	F_1		全部	>7 mm	全部	>7 mm	全部	>7 mm
0	—	—	—	60	—	—	—	—	—	—
40	31	3	28	57	560	540	5.54	5.74	8.33	8.00
50	29	1	28	56	1596	1596	1.82	1.82	1.91	1.96
60	40	5	35	51	392	258	10.20	15.52	−0.75	−0.84
70	35	3	32	48	544	442	6.40	7.90	0.59	0.72
80	47	1	46	47	2208	1920	2.10	2.45	3.76	3.34
合计	182	13	169	—	—	—	—	—	—	—
平均值	—	—	—	—	—	—	5.21	6.69	2.77	2.64

其卵巢中有少量卵接近或已经成熟，开始进入繁殖群体。从第 60 天开始，随后的采样中均能采集到卵黄囊期仔鱼，种群结构趋于复杂。第 80 天实验结束时，种群的个体数量估算为 2208 尾，对比奠基种群的个体数量，增长达 35.8 倍；与第 40 天相比，则增长了 2.94 倍。初步推断，唐鱼实验种群完成一个世代交替所需时间大约为 40 d，实验中该种群至少已经出现两个新世代（F_1 和 F_2）。实验过程中由于取样所造成的捕捞死亡率平均值为 5.21%，因此取样对该种群的人工操纵压力处于可接受范围。

二、形态发育的体长依赖性与生长模式

唐鱼胚后发育呈体长依赖性（图 4-2）（秩相关分析，$r=0.986$，$P<0.001$）。体长 4.0 mm 时，仔鱼卵黄囊消耗完毕；体长 6.3 mm 时，尾索上歪，肠曲转开始，直线型肠道发生第一次转折，到 7.5 mm 基本完成；体长 11.0～11.5 mm 时，仔鱼躯体前后均出现鳞片，进入稚鱼期，第二肠曲发育基本完成；从体长 12 mm 开始，腹膜闭合，标志其进入幼鱼期，外部形态和肠道形态与成鱼基本相同；从体长 17 mm 开始，显微镜下解剖可清楚见到线状乳白色性腺，标志着性腺分化已经开始；体长 21 mm 时，部分雄性个体出现乳白色精巢；体长 21～22 mm 时，部分雌性个体开始出现淡黄色的卵粒，标志着初次性成熟；体长 23 mm 以上个体进入繁殖群体。

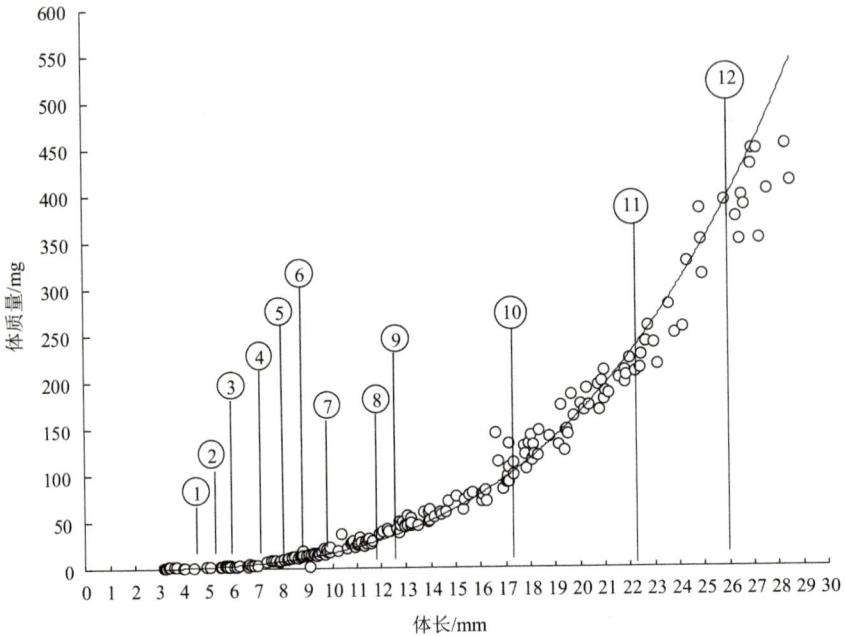

图 4-2　唐鱼形态发育呈体长依赖性

以雌鱼为例，雄鱼情况类似。秩相关分析，$r=0.986$，$P<0.001$。①3.2～3.5 mm，鳔一室，残余少量的
卵黄；②4.0 mm，卵黄消失；③4.8 mm，尾鳍原基出现；④6.3 mm，尾索上歪，肠曲转开始；⑤7.5 mm，
肠曲一圈，腹鳍突出现；⑥8.0 mm，鳔二室；⑦9 mm，腹鳍条出现，尾叉出现，尾鳍出现红斑；
⑧11.1 mm，褶膜消失，鳞片开始出现；⑨12 mm，鳞片基本出现，进入幼鱼阶段；⑩17 mm，性腺
　　在形态上可分辨；⑪22 mm，雌鱼初次性成熟；⑫25～26 mm，实验开始前的成熟亲鱼

在实验室的孵化观察测得仔鱼初孵化体长为 2.6 mm，体质量为 0.5 mg。室外
微生态系统中唐鱼生长模式（以雌鱼为例）可以通过体长与体质量回归分析方程
$W=0.0077L^{3.3302}$（$R^2=0.9731$，$P<0.01$）进行描述（图 4-2）。仔鱼从体长 3.2 mm
开始摄食，到进入幼鱼阶段前（12 mm）为仔稚鱼阶段，其间的单位体长增重率
是 3.4 mg/mm，幼鱼阶段（12～17 mm）为 13.3 mg/mm，性腺发育阶段（17～22 mm，
以雌鱼为例）为 26.4 mg/mm，性成熟阶段（22～25 mm）为 40.5 mg/mm。以每次
采样最大个体来描述唐鱼的生长速率，日龄 16 d 已进入稚鱼期，其间体长瞬时增
长率为 0.0907，体质量瞬时增长率则为 0.253；23 d 已进入幼鱼期，体长和体质量
瞬时增长率分别为 0.0468、0.057；37 d 进入初次性成熟期，两增长率分别为 0.0148、
0.038；性成熟后，体长和体质量的增长都迅速下降（表 4-2）。体长生长方程可
以描述为 $L=7.4539\ln d-6.8004$（$R^2=0.9699$，$P<0.001$）；而体质量增长方程在性成
熟前描述为 $W=0.0348d^{2.4298}$（$R^2=0.9994$，$P<0.001$）。

表 4-2　室外微生态系统中唐鱼的生长速度

采样时间/d	日龄	体长		体质量	
		最大体长/mm	瞬时增长率	最大体质量/mg	瞬时增长率
0	0	2.60	—	0.5	—
19	16	11.10	0.0907	28.6	0.253
25	23	15.40	0.0468	71.6	0.057
30	27	18.11	0.0324	114.2	0.029
40	37	21.00	0.0148	210.1	0.038
50	47	23.00	0.0091	217.0	0.002
60	57	24.17	0.0050	256.6	0.010
70	67	24.73	0.0023	291.3	0.008
80	77	24.95	0.0009	349.6	0.011

　　小型鱼类所具有的性成熟时间短的特点决定了其种群生态学方面的多种特征（Schlosser，1990；Magalhães et al.，2003）。在本研究所使用的微型池塘生态系统中，唐鱼胚后发育仅需要 37 d 即开始初次性成熟，一个生活史周期只需要 40 d 左右，在 40 d 后，新一代的成熟个体开始繁殖，这导致了它的种群形成十分复杂的世代结构，同一时间里种群内存在大量不同日龄的个体（图 4-1）。野外的自然种群在一周年各月份的体长分布也表明了这种复杂性（史方等，2008）。许多小型鱼类都具有这种特征，如稀有鮈鲫（王剑伟等，1998）、食蚊鱼等，这种特征很可能是这些小型鱼类为适应所栖息的时空变化剧烈的生境所采取的生活史策略之一（Schlosser，1990；Magalhães et al.，2003）。对于采取 r 选择生存策略的物种来说，快速生长及短生活史周期等生活史策略对其种群的生态意义在于，当不稳定的生境造成其种群数量在时空变化中呈现极大的波动性时，有利于其种群在遭受打击后迅速恢复（Ribeiro et al.，2000；Stearns，2000；Magalhães et al.，2003），以维持种群的稳定性。唐鱼所栖息的溪流生境均位于干湿季节较为明显的亚热带季风气候区，水文条件容易受降水时空变化的剧烈影响，如台风等天气事件常对此类生境的鱼类群落产生灾难性破坏（Tew et al.，2002）。特别是在广东，唐鱼主要分布于Ⅰ级溪流，周年中经常出现干枯或洪水暴发的事件，其种群丰度具有极大的波动性，因此它在进化过程中形成了生长迅速、性成熟时间短的生活史特征，这是对栖息生境的充分适应。

三、与摄食相关的形态发育

　　在唐鱼个体发育过程中，与摄食相关的多个性状也存在体长依赖性现象。如图 4-3 所示，头长等可量形状与体长极显著相关（头长：$r=0.981$，$P<0.001$；体高：$r=0.982$，$P<0.001$；头高：$r=0.977$，$P<0.001$；眼径：$r=0.969$，$P<0.001$），口裂

宽、口宽也与体长极显著相关（口裂：$r=0.968$，$P<0.001$；口宽：$r=0.966$，$P<0.001$）。另外，尽管唐鱼肠长在个体发育过程中也与体长的增长显著相关，但是肠长与体长的比值出现显著的变化转折点，发生在体长 7.5 mm 之后，这一比值以 0.4 左右跳跃性增加，随后趋于相对稳定，为 0.6～0.8（图 4-4）。

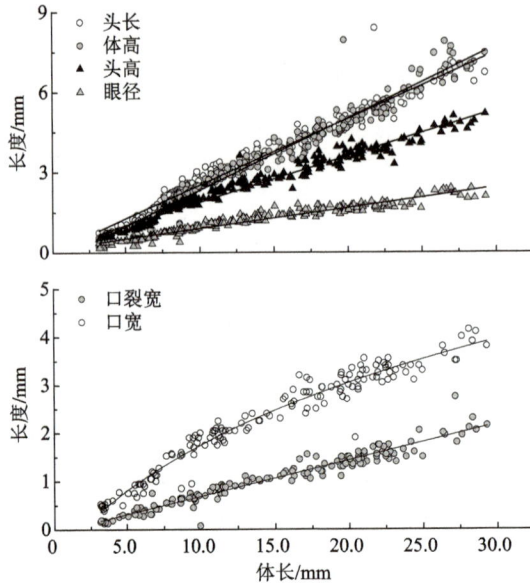

图 4-3 唐鱼若干摄食相关性状与体长的关系

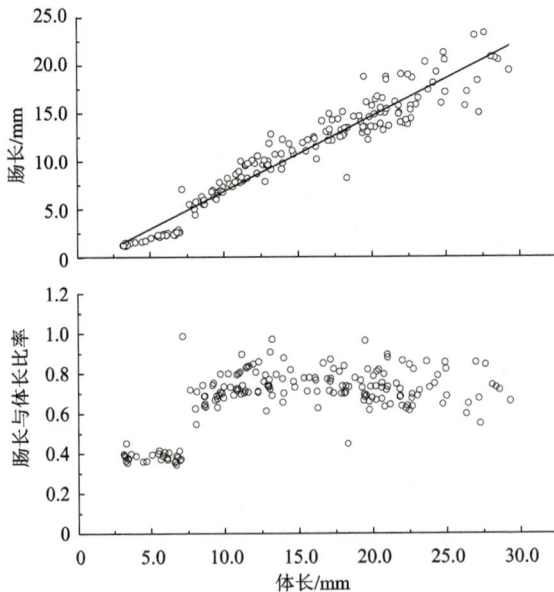

图 4-4 唐鱼肠长与体长的关系

四、食性组成与食性转换

1. 肠充塞度

共收集 243 尾唐鱼进行分析，除 1 尾空肠外，其余 242 尾的消化道均含有可清晰辨认的食物。依据肠发育阶段及形态发育各期特点，将唐鱼实验种群划分为 7.5 mm 以下（肠曲转前期）、7.5～12 mm（幼鱼前期）、12.1～17 mm（幼鱼期）和 17 mm 以上（性分化及性成熟期）等 4 个体长等级进行食性分析。食物在这些样本中的充塞度见图 4-5，平均充塞度为 0.86±0.15，上述各体长等级间存在极显著差异（方差分析，$F_{3,238}=9.611$，$P<0.001$；表 4-3），体长 7.5 mm 以下群体食物平均充塞度可达 0.92±0.09。

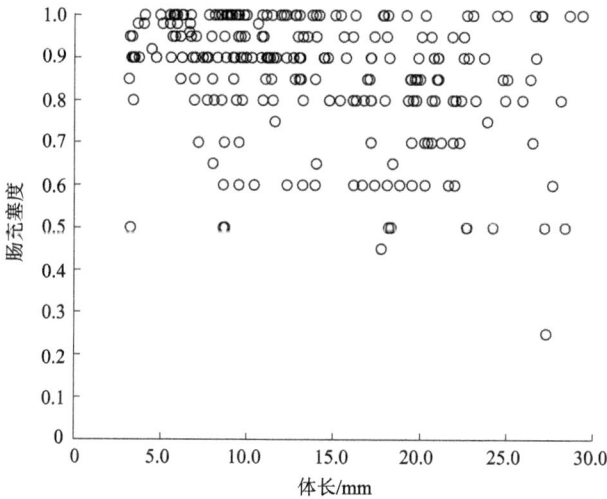

图 4-5　唐鱼肠充塞度

表 4-3　唐鱼不同体长群体食物充塞度、多样性指数及均匀度指数比较

项目	体长分组			
	<7.5 mm	7.5～12 mm	12.1～17 mm	>17.1 mm
食物充塞度	0.92±0.09[a]	0.89±0.13[a]	0.87±0.13[a]	0.80±0.16[b]
多样性指数 H_i	0.97±0.39[a]	0.86±0.61[a]	0.98±0.58[a]	0.93±0.48[a]
均匀度指数 J_i	0.75±0.22[a]	0.48±0.27[c]	0.59±0.23[b]	0.69±0.23[a]

注：同一行数据上标字母不同表示有极显著差异，$P<0.001$

2. 食物组成

在唐鱼实验种群消化道共检出 38 个食物类别，其中硅藻 2 种属、绿藻 4 种属、轮虫类 8 种属、桡足类 3 类别、枝角类 4 种、介形虫 1 类别、昆虫 13 类别、贝类

2 类别、线虫 1 种属（表 4-4）。通过 Amundsen 等（1996）修改的 Costello（1990）图形法分析显示，唐鱼实验种群以浮游生物为主要食物，如桡足类无节幼体、轮虫类、枝角类、桡足类和新月藻等（图 4-6）。不同体长级别群体的食物组成存在显著差异（弗里德曼检验，$\chi^2 = 8.436$，df=3，$n=38$，$P<0.05$；表 4-5）。通过图形法进一步分析显示，唐鱼实验种群中存在明显的食物转换过程（图 4-6）。其中个体最小的 7.5 mm 以下群体为仔鱼，共检出 22 个饵料类群，主要摄食桡足类无节幼体（出现频率为 65.22%，特定丰度为 48.2%）、萼花臂尾轮虫和轮虫卵，其他食物均为个体较小的藻类及若干种轮虫（图 4-6A）。体长 7.5～12 mm 为尚未进入幼鱼期的个体较大的仔稚鱼，共检出 30 个饵料类群，主要摄食桡足类无节幼体（出现频率为 92.75%，特定丰度为 66.7%）、新月藻属及轮虫卵，枝角类及昆虫类食物开始出现，但主要集中在图像左下角，表明为稀有食物（图 4-6B）。体长 12.1～17 mm 为幼鱼阶段，共检出 30 个饵料类群，食物虽然仍以桡足类无节幼体及新月藻属为主，但枝角类如老年低额溞（*Simocephalus vetulus*）、活泼泥溞（*Ilyocryptus agilis*）及桡足类成体的占比开始上升，昆虫类食物则仍较为稀有（图 4-6C）。17.1 mm 以上个体开始出现性别分化并进入初次性成熟，共检出 28 个饵料类群，其食物种类转向体形较大的食物，以老年低额溞、活泼泥溞及桡足类为主，水生昆虫类如摇蚊幼虫、仰泳蝽等成为食物的重要组成部分，陆源的蚂蚁也有摄食，而个体细小的轮虫类、藻类和桡足类无节幼体基本不再摄食（图 4-6D）。

表 4-4 唐鱼不同体长群体的食谱 （%）

生物种类	名称	数量百分比				出现频率			
		<7.5 mm	7.5～12 mm	12.1～17 mm	>17.1 mm	<7.5 mm	7.5～12 mm	12.1～17 mm	>17.1 mm
硅藻	未定种	0.52	0.02	0.00	0.00	2.17	2.90	0.00	0.00
	其他硅藻	2.50	0.43	2.79	6.16	19.57	8.70	7.14	2.35
绿藻	新月藻属	0.67	10.56	28.45	10.17	10.87	66.67	57.14	32.94
	并联藻	0.95	0.23	0.56	1.31	4.35	10.14	11.90	8.24
	四鼓藻	0.03	0.31	0.19	0.77	4.35	24.64	9.52	1.18
	球状藻	0.47	0.10	0.03	0.09	13.04	10.14	4.76	1.18
轮虫类	未定种	0.09	0.00	0.01	0.00	6.52	0.00	0.00	0.00
	盘镜轮虫	5.66	1.90	0.23	2.19	47.83	46.38	23.81	10.59
	狭甲轮虫属	2.81	0.63	0.40	0.00	23.91	26.09	26.19	0.00
	晶囊轮虫属	0.52	0.00	0.09	0.00	10.87	0.00	4.76	0.00
	单趾轮虫属	2.64	0.65	0.08	0.00	54.35	27.54	4.76	0.00
	萼花臂尾轮虫	27.58	4.97	0.49	0.17	65.22	24.64	9.52	2.35

续表

生物种类	名称	数量百分比				出现频率			
		<7.5 mm	7.5~12 mm	12.1~17 mm	>17.1 mm	<7.5 mm	7.5~12 mm	12.1~17 mm	>17.1 mm
轮虫类	轮虫卵	23.28	9.09	15.47	0.00	47.83	27.54	26.19	0.00
	其他轮虫	0.02	0.13	0.74	1.70	0.00	0.00	11.90	3.53
桡足类	未定种	1.43	0.89	3.54	15.23	8.70	27.54	64.29	49.41
	无节幼体	27.32	65.28	29.60	0.31	54.35	92.75	50.00	1.18
	桡足类卵	3.12	0.88	0.47	0.00	34.78	23.19	14.29	0.00
枝角类	活泼泥溞	0.00	0.14	5.00	27.31	0.00	7.25	57.14	55.29
	老年低额溞	0.02	2.05	7.26	24.43	2.17	28.99	42.86	41.18
	方形尖额溞	0.12	0.18	1.24	0.42	6.52	15.94	11.90	3.53
	裸腹溞	0.00	0.01	0.15	0.00	0.00	2.90	7.14	0.00
介形虫	介形虫	0.00	0.36	1.45	0.49	0.00	13.04	28.57	9.41
昆虫	摇蚊幼虫	0.19	0.46	0.27	3.22	2.17	34.78	23.81	45.88
	摇蚊羽化虫	0.03	0.03	0.41	0.91	2.17	5.80	26.19	11.76
	蚊幼虫	0.00	0.00	0.00	0.02	0.00	0.00	0.00	1.18
	水螨	0.00	0.04	0.58	0.20	0.00	8.70	14.29	5.88
	蜻蜓目幼虫	0.00	0.24	0.07	0.48	0.00	20.29	14.29	18.82
	水甲虫	0.00	0.01	0.03	0.14	0.00	4.35	4.76	0.00
	蛾	0.00	0.00	0.01	0.00	0.00	0.00	0.00	0.00
	小蝇	0.00	0.19	0.03	0.05	0.00	8.70	2.38	3.53
	蜂	0.00	0.07	0.05	0.23	0.00	7.25	4.76	5.88
	仰泳蝽	0.00	0.01	0.07	2.08	0.00	1.45	11.90	50.59
	蚂蚁	0.00	0.00	0.00	1.17	0.00	1.45	0.00	30.59
	蚜虫	0.00	0.00	0.00	0.08	0.00	0.00	0.00	1.18
	其他	0.00	0.06	0.18	0.45	0.00	4.35	7.14	4.71
贝类	螺	0.00	0.00	0.00	0.05	0.00	0.00	0.00	2.35
	螺卵	0.00	0.00	0.00	0.18	0.00	0.00	0.00	4.71
线虫	线虫	0.03	0.05	0.06	0.02	4.35	13.04	7.14	1.18

实验种群中4个体长级别间的食物多样性指数并无显著差异（Kruskal-Wallis检验，$\chi^2=1.277$，df=3，$P>0.05$），但均匀度指数间则极显著不同（方差分析，$F_{3,227}=16.568$，df=3，$P<0.001$），以体长7.5 mm以下仔鱼的数值最高。食物重

叠指数显示，体长相差越大的级别间的食物重叠指数越低（表 4-5），如 7.5 mm 以下仔鱼与 17.1 mm 以上的个体重叠指数只有 0.04，显示两者相互间具有几乎独立的食物组成。

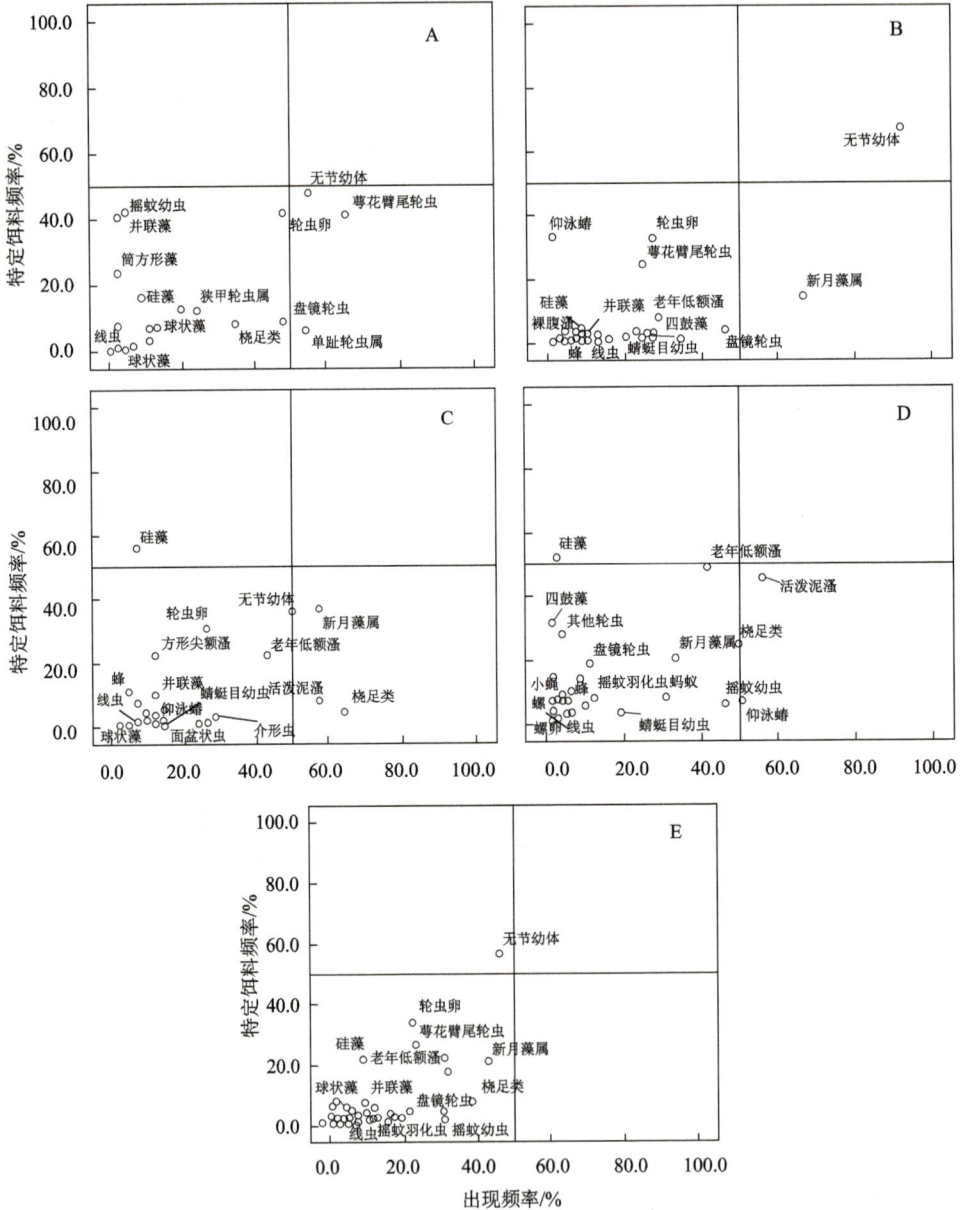

图 4-6　唐鱼不同体长级别群体摄食策略分析

A. 体长 7.5 mm 以下；B. 7.5～12 mm；C. 12.1～17 mm；D. 17.1 mm 以上；E. 全体

表 4-5 唐鱼实验种群各体长级别食物重叠指数

体长级别	体长级别			
	7.5 mm 以下	7.5～12 mm	12.1～17 mm	17.1 mm 以上
7.5 mm 以下	—	0.70	0.59	0.04
7.5～12 mm		—	0.79	0.07
12.1～17 mm			—	0.37
17.1 mm 以上				—

进一步以唐鱼种群对桡足类无节幼体摄食量的变化来说明其个体发育过程中的食物转化现象。如图 4-7 所示，在仔鱼及幼鱼早期阶段，唐鱼大量摄食无节幼体，进入体长 16 mm 以上阶段后，基本不再摄食。同样的情况可以利用食物选择性指数加以说明，如图 4-8 所示，7.5 mm 以下仔鱼对轮虫类如萼花臂尾轮虫、单趾轮虫属等正向选择摄食，而对老年低额溞等较大的食物负向选择；相反，17.1 mm 以上的个体对轮虫类等微型食物呈负向选择，而对老年低额溞正向选择摄食。对不同大小个体的唐鱼消化道中食物最大及平均长径、侧面积与体长关系分析显示，食物最大及平均长径（L_p）、侧面积（S_p）均随唐鱼体长（L）增长而极显著增大 [$L_{p(max)}=0.006L^{1.903}$，$R^2=0.797$，$P<0.001$；$L_{p(mean)}=0.004L^{1.823}$，$R^2=0.807$，$P<0.001$；$S_{p(max)}=10^{-5}L^{3.356}$，$R^2=0.803$，$P<0.001$；$S_{p(mean)}=3\times10^{-5}L^{3.296}$，$R^2=0.820$，$P<0.001$。上述方程 $n=146$，图 4-9]。

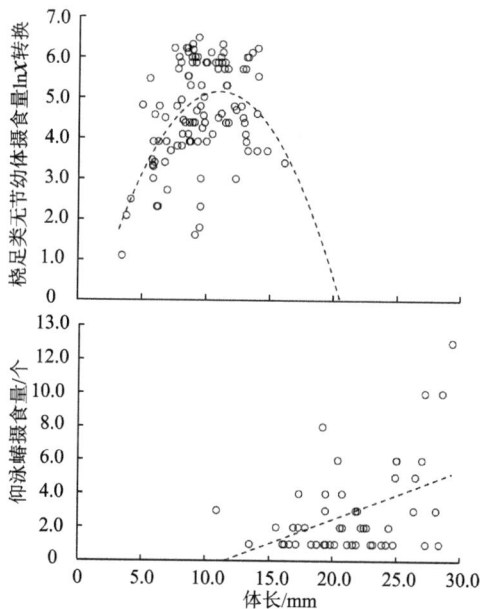

图 4-7 唐鱼实验种群对桡足类无节幼体及仰泳蝽摄食的转变

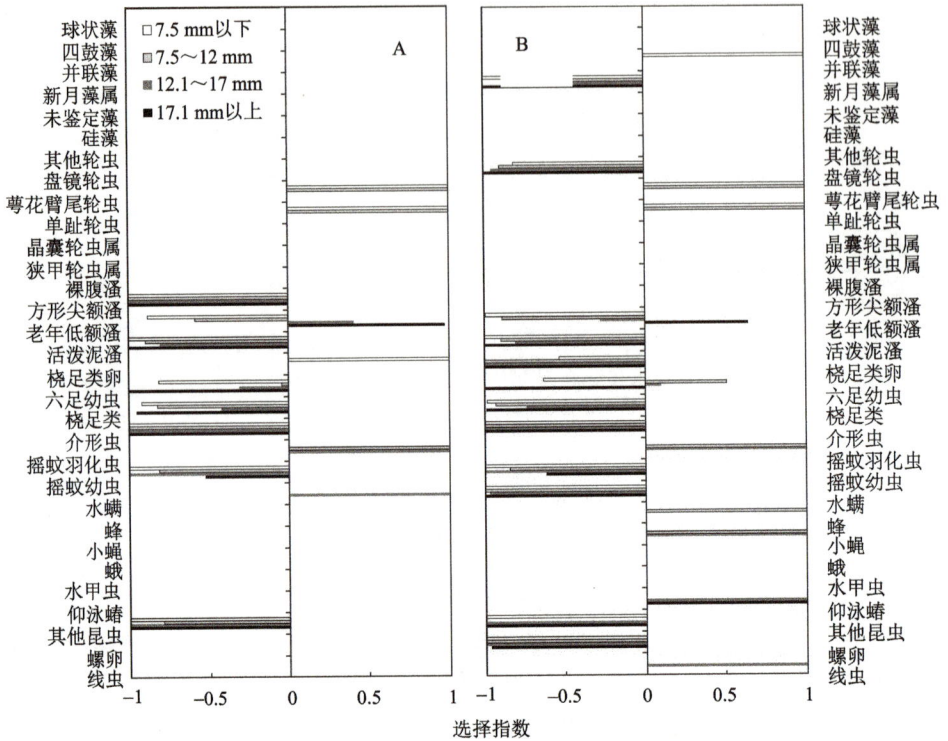

图 4-8　唐鱼对饵料生物的选择性

A、B 分别表示实验池 A 和实验池 B

　　唐鱼显然主要是浮游生物食性鱼类，而成熟个体同时可摄取水体中的各种水生昆虫作为食物，生活在农田、溪流等生境的小型鱼类多数具有这种食性，如斗鱼、泥鳅、食蚊鱼（*Gambusia affinis*）等（易祖盛等，2004）。在本研究的微型人工池塘生态系统中利用的食物类群达 38 个，桡足类无节幼体是最重要的食物。在对鱼类食性进行分析时，研究者可根据研究目的选择各种方法（Marshall & Elliott，1997），由于这些方法各有优势及不足，最好几种方法联合使用。对于着眼于食物重要性及摄食策略分析的研究来说，利用 Amundsen 等（1996）修改的 Costello（1990）图形法可以直观地分析出目标鱼类的主要食物种类，同时也可以快速进行食性策略分析（Amundsen et al.，1996；Hinz et al.，2005）。

　　唐鱼以浮游生物为主要食物的特点除反映了实验池中饵料供应特点外，也反映了唐鱼对饵料资源需求的特点，在唐鱼栖息的自然生境中，水体饵料生物也以浮游生物为主，枝角类、桡足类及轮虫类的种类和数量也较为丰富（程炜轩等，2006）。在唐鱼种群内部存在若干不同摄食群体，不同群体的摄食策略各不相同，由此在各群体间产生食物生态位的分化，降低种内个体间的竞争，同时也拓展了种群对环境饵料的利用范围。

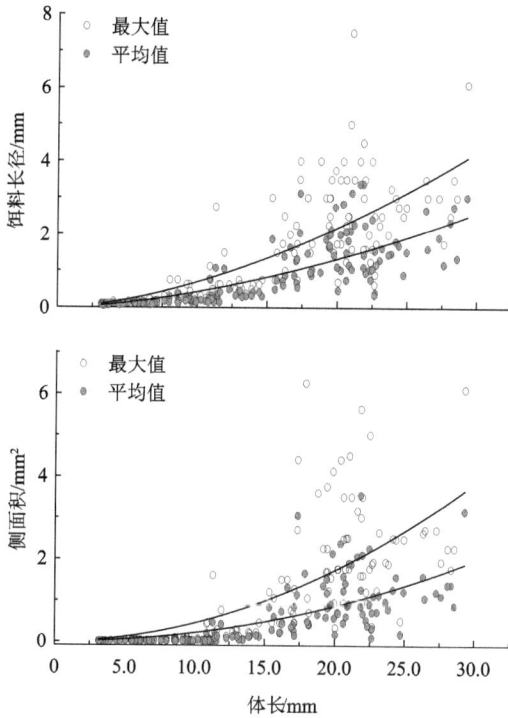

图 4-9 唐鱼体长与摄食饵料长径及侧面积的关系

第二节 唐鱼饵料基础与食物组成

目前，已知唐鱼在广东的分布区域主要集中在广州从化地区的丘陵溪流、农田，本节所论述的内容均以从化地区自然种群研究结果为主。

一、饵料基础

1. 浮游植物

对广州从化塘肚溪的调查结果显示，浮游植物密度周年变化为单峰型（图 4-10），在 8 月达到最大丰度，密度为 39.8×10^4 个/L，1 月浮游植物丰度最小，密度为 2.0×10^4 个/L。全年浮游植物种群以蓝藻和绿藻为主，硅藻在各月采样中数量较少（表 4-6），其中 8 月浮游植物密度最大，蓝藻为 219.9×10^3 个/L，绿藻为 14.4×10^4 个/L，硅藻为 3.4×10^4 个/L。蓝藻最小密度出现在 12 月，为 0.6×10^4 个/L，绿藻和硅藻最小密度出现在 1 月，分别为 1.0×10^4 个/L 和 0.2×10^4 个/L。

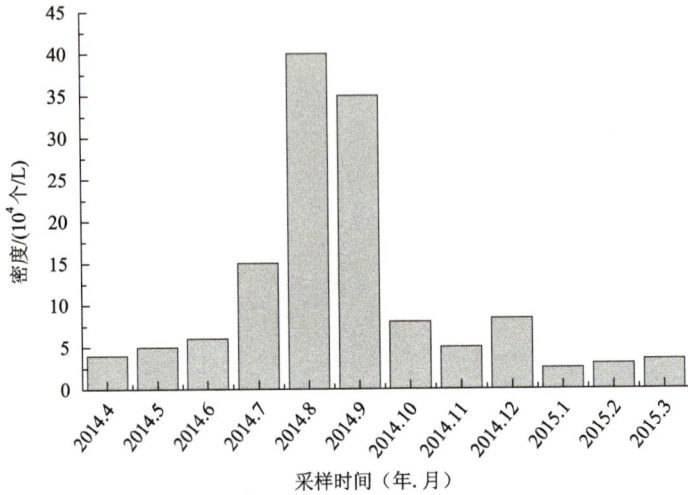

图 4-10 广州从化塘肚溪浮游植物密度周年变化

表 4-6 广州从化塘肚溪不同门类浮游植物密度周年变化（单位：个/L）

采样时间(年.月)	蓝藻	硅藻	绿藻	合计
2014.4	16 007	2 831	17 614	36 452
2014.5	21 288	3 786	20 802	45 876
2014.6	29 435	6 282	25 116	60 833
2014.7	78 645	11 511	67 715	157 871
2014.8	219 931	34 193	143 684	397 808
2014.9	200 316	28 927	131 932	361 175
2014.10	57 902	6 045	16 874	80 821
2014.11	28 570	2 315	12 442	43 327
2014.12	6 372	7 800	68 047	82 219
2015.1	8 485	2 045	9 884	20 414
2015.2	10 642	2 092	11 688	24 422
2015.3	11 591	2 903	14 863	29 357

　　从浮游植物的季节性变化来看，周年采样调查中 2～4 月水温较低，而且处于从化地区的阴雨季节，频繁降雨，没有充足的光照，不利于浮游植物的生长，故此季节藻类密度较小。6 月、7 月为华南地区暴雨台风多发季节，降雨量大，水体营养盐浓度较低，藻类缺乏营养盐而生长缓慢。受亚热带季风气候的影响，8～9月高温少雨，光照时间充足，这些都是浮游植物生长所必需的条件。加上塘肚溪处于山区荔枝林内，8～9 月正是荔枝成熟季节，采样中常见大量成熟荔枝掉落水中，荔枝被分解后，大量养分溶入水中，大大提高了水体营养盐含量，为浮游植

物的生长提供了优越的条件。因此，在此期间浮游植物密度达到全年最大值。10～11 月温度逐渐降低，不利于藻类生长，浮游植物密度不断下降。1～2 月处于全年最低温季节，水温为 13℃左右，不利于浮游生物的生长，因此浮游植物密度处于全年最低水平。

2. 浮游动物

浮游动物密度周年变化情况见图 4-11。与浮游植物的周年变化趋势相似，在 8 月达到最大密度，为 148 个/L，最小密度出现在 1 月，为 37 个/L。4～8 月，浮游动物密度呈直线上升，达到峰值以后又呈阶段性下降趋势。溪流水体中浮游动物以轮虫类、桡足类、枝角类 3 类为主（表 4-7），其中轮虫类数量居多，枝角类最少。3 类浮游动物最大月均密度均出现在夏季的 7 月或 8 月，分别为 110 个/L、27 个/L 和 15 个/L。不同类群相比较，密度最大时，轮虫类密度是桡足类的 4 倍左右，是枝角类的 7 倍左右。

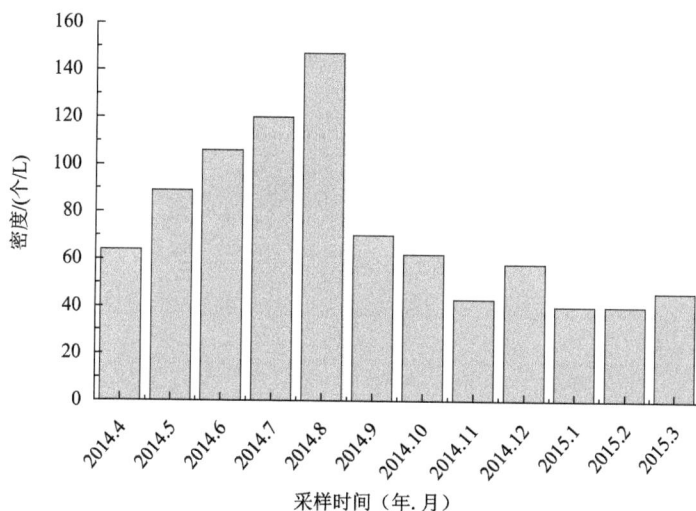

图 4-11　广州从化塘肚溪浮游动物密度周年变化

表 4-7　广州从化塘肚溪不同门类浮游动物密度周年变化（单位：个/L）

采样时间（年.月）	桡足类	枝角类	轮虫类	合计
2014.4	13	7	45	65
2014.5	15	8	64	87
2014.6	21	7	76	104
2014.7	27	15	81	123
2014.8	24	14	110	148
2014.9	13	5	53	71

续表

采样时间（年.月）	桡足类	枝角类	轮虫类	合计
2014.10	10	5	49	64
2014.11	11	6	24	41
2014.12	15	6	31	52
2015.1	8	2	27	37
2015.2	9	2	26	37
2015.3	11	4	29	44

限制异养生物生长的两个主要因素是食物和温度。多数浮游动物以浮游植物为食。本研究发现浮游动物密度周年变化情况与浮游植物保持一致，同样表现为8月达到全年最大值，1月降低到最小值。6月浮游动物数量较少是因为作为饵料的浮游生物数量不足，8~9月，光照充足，温度适宜，浮游植物密度升高，由于食物来源丰富，浮游动物生长旺盛，种群数量最大。1月由于浮游植物数量急剧降低，食物来源不足，加上水温较低，不利于自身的生长发育，浮游动物数量也相应降低。

唐鱼栖息生境中的浮游动植物密度在夏季达到最高值，其中浮游植物以蓝藻和绿藻为主，浮游动物则以轮虫类、桡足类、枝角类3类为主。这种饵料密度变化及多样性可能体现在唐鱼消化道的饵料组成上。

二、食物组成分析

1. 研究案例1

易祖盛等（2004）对广州从化地区丘陵地带唐鱼的食物组成进行了分析（表4-8）。在野外条件下唐鱼属于杂食性的鱼类，在11月至次年3月的胃肠道饱满度多以2~4级为主。在189尾鱼的观察中，唐鱼食物种类主要是藻类和少量水生昆虫。其中藻类根据物种丰富度依次为绿藻（7种）、硅藻（6种）、蓝藻（2种）、黄藻（1种）。而以出现频率分，脆杆藻出现频率最高（87.77%），其余依次为缢丝鼓藻（56.00%）、柱形鼓藻（40.78%）、羽纹硅藻（37.42%）、黄丝藻（25.34%）、三角藻（19.86%）和舟形藻（18.40%）等。而唐鱼也摄食一定比例的枝角类、水生昆虫及轮虫类动物，出现频率分别为53.18%、46.08%和29.78%。另外，观察中发现11月和12月的标本中出现少量植物种子。

表 4-8　唐鱼野外种群食物组成（易祖盛等，2004）　　　　　　　（%）

生物类群	名称	出现频率					总频率
		11 月	12 月	1 月	2 月	3 月	
绿藻	水绵	25.00	17.50	53.33	33.33	34.48	32.73
	鼓藻	42.00	20.00	20.00	—	—	16.40
	柱形鼓藻	60.00	40.00	46.67	40.00	17.24	40.78
	缢丝鼓藻	57.00	35.00	—	20.00	—	56.00
	新月藻	—	—	3.33	6.67	—	2.00
	丝藻	—	15.00	—	—	10.34	5.07
	小星藻	8.00	—	10.00	30.00	—	9.60
硅藻	羽纹硅藻	75.00	45.00	23.33	30.00	13.79	37.42
	舟形藻	52.00	20.00	20.00	—	—	18.40
	针杆藻	—	—	10.00	33.33	—	8.67
	脆杆藻	100.00	90.00	96.69	86.67	65.52	87.77
	小环藻	5.00	15.00	—	33.33	20.69	16.80
	二角藻	35.00	17.50	6.67	36.67	3.45	19.86
蓝藻	蓝纤维藻	15.00	—	3.33	—	—	3.67
	念珠藻	8.00	—	—	—	—	1.60
黄藻	黄丝藻	63.00	20.00	16.67	16.67	10.34	25.34
植物种子	无尾水筛	3.00	2.50	—	—	—	1.10
桡足类	未定种	3.00	25.00	20.00	23.33	10.34	16.33
枝角类	蚤状溞	3.00	50.00	60.00	66.67	86.21	53.18
轮虫类	未定种	—	7.50	70.00	30.00	41.38	29.78
水生昆虫	未定种	15.00	40.00	30.00	83.33	62.07	46.08
唐鱼标本数量		60 尾	40 尾	30 尾	30 尾	29 尾	189 尾

2. 研究案例 2

调查时间为 2005 年 6 月至 2006 年 2 月，隔月调查一次。调查地点为有唐鱼分布的广州从化鹿田区域农田及灌溉沟渠。

（1）唐鱼胃肠道饱满度

不同月份唐鱼胃肠道饱满度见表 4-9。6 月、8 月大多集中在 3、4 级，10 月饱满度上升，大多集中在 4、5 级，12 月以后饱满度逐步下降，12 月集中在 2、4 级，2 月集中在 2、3 级。由此可以认为，唐鱼的摄食强度与饵料生物丰度、水温变化有一定关系，在夏秋两季饵料食物较丰富，水温较高，唐鱼摄食较旺盛，冬春两季食物相对较少，水温较低，摄食强度较低。

表4-9 唐鱼胃肠道饱满度

时间	出现频率/%				
	1级	2级	3级	4级	5级
2005年6月	0	16	52	32	0
2005年8月	0	20	32	32	16
2005年10月	0	16	20	28	36
2005年12月	4	36	16	32	12
2006年2月	4	48	40	8	0

（2）环境饵料与唐鱼摄食的关系

6月唐鱼的胃肠道内容物与水体饵料生物的关系见表4-10。植物方面，6月水体中藻类数量较少，以绿藻密度上占优，硅藻密度较低。绿藻在唐鱼胃肠道中出现频率高且具有较大的量，这可能是由于水体中绿藻数量多，较容易被发现，因此唐鱼胃肠道中绿藻数量较多。动物方面，水体中浮游动物数量较少，其中枝角类在水体中密度不足5个/L，而在唐鱼胃肠道内出现频率和数量都较高，这一方面是因为枝角类体积较大，游动缓慢，容易被唐鱼发现而捕食；另一方面则是枝角类对唐鱼的适口性较好，营养价值高所造成的。桡足类无节幼体无论是水体中密度还是相应的消化道出现频率和数量都较高。

表4-10 6月唐鱼胃肠道内容物与水体饵料生物的关系

生物类群	名称	水体中密度/（个/L）	食物出现频率/%	消化道中平均数量/（个/尾）
绿藻	奈氏水绵	220	68	50.4
	双对栅藻	285	64	61.1
	顶节新月藻	57	64	4.1
	圆微星鼓藻	0	64	3.8
	基纹鼓藻	0	44	10.0
	拟角锥鼓藻	0	36	14.6
	纤细新月藻	57	28	34.3
	角丝鼓藻	1881	24	70.5
	瘤状宽带鼓藻	0	24	6.0
	韦氏水绵	570	24	2.3
	膨胀角星鼓藻	0	24	6.2
	节球宽带鼓藻	0	20	3.8

续表

生物类群	名称	水体中密度/（个/L）	食物出现频率/%	消化道中平均数量/（个/尾）
硅藻	针杆藻属	398	56	2.9
	羽纹藻属	228	44	3.9
	辐节藻属	0	20	2.2
	舟形藻属	228	20	1.8
桡足类	桡足类无节幼体	10	76	3.9
枝角类	棘爪低额溞	4	36	4.6
轮虫类	梨形单趾轮虫	4	24	2.2

注：共解剖唐鱼标本 25 尾

　　8月唐鱼的胃肠道内容物与水体饵料生物的关系见表4-11。植物方面，8月水体中藻类密度在全年采样中最大，种类最多，其中仍然以蓝藻、绿藻密度上占优，硅藻密度也较大。唐鱼胃肠道中藻类以绿藻和硅藻为主，两栖颤藻（*Oscillatoria amphibia*）是唯一出现在唐鱼胃肠道中的蓝藻，但是出现频率低，数量少，而在水中的密度却很大，有可能是在唐鱼摄食其他食物时被带进消化道内，并不是唐鱼主动摄食所致。动物方面，只有桡足类无节幼体在水体中密度和在胃肠道内出现频率都高，这可能是因为8月桡足类无节幼体达到65个/L，而且游动速度慢，较容易被唐鱼捕食，所以在胃肠道内出现频率高。

表 4-11　8 月唐鱼胃肠道内容物与水体饵料生物的关系

生物类群	名称	水体中密度/（个/L）	食物出现频率/%	消化道中平均数量/（个/尾）
绿藻	瘤状宽带鼓藻	301	72	6.2
	近缘鼓藻	88	60	10.7
	双对栅藻	688	56	98.1
	圆微星鼓藻	0	44	6.2
	扁鼓藻	22	40	11.4
	十字柱形鼓藻	44	40	22.7
	宽带鼓藻	44	32	28.3
	凹顶鼓藻	0	28	2.9
	纤细新月藻	22	24	6.5
	缢丝鼓藻	0	24	172
	凹顶鼓藻	0	24	19.7
	宽带鼓藻	0	24	58.7
	韦氏水绵	5 891	56	89.8
	凹顶鼓藻	0	28	2.9
	莱布新月藻	0	24	4.9

续表

生物类群	名称	水体中密度/（个/L）	食物出现频率/%	消化道中平均数量/（个/尾）
蓝藻	两栖颤藻	63 554	20	12
硅藻	脆杆藻属	4 021	76	34.7
	羽纹藻属	366	52	11.8
	针杆藻属	1 118	36	9.7
	辐节藻属	473	24	3.7
桡足类	桡足类无节幼体	65	64	3.75
	剑水蚤目	4	28	2.3
轮虫类	梨形单趾轮虫	28	24	3.33

注：共解剖唐鱼标本 25 尾

10 月唐鱼的胃肠道内容物与水体饵料生物的关系见表 4-12。10 月水体中，藻类种数减少，密度明显下降；而浮游动物种数变化不大，密度仍处于较高水平。在唐鱼胃肠道中藻类种数和数量都明显减少，而与食物充足的 8 月相比，唐鱼胃肠道中的动物数量更多，这可能是随着藻类密度下降，唐鱼为了摄取足够能量维持自身生长的需要，加大了对浮游动物的摄食强度，以弥补藻类食物的不足。

表 4-12　10 月唐鱼胃肠道内容物与水体饵料生物的关系

生物类群	名称	水体中密度/（个/L）	食物出现频率/%	消化道中平均数量/（个/尾）
绿藻	双对栅藻	0	60	17.2
硅藻	脆杆藻属	191	24	3.4
	羽纹藻属	72	20	1.4
桡足类	桡足类无节幼体	7	28	1.7
枝角类	棘爪低额溞	5	96	15.7
	近亲尖额溞	4	36	9.1
	多刺秀体溞	2	20	3.6
轮虫类	卜氏晶囊轮虫	2	48	4.1
	小巨头轮虫	2	28	7

注：共解剖唐鱼标本 25 尾

12 月唐鱼的胃肠道内容物与水体饵料生物的关系见表 4-13。植物方面，12 月水体中，藻类密度略有上升，种类组成变化较大，其中绿藻种数增加，密度上升。而在唐鱼胃肠道内，浮游植物出现频率不高，这可能是因为天气较冷，唐鱼摄食量减少，所以肠道内浮游植物较少。动物方面，以摇蚊幼虫、桡足类无节幼体等出现频率和数量较大，且首次出现摇蚊幼虫和水螨等类群，显示出冬季饵料生物组成和唐鱼摄食的特征。

表 4-13　12 月唐鱼胃肠道内容物与水体饵料生物的关系

生物类群	名称	水体中密度/（个/L）	食物出现频率/%	消化道中平均数量/（个/尾）
绿藻	纤细新月藻	1 280	56	30.4
	圆微星鼓藻	80	56	9.9
	顶节新月藻	80	48	7.8
	薄皮角星鼓藻	0	40	2.2
	瘤状宽带鼓藻	0	36	5.8
	近缘鼓藻	320	36	3.9
	异形水绵	400	36	7.4
	双对栅藻	640	28	331
	乳突微星鼓藻	0	28	2.4
	莱布新月藻	80	24	2.3
	韦氏水绵	79 600	24	10.8
	奈氏水绵	46 240	24	301.3
	十字柱形鼓藻	160	20	2.6
	宽带鼓藻	0	20	3.2
硅藻	舟形藻属	400	44	10.1
	脆杆藻属	1 600	44	691.8
	羽纹藻属	1 280	44	5.8
	针杆藻属	4 160	36	2.6
	桥弯藻属	320	28	3.4
	辐节藻属	80	20	1.0
桡足类	桡足类无节幼体	15	64	5.3
枝角类	棘爪低额溞	5	48	3.2
	近亲尖额溞	5	24	2.5
轮虫类	螺形龟甲轮虫	2	36	3.3
	卜氏晶囊轮虫	2	28	1.7
其他	摇蚊幼虫	5	72	2.5
	水螨	5	20	2.4

注：共解剖唐鱼标本 25 尾

2 月唐鱼的胃肠道内容物与水体饵料生物的关系见表 4-14。2 月硅藻在唐鱼胃肠道中出现频率较高，数量较多；绿藻中某些体积较大者，如圆微星鼓藻（*Micrasterias rotata*）、薄皮角星鼓藻（*Staurastrum leptodermum*）出现频率高，其他种出现频率相对较低。动物方面，水螨在水体和胃肠道中出现频率较高，数量较大，而其余动物出现频率相对较低，数量较少。

表 4-14 2 月唐鱼胃肠道内容物与水体饵料生物的关系

生物类群	名称	水体中密度/（个/L）	食物出现频率/%	消化道中平均数量/（个/尾）
绿藻	圆微星鼓藻	0	92	7.5
	薄皮角星鼓藻	4240	56	4.2
	顶节新月藻	22	48	7.1
	瘤状宽带鼓藻	0	40	2.8
	近缘鼓藻	40	28	3
	莱布新月藻	0	20	2
硅藻	辐节藻	0	44	3.5
	桥弯藻	0	40	2
	舟形藻	0	28	5
	羽纹藻	0	60	11.7
	针杆藻	0	56	8.4
	脆杆藻	0	56	14.6
枝角类	颈沟基合溞	3	44	3.7
	棘爪低额溞	3	32	2.8
其他	水螨	6	80	4.2
	摇蚊幼虫	3	36	1.2

注：共解剖唐鱼标本 25 尾

从上述调查结果看，采样时间不同，饵料生物的组成和数量也不同，唐鱼的食物组成也发生变化。这种变化主要与食物获得的容易程度及唐鱼的主动选择性有关。6 月、8 月，水体中浮游植物和浮游动物相对较丰富，唐鱼胃肠道中的食物种类也较丰富。10 月，水体中藻类数量减少，唐鱼胃肠道中的植物数量减少，动物数量增加。12 月，水体中浮游植物和浮游动物都减少，而水生昆虫较多，唐鱼摄食水生昆虫以弥补浮游生物数量上的减少。2 月，水体中浮游植物和浮游动物数量继续减少，唐鱼对水生昆虫的摄食强度提高以弥补其他食物数量上的减少。

第三节 水流和饵料条件对唐鱼摄食的影响

唐鱼主要栖息于华南地区丘陵溪流，溪流生态系统的水文特征具有极高的空间异质性与显著的季节性变化。与此相对应的是，溪流生境中浮游生物等饵料生物数量不多，且其丰度季节性变化明显。因而水流条件和饵料生物丰度无疑是影响唐鱼摄食的重要因素，本节围绕这两方面论述唐鱼摄食的生态学特点。

一、水流和饵料密度条件的设置

在如图 4-12 所示装置中，研究水流速度和饵料密度对唐鱼摄食的影响。

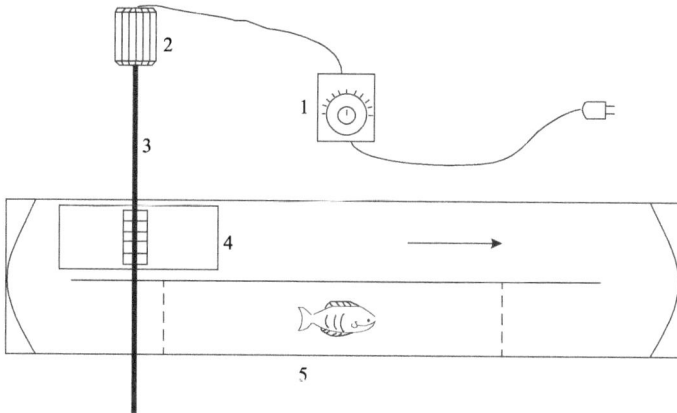

图 4-12　实验装置示意图（俯视）

1. 控制开关；2. 电机；3. 传动轴；4. 水轮；5. 摄食实验区

实验装置的主体结构是长 80 cm、宽 16 cm、高 8 cm 的长方形玻璃缸，玻璃缸内侧长边两端各嵌入直径为 16 cm 的塑料输水管切割成的半圆，中间用长 64 cm、高 7.5 cm、厚 0.5 cm 的玻璃板隔开，从而在水缸内形成一个环形水道。在环形水道其中一侧的直道上设置一个半径为 10 cm 的圆形水轮，水轮上共安装 6 个叶片。水轮固定在轴上并通过弹性联轴器与电动机连接，通过调节电动机和水轮的转速可以控制环形水道中的水流速度。水流速度以实验鱼体长的倍数表示，分为 0 bl/s、1.5 bl/s、3.5 bl/s、5.5 bl/s 和 7.5 bl/s 5 个水平；用活体盐水丰年虫无节幼体作饵料，饵料密度设 500 个/L、1500 个/L 和 3000 个/L 3 个水平，共 15 个实验组合，每个组合处理重复 4 次，每次实验使用 4 尾鱼。

二、水流和饵料密度影响唐鱼摄食的结果及分析

不同流速与饵料密度下唐鱼的摄食率见图 4-13。对同一饵料密度不同流速下唐鱼的摄食率进行单因素方差分析的结果表明，在低饵料密度和中饵料密度水平下，除了达到最大流速 7.5 bl/s 时唐鱼摄食率显著下降之外（$P<0.05$），其余各流速组间唐鱼的摄食率均无显著性差异（$P>0.05$）；而在 3000 个/L 高饵料密度水平

下除了 5.5 bl/s 和 7.5 bl/s 两个高流速组其摄食率较其余低流速组有显著降低之外
（$P<0.05$），其余各流速组间的摄食率均无显著性差异（$P>0.05$）。与静水对照组
相比，当水流速度增大到 5.5 bl/s 时，低、中、高 3 种饵料密度下唐鱼摄食率分别
下降了 25.8%、17.7% 和 16.7%；当水流速度增大到 7.5 bl/s 时，低、中、高 3 种
饵料密度下唐鱼摄食率分别下降了 68.6%、58.6% 和 45.5%。

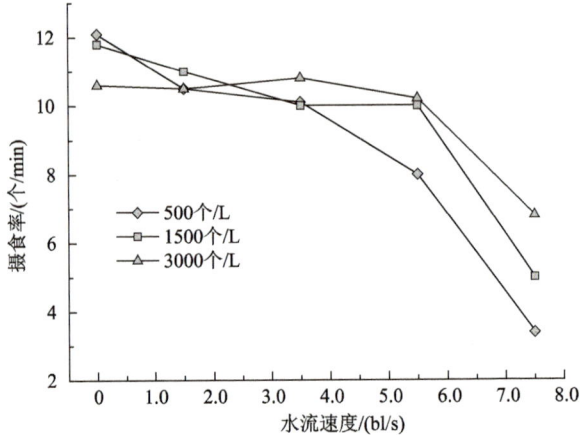

图 4-13　不同流速与饵料密度下唐鱼的摄食率

对同一流速不同饵料密度下唐鱼的摄食率进行单因素方差分析，发现在 0 bl/s、
1.5 bl/s 和 3.5 bl/s 3 种流速下，不同饵料密度水平下唐鱼的摄食率均未发生显著变
化（$P>0.05$）；在其余两个高流速水平下，唐鱼的摄食率则在高低饵料密度间存
在显著性差异（$P<0.05$）。其中在 5.5 bl/s 流速下，与最低饵料密度 500 个/L 相比，
1500 个/L 和 3000 个/L 饵料密度下，唐鱼摄食率分别增加了 22.5% 和 26.5%；当
流速增加至 7.5 bl/s 时，1500 个/L 和 3000 个/L 饵料密度下，唐鱼摄食率分别增加
了 43.9% 和 98.1%。

以上结果表明，水流条件和饵料丰度均对唐鱼摄食有显著影响，且这两个
因子间有着协同作用。一方面，在食物丰富的条件下，即使在较高流速下唐鱼
仍可取得较高的摄食率，而在低流速环境中，不同饵料密度条件下摄食率的差
异不大。整体上充足的饵料和较缓的水流条件有利于提高唐鱼的摄食率。唐鱼
通常栖息在营养贫乏、水质清澈的森林 I 级溪流中，长期进化过程中已经适应
溪流的寡营养和高流速的环境特点。在溪流中，唐鱼往往选择水坑、水潭及水
草茂盛的靠岸区域，这里水流相对较缓，饵料生物数量较多。另外，一些农田
与沼泽等静水或缓流水体且饵料资源相对丰富的栖息生境同样可为唐鱼提供良
好的摄食条件。

第五章　唐鱼生物能量学

唐鱼主要栖息在水质清澈的森林Ⅰ级溪流，食物链始端的营养物质主要是森林落叶的分解，而大部分落叶及其养分随水流迁移到下游地区，故唐鱼栖息的水体饵料丰度时空变化较大。因此食物水平是唐鱼所面临的重要生态因子，通过了解唐鱼在不同食物水平下的能量收支和能量物质消耗与转化情况，能够从资源利用对策的角度阐明唐鱼在进化中的摄食生态适应性问题。

本章首先论述了唐鱼在正常摄食条件下不同生长发育阶段的能量学特征，然后以成鱼为主要研究对象，论述了雌、雄唐鱼在不同摄食水平下其生长、繁殖的生物能量学应对策略，在此基础上进一步论述了在饥饿胁迫下唐鱼能量物质的消耗和变化规律。

第一节　唐鱼个体发育生物能量学

本节系统研究了唐鱼在正常摄食情况下其个体发育过程中生长、繁殖的能量分配规律。

以人工繁殖的唐鱼为实验材料，孵出仔鱼发育到 2 日龄时，挑选约 600 尾健康仔鱼分别放入 600 个装有 400 mL 水体的 500 mL 烧杯中单尾饲育。实验全过程饲养烧杯放在控温（28±0.5）℃的水族箱中，每天日光灯照明 16 h，光照强度约为 500 lx。

实验期间，每天饱食投喂 3 次饵料，在唐鱼 3～11 日龄时投喂草履虫（*Paramecium caudatum*），在唐鱼 12～31 日龄时投喂早期鲜活卤虫（*Artemia salina*）无节幼体。32 日龄至实验结束，每天投喂主饵料冰鲜红虫两次（9：00 和 21：00）和辅饵料早期鲜活卤虫无节幼体一次（17：00）。早上投喂前吸取红虫残饵，采取逐个计数的方法确定投饵量和残饵量，两者差值为实际摄食量。从 32 日龄至实验结束，测定每天实际摄食量，上午投喂前用虹吸法收集粪便，置于−20℃保存。

实验期间分别于 2 日龄、12 日龄、22 日龄和 32 日龄当天从各摄食组随机取样 60 尾实验鱼作为样本。在其接近性成熟时，在各摄食组随机挑选约 5 尾解剖确认其是否达到性成熟，对达到初次性成熟的个体均全部取样品进行检测，之后每隔 5 d 检测取样一次，至 72 日龄实验结束。实验全过程饲养烧杯放在控温（28±0.5）℃的水族箱中，每天日光灯照明 16 h，光照强度约为 500 lx。

对唐鱼样本测定各项生物指标和生化指标，对各种饵料和唐鱼粪便测定其能值。本研究唐鱼能量分配各项指标中摄食能（C）、排粪能（F）和生长能（P）为实测值；排泄能（U）通过氮收支公式由摄食氮（C_N）、粪氮（F_N）和生长氮（P_N）的差值及氮-能量转换系数计算，即 $U=(C_N-F_N-P_N)\times24.83$（崔奕波，1989）；代谢能（$R$）通过能量收支模型由差值法算得，即 $R=C-P-F-U$。

一、体长和体质量变化

2 日龄开口摄食的唐鱼仔鱼的全长和湿体质量分别为（3.57±0.32）mm 和（1.59±0.44）mg。32 日龄时，唐鱼已完成仔鱼的发育并进入幼鱼期，此时体长为（13.44±0.35）mm、湿体质量为（30.52±9.71）mg。62 日龄时，唐鱼达到初次性成熟，其第一、第二性征已非常明显，其中雄性体长为（17.5±2.3）mm，雌性体长为（17.6±2.4）mm；雄性唐鱼湿体质量为（83.0±21.0）mg，雌性唐鱼湿体质量为（104.1±25.1）mg。

t 检验结果显示初次性成熟时雌、雄唐鱼体长并无显著性差异（$P>0.05$）。而雄性唐鱼湿体质量显著小于雌性（$P<0.05$），这可能与雌、雄鱼在生长过程中的发育特点不同有关。至初次性成熟时，雌鱼卵巢体积大，且具有大量卵粒，从而增加了雌鱼体质量，致使雌性唐鱼体质量大于雄性。

二、生长

唐鱼从 2 日龄开始到幼鱼阶段(32 日龄)，其体质量特定生长率为(5.6±1.2)%；从幼鱼阶段（32 日龄）至初次性成熟（62 日龄），雄性唐鱼的体质量特定生长率为（3.3±0.6）%，雌性为（4.9±1.1）%，方差分析结果显示，唐鱼在 2 日龄至幼鱼阶段的特定生长率显著大于幼鱼阶段至初次性成熟阶段的生长率（$P<0.05$），而同一发育阶段雌鱼的特定生长率显著大于雄鱼（$P<0.05$）。

三、初次性成熟相关指标

在初次性成熟时，雄性唐鱼肝体指数为（4.2±1.8）%，雌性为（5.1±2.1）%，t 检验显示雌、雄唐鱼的肝体指数无显著性差异（$P>0.05$）；而对于性腺指数，雄性为（4.2±3.6）%，雌性为（11.9±5.1）%，t 检验结果显示雌鱼性腺指数显著大于雄性（$P<0.05$）。

唐鱼雌鱼卵巢中卵径大小呈连续分布（图 5-1），可以初步推断雌鱼卵巢中各时相卵母细胞的发生是连续的，这与其连续产卵的繁殖特性相适应。唐鱼卵母细胞的直径为 0.03～0.80 mm，其中卵径小于 0.3 mm 的为未沉积卵黄颗粒卵母细胞；卵径为 0.3～0.6 mm 的为早期沉积卵黄颗粒卵母细胞；卵径大于 0.6 mm 的为成熟卵母细胞。直径为 0.08～0.3 mm 的未沉积卵黄颗粒卵母细胞的卵径分布频率均随着卵径的增加而减少，而直径为 0.4～0.6 mm 的沉积卵黄颗粒卵母细胞的卵径分布频率均随着卵径的增加有上升趋势。而唐鱼作为连续产卵型鱼类，在繁殖季节，卵巢中未沉积卵黄颗粒的卵可连续发育，作为沉积卵黄颗粒卵的补充，而卵原细胞也能持续发育，作为未沉积卵黄颗粒卵母细胞的补充。

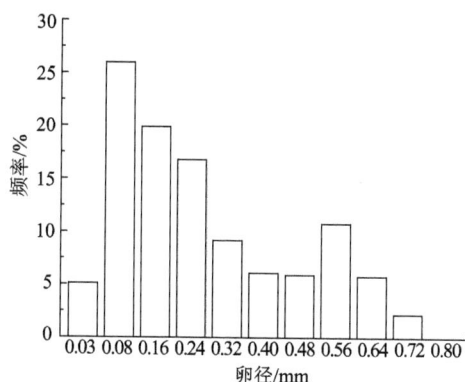

图 5-1　初次性成熟时唐鱼卵巢中卵径大小分布情况（n=2366）

四、雌、雄唐鱼生化成分和能值

唐鱼在达到初次性成熟时，以湿体质量计，雌鱼蛋白质含量为（46.3±7.2）%，雄鱼为（45.2±6.1）%，t 检验结果显示雌、雄之间蛋白质含量无显著性差异（$P>0.05$）；雌鱼脂肪含量为（43.8±5.4）%，显著高于雄鱼的（36.9±4.2）%（$P<0.05$）；对于含水率，雄鱼为（66.7±3.4）%，显著大于雌鱼的（63.1±2.4）%（$P<0.05$）；雌鱼能值为（27.3±3.8）%，显著高于雄鱼的（24.8±2.4）%（$P<0.05$）。

由以上结果可知，雌性唐鱼的能值显著高于雄性，这可能与雌、雄之间脂肪含量具有明显差异有关。相比蛋白质，脂肪热值更高，而雌性唐鱼脂肪含量显著高于雄性，则是其能值高于雄性的重要原因。由此可以认为，正常情况下，初次性成熟时雌鱼的营养状态和储能水平明显高于雄鱼，从而有助于提高雌性繁殖力，以利于种群繁衍。

五、唐鱼摄食能量分配

鱼类为了更好地适应环境的变化，总是把摄入的能量以最佳模式分配到生长、繁殖和代谢上，以最大化地保证个体的成功繁殖和种群的延续。唐鱼在初次性成熟时，其能量分配如表 5-1 所示。雄鱼从 32 日龄仔幼鱼生长发育至初次性成熟的过程中平均摄食能量为（1913.78±26.60）J/（g·d），其中分配于代谢的能量最多，占摄食能量的（68.41±0.20）%；其次为全鱼生长能和躯壳生长能，前者占摄食能量的（11.71±0.46）%，后者占摄食能量的（11.13±0.35）%；而损失于粪能的比例只占摄食能量的（8.98±0.23）%。而对于雌鱼，其能量分配规律与雄鱼基本一致，平均摄食能量为（1863.59±176.67）J/（g·d），其中用于代谢的能量最多，占摄食能量的（61.79±6.31）%；其次为全鱼生长能和躯壳生长能，前者占摄食能量的（19.38±7.05）%，后者占摄食能量的（16.23±6.48）%；而损失于粪能的比例只占摄食能量的（8.75±0.25）%。由此可以认为，无论是雄鱼还是雌鱼，其摄食的能量主要用于代谢活动，其次为生长，且仍有少部分能量损失于排粪而没有被鱼体吸收利用。

表 5-1　唐鱼从 32 日龄发育至初次性成熟过程中的摄食能量分配

项目	分配量/[J/（g·d）]		分配比例/%	
	雄性	雌性	雄性	雌性
摄食能	1913.78±26.60[A]	1863.59±176.67[A]	100	100
排粪能	171.84±6.57[A]	163.12±18.70[A]	8.98±0.23[a]	8.75±0.25[a]
排泄能	208.55±3.36[A]	187.82±26.48[A]	10.9±0.03[a]	10.08±0.95[a]
代谢能	1309.24±21.83[A]	1151.45±207.36[B]	68.41±0.20[a]	61.79±6.31[b]
全鱼生长能	224.16±6.71[A]	361.21±100.71[B]	11.71±0.46[a]	19.38±7.05[b]
躯壳生长能	213.00±3.90[A]	302.52±81.69[B]	11.13±0.35[a]	16.23±6.48[b]
繁殖能	11.16±1.82[A]	58.70±23.84[B]	0.58±0.11[a]	3.15±1.73[b]

注：不同大写字母表示分配量在雌、雄之间差异显著（$P<0.05$，t 检验）；不同小写字母表示分配比例在雌、雄之间差异显著（$P<0.05$，t 检验）

雌、雄之间对比结果显示（表 5-1），雌、雄唐鱼摄食能量无显著性差异（$P>0.05$），并且分配于排粪、排泄的能量在雌、雄之间同样无显著性差异（$P>0.05$），但雄性分配于代谢的能量显著高于雌性（$P<0.05$），其原因可能与雄性生理活动性强有关。雄性唐鱼需要主动寻找配偶，因此其生理活动性强，消耗的能量较多，这种代谢方式符合其连续性求偶配对的高能量生理需求。

对于分配于生长的能量，其结果与代谢能恰恰相反，显示为雌性分配于生长的能量显著高于雄性（$P<0.05$）。雌鱼性成熟时积累较多的能量，不但可以保证初次性成熟的产卵繁殖，而且为之后的连续产卵打下基础。将分配于生长的能量进一步分为两部分：分配于躯壳生长和性腺发育的能量。其中无论是分配于躯壳的能量还是分配于性腺发育的能量，均显示雌性显著大于雄性，进一步佐证了上述推论。

第二节　不同摄食条件下唐鱼的能量分配

唐鱼通常栖息在营养相对贫乏、水质清澈的森林 Ⅰ 级溪流中。溪流生态系统中浮游生物等饵料数量不多，且其丰度季节性变化明显，因此唐鱼需要经常应对食物丰度的变化，应具有应对不稳定食物环境的生长繁殖策略，而这些策略如何体现在唐鱼在特有生境中的能量摄取及其在生长和繁殖上的分配模式上？本节研究了摄食水平对雌、雄唐鱼生长，繁殖和能量收支的影响，旨在揭示唐鱼适应不同食物环境的生物能量学策略，为制定野外唐鱼自然种群的保护策略和措施提供基础数据。

采用人工繁殖的唐鱼受精卵，置于实验室的孵化容器中孵化，挑选约 1800 尾 2 日龄健康仔鱼作为实验材料，分别单尾放入装有 400 mL 水体的 500 mL 烧杯中。摄食水平分为 3 组，即饱食（R：任意摄食量）、中食（M：约 1/2 饱食量）、少食（L：约 1/4 饱食量）3 个摄食水平，每个摄食组各设 600 个平行。其中饱食组指每次均为过量投喂，培育水体中 24 h 均有饵料存在，即可以任意摄食的实验组。根据预备实验和前一日龄的摄食量确定该日龄饱食组总的饵料投喂量，由此计算中食组和少食组的日投喂量。实验至 32 日龄，经解剖观察，发现各摄食组唐鱼已完成仔鱼的发育进入幼鱼期。从各摄食组挑选 160 尾大小接近的 32 日龄幼鱼，按原摄食组的投喂方式继续单尾饲养至实验结束（72 日龄）。实验期间投喂、粪便收集、取样及其测定等方法同本章第一节。

相关计算公式如下。

摄食率[J/（g·d）]：$RLe = C_e / \{[(W_t + W_0)/2] \times T\}$

肥满度（mg/mm^3）：$CF = W_w / L^3 \times 100$

日增重量（mg/d）：$DWG = (W_t - W_0)/T$

肝体指数（%）：$HSI = (LW/W_t) \times 100$

性腺指数（%）：$GSI = (GW/W_t) \times 100$

特定生长率（%）：$SGR = (\ln W_t - \ln W_0)/T \times 100$

饵料转换效率（%）：$FCE_e = (W_t - W_0)/C_e \times 100$

繁殖努力（%）：$RE = (R_e/C_e) \times 100$

增重率（%）$= (W_t - W_0)/W_t \times 100$

式中，L、W_w、W_t、LW 和 GW 分别为唐鱼各发育阶段结束时的鱼体体长（mm）、湿体质量（mg）、干体质量或能值（mg 或 J）、肝干重（mg）和性腺干重（mg）；W_0 为唐鱼各发育阶段开始时的湿体质量、干体质量或能值（mg 或 J）；R_e 和 C_e 分别为某一段发育时间内形成的性腺能量（J）和累计摄食饵料能量（J）；T 为各阶段发育时间（d）。

一、摄食和生长

鱼类的生长速度通常可以用特定生长率、增重率等相关指标来表示。图 5-2 和图 5-3 显示了不同摄食水平下唐鱼仔鱼特定生长率和增重率的变化。从图中可见，同一摄食水平下不同发育阶段的仔鱼生长速度差异较大，仔鱼在早期阶段特定生长率和增重率均较大，但随着生长发育，其特定生长率和增重率越来越小，至 32 日龄时，下降程度比前期更大。

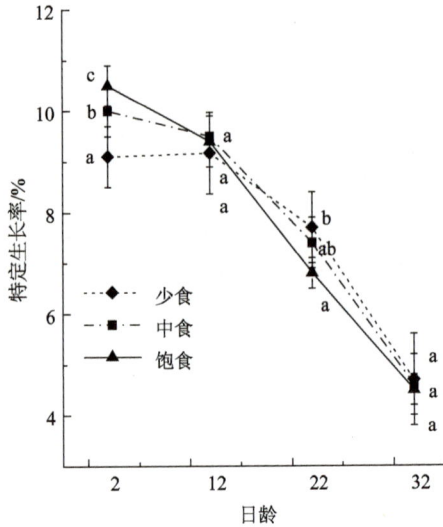

图 5-2　早期发育阶段各摄食组唐鱼仔鱼特定生长率

不同小写字母表示相同性别不同摄食水平间存在显著性差异（单因素方差分析，$P<0.05$）

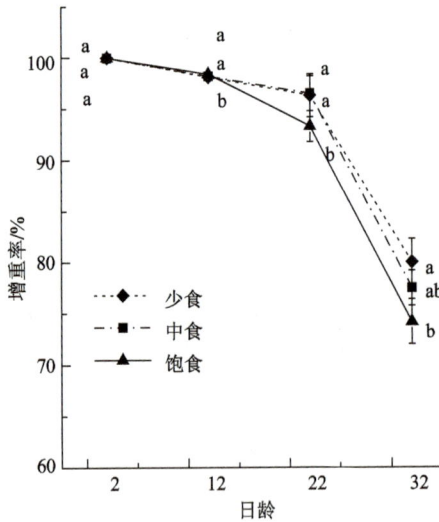

图 5-3　早期发育阶段各摄食组唐鱼仔鱼增重率

不同小写字母表示相同性别不同摄食水平间存在显著性差异（单因素方差分析，$P<0.05$）

此外，图 5-2 显示，仔鱼在早期阶段（2 日龄）特定生长率随着摄食水平的降低显著降低（$P<0.05$），此后各阶段特定生长率在不同摄食水平之间的差异开始变小，在 32 日龄时，不同摄食水平下的特定生长率已无显著性差异（$P>0.05$）。

而在早期阶段，各摄食组增重率（图 5-3）无显著性差异（$P>0.05$），随着仔鱼发育，在 32 日龄时少食组增重率显著高于饱食组（$P<0.05$）。

从 32 日龄开始到初次性成熟时，雌、雄唐鱼摄食率均随着摄食水平的增加而显著增加（图 5-4），而饵料转换效率却随着摄食水平的降低而显著上升（$P<0.05$）（图 5-5）。由此可以认为，虽然雌、雄唐鱼的摄食率小于其他多种鱼类（Arunachalam & Reddy，1981），饱食组中雄鱼的摄食率只有（27.8±6.5）J/（g·d），雌鱼的摄食率只有（21.2±4.8）J/（g·d），但唐鱼却具有较高的饵料转换效率，特别是在少食组，雄鱼饵料转换效率可达（48.5±28.5）%，雌鱼可达（38.7±7.8）%。

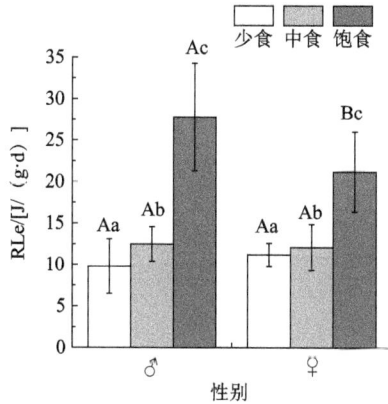

图 5-4　摄食水平对不同性别 32 日龄至初次性成熟唐鱼摄食率（RLe）的影响

不同小写字母表示相同性别不同摄食水平间存在显著性差异（单因素方差分析，$P<0.05$）；不同大写字母表示同一摄食水平不同性别间存在显著性差异（单因素方差分析，$P<0.05$）

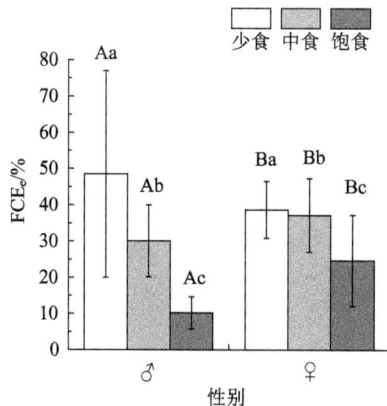

图 5-5　摄食水平对不同性别 32 日龄至初次性成熟唐鱼饵料转换效率（FCEe）的影响

不同小写字母表示相同性别不同摄食水平间存在显著性差异（单因素方差分析，$P<0.05$）；不同大写字母表示同一摄食水平不同性别间存在显著性差异（单因素方差分析，$P<0.05$）

同其他小型鲤科鱼类相比，唐鱼初次性成熟时个体较小，从图 5-6 和图 5-7

可见，饱食组雄鱼体长为（17.5±2.3）mm，雌鱼体长为（17.6±2.4）mm；雄鱼湿体质量为（83.0±21.0）mg，雌鱼湿体质量为（104.1±25.1）mg。初次性成熟唐鱼的体长、体质量（湿重）在不同摄食水平之间均有显著差异（$P<0.05$）。对于雄鱼，中食组的体长、体质量均显著高于饱食组和少食组（$P<0.05$）。推测其可能与雄性唐鱼活动代谢耗能较高有关。由于雄性唐鱼需要主动寻找配偶，其代谢耗能较大，特别是在饱食情况下，其代谢耗能更大（表5-3），从而影响其生长；而在少食组，虽然其代谢耗能较低，但由于摄入的能量较少，同样影响了其生长。但雌鱼的生长结果却与雄鱼有所不同，从32日龄至初次性成熟时其体长、体质量均随摄食水平减少而减少。由此推测，充足的食物摄取能够使雌鱼在初次性成熟时具有更大的个体、更好的身体条件，以利于保持充足能量和提高繁殖力。

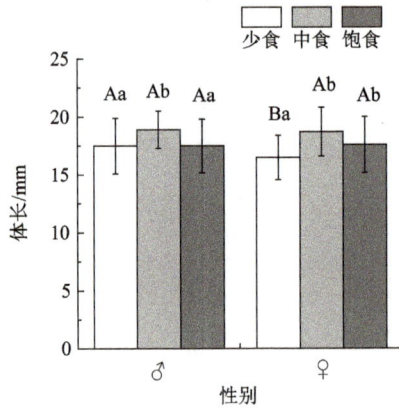

图5-6 摄食水平对不同性别初次性成熟唐鱼体长的影响

不同小写字母表示相同性别不同摄食水平间存在显著性差异（单因素方差分析，$P<0.05$）；不同大写字母表示同一摄食水平不同性别间存在显著性差异（单因素方差分析，$P<0.05$）

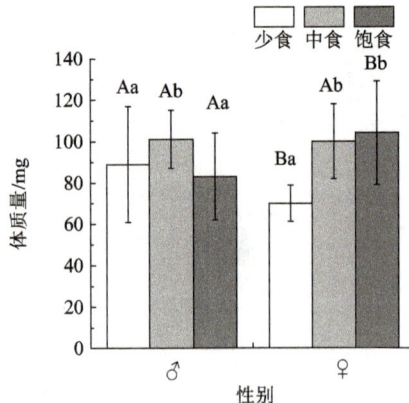

图5-7 摄食水平对不同性别初次性成熟唐鱼体质量的影响

不同小写字母表示相同性别不同摄食水平间存在显著性差异（单因素方差分析，$P<0.05$）；不同大写字母表示同一摄食水平不同性别间存在显著性差异（单因素方差分析，$P<0.05$）

肥满度是表示鱼体生长和营养状况的形体指数。本研究中，虽然少食组雄鱼的体长和体质量小于中食组，但其肥满度却与中食组差异不显著（$P>0.05$）（图5-8）。而雌鱼肥满度则随着摄食水平的增加而增加（图5-8），说明充足的食物条件有利于雌鱼的生长和之后的繁殖活动。

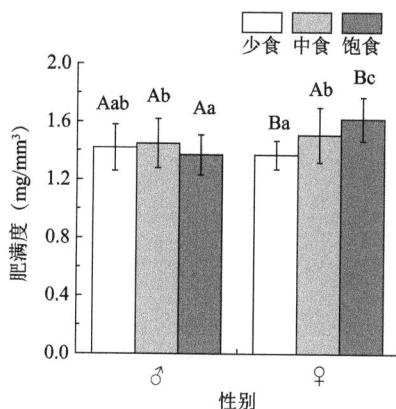

图 5-8 摄食水平对不同性别初次性成熟唐鱼肥满度的影响

不同小写字母表示相同性别不同摄食水平间存在显著性差异（单因素方差分析，$P<0.05$）；不同大写字母表示同一摄食水平不同性别间存在显著性差异（单因素方差分析，$P<0.05$）

二、初次性成熟形体和性腺指标

从图5-9和图5-10可知，初次性成熟时，雄鱼无论是肝体指数（HIS）还是性腺指数（GSI），在不同摄食水平之间均无显著性差异（$P>0.05$）；但是雌鱼却有所不同，其肝体指数和性腺指数皆随着摄食水平的增加而加大，尤其是性腺指数，

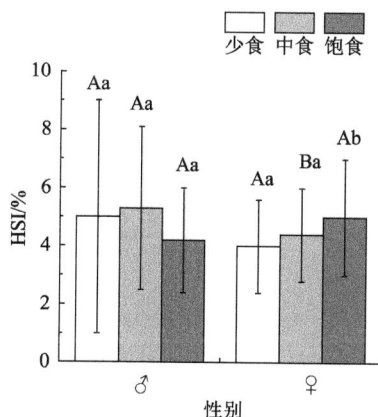

图 5-9 摄食水平对不同性别初次性成熟唐鱼肝体指数（HSI）的影响

不同小写字母表示相同性别不同摄食水平间存在显著性差异（单因素方差分析，$P<0.05$）；不同大写字母表示同一摄食水平不同性别间存在显著性差异（单因素方差分析，$P<0.05$）

不同摄食组之间具有显著性差异（$P<0.05$）。在本研究中，初次性成熟时，雌、雄唐鱼之间的肝体指数均无显著性差异（$P>0.05$），但雌鱼的性腺指数却显著高于雄鱼（$P<0.05$）。这是由于相比卵巢，雄鱼的精巢较小。

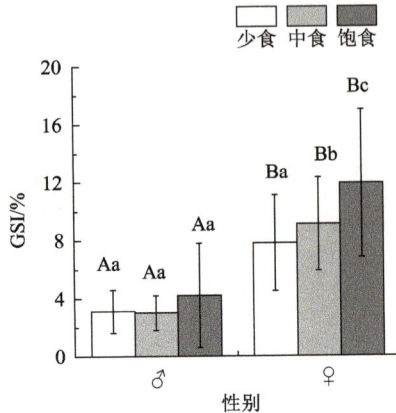

图 5-10　摄食水平对不同性别初次性成熟唐鱼性腺指数（GSI）的影响

不同小写字母表示相同性别不同摄食水平间存在显著性差异（单因素方差分析，$P<0.05$）；不同大写字母表示同一摄食水平不同性别间存在显著性差异（单因素方差分析，$P<0.05$）

　　摄食水平对雌鱼达到初次性成熟的日龄及卵巢发育的影响见表 5-2。随着摄食水平的增加，雌鱼性成熟日龄提前（$P<0.05$），但初次性成熟时雌鱼卵巢中的总卵母细胞数量（含卵量）在不同摄食水平之间并无显著性差异（$P>0.05$），其卵粒数为 220～254 粒。

表 5-2　摄食水平对初次性成熟唐鱼含卵量和各期卵母细胞比例的影响（mean ± SD）

摄食水平	成熟日龄	含卵量/（粒/尾）	占含卵量百分比例/%			
			未沉积卵黄颗粒卵比例	已沉积卵黄颗粒卵比例	早期沉积卵黄颗粒卵比例	成熟卵比例
少食	67.02 ± 4.73^{a}	253.70 ± 76.60^{a}	87.93 ± 1.05^{a}	12.07 ± 6.01^{a}	9.99 ± 4.52^{a}	2.61 ± 1.65^{a}
中食	66.13 ± 6.69^{ab}	239.90 ± 49.41^{a}	67.47 ± 11.86^{b}	32.53 ± 11.86^{b}	23.24 ± 9.99^{b}	9.29 ± 6.67^{b}
饱食	62.13 ± 4.73^{b}	219.70 ± 56.26^{a}	61.28 ± 16.03^{b}	38.72 ± 16.03^{b}	27.31 ± 10.08^{b}	11.4 ± 7.69^{b}

注：同列不同小写字母表示差异显著（单因素方差分析，$P<0.05$）

　　卵母细胞可以根据卵径大小进行分类：①卵径小于 0.3 mm 的为未沉积卵黄颗粒卵母细胞；②卵径 0.3～0.6 mm 的为已沉积卵黄颗粒卵母细胞；③卵径大于 0.6 mm 的为成熟卵母细胞。表 5-2 显示雌鱼卵巢中未沉积卵黄颗粒卵母细胞（卵径小于 0.3 mm）的比例随着摄食水平的增加而减少，而已沉积卵黄颗粒卵母细胞数量（卵径 0.3～0.6 mm）和成熟卵粒（卵径大于 0.6 mm）比例皆随摄食水平的增加而加大。尽管初次性成熟时各摄食组的含卵量没有显著差异（$P>0.05$），但饱食组唐鱼成熟卵比例却显著大于少食组（$P<0.05$）。据此可以认为，即使在食物缺乏的条件下，唐鱼在初次性成熟时具有同等的繁殖潜力，食物的丰寡也可以影响各级卵母细胞的发育和补充速度。

图 5-11 为各摄食组唐鱼卵母细胞的卵径分布情况，卵母细胞的直径在 0.03～0.80 mm 呈连续分布，由此可进一步证实唐鱼的连续产卵习性。此外，各摄食组未沉积卵黄颗粒卵母细胞（卵径为 0.08～0.3 mm）的卵径分布频率均随着卵径的增加而减少；但对于沉积卵黄颗粒卵母细胞（卵径为 0.3～0.7 mm），其变化趋势却有所不同，其中饱食组和中食组沉积卵黄颗粒卵母细胞的卵径分布频率均随着卵径的增加有上升趋势，而少食组卵径分布频率均随着卵径的增加而下降。由此可以认为，作为连续产卵型的鱼类，在繁殖季节，唐鱼卵巢中的卵原细胞也能持续发育为未沉积卵黄的卵母细胞，且未沉积卵黄卵也可连续发育为沉积卵黄卵。并且无论摄食水平高低，雌鱼卵巢中各级卵母细胞的补充也是连续发生的。

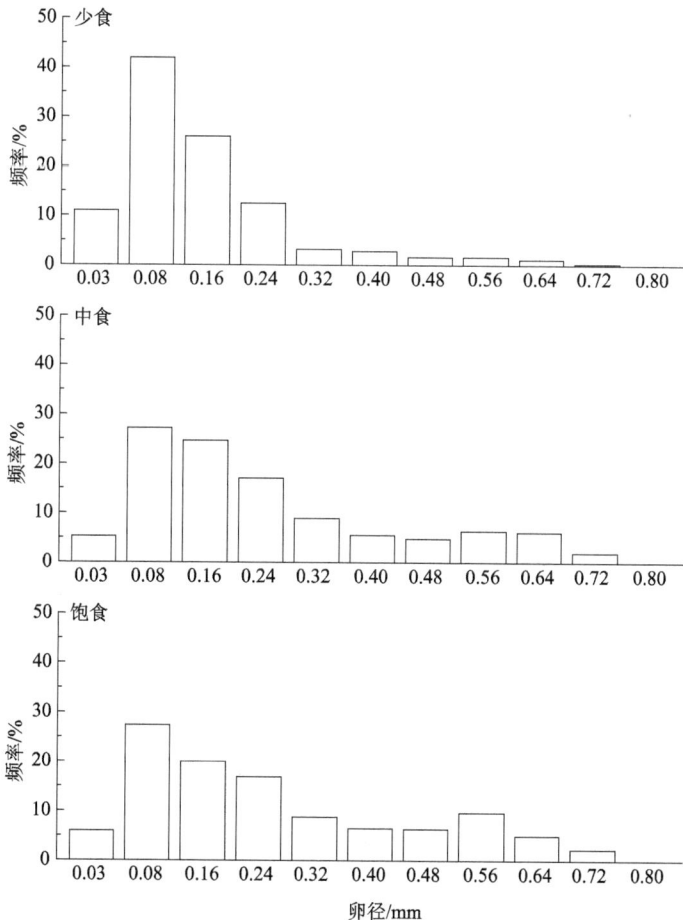

图 5-11　摄食水平对初次性成熟唐鱼卵巢中卵径大小分布的影响

三、唐鱼摄食能量分配

鱼类重要的繁殖策略是平衡生长和繁殖间的能量分配关系，也体现在平衡现在和将来的繁殖关系。而摄食量是影响鱼类能量在生长、繁殖和呼吸代谢上分配的重要因素。表 5-3 显示，从 32 日龄发育至初次性成熟，雌、雄唐鱼每天单位体质量的摄食能、排粪能、排泄能、代谢能和雌鱼的繁殖能皆随着摄食水平的降低而下降；从能量分配比例（表 5-4）看，雌、雄唐鱼摄入能量损耗在排泄能和代谢能的比例均随着摄食水平的降低而下降，但分配在全鱼生长能、躯壳生长能和繁殖能量上的比例却随着摄食水平的降低而上升。由此可以认为，少食组雌、雄唐鱼可通过减少呼吸代谢能和排泄能，把仅有的摄食能量以尽可能大的比例分配在性腺发育上，并以较快的生长速度生长，使身体达到繁殖所需要的最小体形，以保证顺利达到初次性成熟。由于唐鱼属于连续产卵型的鱼类，首次产卵后的雌性唐鱼批次累计产卵量可达到数百粒（陈国柱，2010）。各摄食组中，少食组雄鱼分配在精巢发育的能量比例最大，而雌鱼分配在卵巢发育上的能量比例和饱食组相近（表 5-4），这种能量分配模式不仅能够促使少食组唐鱼在食物不足的情况下保证性腺得到发育，并且顺利达到初次性成熟状态，也可促使雌鱼在初次性成熟后把更多的能量分配到繁殖产卵上，以确保其终身累计产生后代的个体数达到最大。

表 5-3 摄食水平对不同性别唐鱼摄食总能量分配的影响（mean±SD）[单位：J/（g·d）]

性别	摄食水平	摄食能 C	排粪能 F	排泄能 U	代谢能 R	全鱼生长能 $P=P_g+P_r$	躯壳生长能 P_g	繁殖能 P_r
雄	少食	830.29± 4.17[aY]	116.45± 3.80[aY]	67.39± 0.52[aY]	424.85± 0.69[aY]	222.61± 7.81[aY]	200.27± 2.59[aY]	22.33± 10.39[aY]
	中食	1026.27± 11.93[bY]	143.71± 10.01[bY]	96.83± 0.49[bY]	538.57± 29.14[aY]	247.16± 7.69[aY]	226.45± 0.95[aY]	20.73± 6.74[aY]
	饱食	1913.78± 26.60[cY]	171.84± 6.57[cY]	208.55± 3.36[cY]	1309.24± 21.83[bY]	224.16± 6.71[aY]	213.00± 3.90[aY]	11.16± 1.82[aY]
雌	少食	834.445± 73.71[aY]	116.70± 10.88[aY]	58.81± 2.82[aY]	344.35± 14.90[aZ]	314.58± 54.52[aZ]	286.60± 51.12[aZ]	28.98± 6.15[aY]
	中食	1032.66± 133.30[bY]	136.64± 16.71[abY]	86.10± 8.56[bY]	449.00± 76.22[aY]	361.92± 63.16[aY]	314.87± 56.61[aZ]	47.06± 11.65[aY]
	饱食	1863.59± 176.67[cY]	163.12± 18.70[bY]	187.82± 26.48[cY]	1151.45± 207.36[bZ]	361.21± 100.71[aZ]	302.52± 81.69[aZ]	58.70± 23.84[aZ]

注：同列不同大写字母表示相同摄食水平不同性别间差异显著（单因素方差分析，$P<0.05$），同列不同小写字母表示相同性别不同摄食水平间差异显著（单因素方差分析，$P<0.05$）

表5-4　摄食水平对不同性别唐鱼摄食总能量分配比例的影响（mean±SD）

性别	摄食水平	C/[J/(g·d)]	F/C/%	U/C/%	R/C/%	P/C/%	P_g/C/%	P_r/C/%
雄	少食	830.29±4.17[aY]	14.03±0.53[aY]	8.12±0.11[aY]	51.17±0.17[aY]	26.81±0.81[aY]	24.13±0.43[aY]	2.69±1.24[aY]
	中食	1026.27±11.93[bY]	14.01±1.13[aY]	9.44±0.06[bY]	52.47±2.23[abY]	24.09±1.03[aY]	22.07±0.35[bY]	2.02±0.68[aY]
	饱食	1913.78±26.60[cY]	8.98±0.23[bY]	10.9±0.03[cY]	68.41±0.20[bY]	11.72±0.46[bY]	11.13±0.35[cY]	0.59±0.11[Y]
雌	少食	834.45±73.71[aY]	13.98±0.34[aY]	7.05±0.74[aY]	41.27±2.88[aZ]	37.70±3.35[aZ]	34.35±3.15[aZ]	3.47±0.64[aY]
	中食	1032.66±133.30[bY]	13.23±1.01[aY]	8.34±0.72[bY]	43.48±3.82[aZ]	35.05±4.34[aZ]	30.48±3.41[aZ]	4.56±1.19[aZ]
	饱食	1863.59±176.67[cY]	8.74±0.25[bY]	10.08±0.95[cY]	61.79±6.31[bZ]	19.38±7.05[bZ]	16.23±6.48[bZ]	3.15±1.73[aZ]

注：C 表示摄食能；F 表示排粪能；U 表示排泄能；R 表示代谢能；P 表示全鱼生长能；P_g 表示躯壳生长能；P_r 表示繁殖能；同列不同大写字母表示相同摄食水平不同性别间差异显著（单因素方差分析，$P<0.05$），同列不同小写字母表示相同性别不同摄食水平间差异显著（单因素方差分析，$P<0.05$）

　　雌、雄唐鱼对比结果显示，各摄食组雄鱼摄入能量在粪便、排泄和代谢等消耗性组分上的分配比例均高于雌鱼，而用于生长和繁殖的能量输出比例却低于雌鱼。由此可以推测雄性唐鱼的生理活动性强，这种代谢方式符合其连续性求偶配对的高能量生理需求。而雌鱼能够更好地协调摄食和繁殖的最佳关系，把更多的摄入能量用于生长和繁殖。

　　综上所述，即使在食物较少的情况下，雌、雄唐鱼均能以较高的饵料转换效率和较快的生长速度达到初次性成熟状态。在食物匮乏时，雌、雄唐鱼摄食能量在性腺繁殖上的分配比例要大于食物充足时，并且雌鱼分配在繁殖上的能量比例显著大于雄鱼，从而能够为提高繁殖力提供物质基础。这可理解为唐鱼应对饵料贫乏栖息环境所采取的摄食和繁殖的生物能量学策略。

第三节　唐鱼应对饥饿的能量学策略

　　唐鱼栖息的水体营养相对贫乏并且时空变化较大，故唐鱼往往受到不同程度的饥饿胁迫。饥饿状态下，鱼类没有食物来源的能量摄入，其能量代谢机制发生变化，仅依靠消耗自身储存能量物质的氧化分解以满足各种生命活动的能量需求，因此饥饿胁迫下的能量物质变化决定了鱼类的生存能力。而糖原、脂肪和蛋白质等作为主要储能物质，在饥饿过程中将会被不同程度地消耗。

　　基于此，本节将唐鱼分为幼鱼和成鱼两个阶段，首先研究了唐鱼幼鱼在不同饥饿时间内其糖原、脂肪和蛋白质的消耗特征；然后在成鱼阶段分别研究了雌、雄唐鱼在不同饥饿时间内其糖原、脂肪和蛋白质的变化规律；最后则对比了唐鱼幼鱼和成鱼的能量代谢差异。

一、幼鱼阶段

为避免对野生唐鱼资源造成伤害，本研究采用野外捕捉野生唐鱼并在实验室条件下进行人工繁殖的方法以获得唐鱼幼鱼。待人工繁殖的唐鱼体长达到 1.7 cm 左右后，各挑选 450 尾体长相近、生长状况良好的幼鱼作为实验材料。

由于唐鱼幼鱼在水温 25℃条件下饥饿 40 d 时已开始出现死亡个体，因此最长饥饿时间设为 40 d。实验开始前断食 1 d，空腹处理。饥饿时间设为 0 d（对照组）、10 d、20 d、30 d 和 40 d。每种饥饿时间均设 3 个平行分组，每个平行各从实验材料中随机选取 30 尾实验鱼，置于长、宽、高分别为 60 cm×50 cm×50 cm 的可自动控温循环过滤水槽中。循环水流量为 2 L/h，水槽内流速小于 0.1 cm/s，温度保持在（25±1）℃，光照强度为 580 lx。饥饿实验结束后，从每个平行分组的实验鱼中各随机取 27 尾，测量其体长和干体质量。然后将 27 尾实验鱼样本均分为 3 份，每份各 9 尾，分别用于测定全鱼的糖原、脂肪和蛋白质含量。

相关计算公式如下：

肥满度：$CF(mg/mm^3) = W_g / L^3 \times 100$

能量物质消耗量：$CA(mg/ind) = W_0 - W_t$

能量物质消耗率：$CR(\%) = (W_0 - W_t)/W_0 \times 100$

式中，W_g 为干体质量（mg）；L 为体长（mm），W_0、W_t 分别为饥饿前对照组（0 d）和饥饿后鱼体能量物质含量（mg/ind）。

1. 形体指标

表 5-5 显示，随着饥饿时间延长，唐鱼体长无显著变化（$P>0.05$），而干体质量和肥满度却发生显著性变化（$P<0.05$），皆随饥饿时间的增加而减小，这主要是由于饥饿过程中能量物质被消耗，从而导致干体质量和肥满度下降。

表 5-5　经历不同饥饿时间唐鱼幼鱼的体长、干体质量和肥满度

饥饿时间/d	体长/cm	干体质量/mg	肥满度/（mg/mm³）
0	1.79±0.13[a]	25.69±4.24[a]	0.44±0.05[a]
10	1.77±0.21[a]	24.01±4.53[a]	0.43±0.06[a]
20	1.86±0.11[a]	24.08±5.20[a]	0.42±0.08[a]
30	1.77±0.13[a]	20.80±4.66[b]	0.37±0.09[b]
40	1.75±0.23[a]	17.97±4.41[b]	0.35±0.09[b]

注：同列不同小写字母表示同一指标在不同饥饿时间之间差异显著（单因素方差分析，$P<0.05$）

2. 能量物质含量变化

饿状态下，鱼类没有食物来源的能量摄入，其能量代谢机制发生改变，并动用自身主要储能物质如糖原、脂肪和蛋白质等为生命活动供能。但不同鱼类在饥饿胁迫期间能量物质的消耗和利用有一定差异。在多数鱼类中，糖原和脂肪是主要的储能物质，饥饿状态下主要消耗这两种物质，而对蛋白质的利用较少，且对其利用一般发生在脂肪被大量消耗以后（Stirling，1976；Kutty，1978）。有些鱼类如狼鲈（*Dicentrachus labrax*）、鲽（*Pleuronectes plastessa*）等优先利用脂肪，其次是糖原和蛋白质（Stirling，1976；Jobling，1980）。然而有些鱼类在饥饿期间蛋白质含量则无明显变化（邓利等，1999）。对于唐鱼，在幼鱼阶段，饥饿后其能量物质消耗与利用情况尚不清楚。由于饥饿后鱼体干物质量也会随之发生变化，故能量物质的相对含量（单位体质量含量）和绝对含量（单位个体含量）在饥饿期间的变化规律可能不同，而与相对含量相比，绝对含量更能准确地确定具体消耗量（于赫男等，2006）。因此本研究采用单位个体绝对含量、绝对消耗量和消耗率等对唐鱼幼鱼在经历不同饥饿时间后的能量物质变化进行分析。结果显示（表 5-6），随着饥饿时间的增加，唐鱼的糖原、脂肪和蛋白质含量均发生显著性变化（$P<0.05$）。其中糖原含量随着饥饿时间增加迅速减少，脂肪和蛋白质含量则逐渐下降。由此可以认为，在饥饿早期，糖原已被快速消耗殆尽，因而在饥饿的大部分时间里，唐鱼幼鱼主要依靠脂肪和蛋白质来为生命活动提供能量。

表 5-6 饥饿结束后唐鱼幼鱼的糖原、脂肪和蛋白质含量

饥饿时间/d	糖原/（mg/ind）	脂肪/（mg/ind）	蛋白质/（mg/ind）
0	1.10±0.18[a]	9.02±0.86[a]	14.30±0.64[a]
10	0.22±0.02[b]	7.68±0.96[b]	14.02±0.54[a]
20	0.18±0.01[b]	7.07±0.29[b]	13.56±0.13[ab]
30	0.11±0.01[b]	4.10±0.20[c]	12.20±0.79[b]
40	0.10±0.03[b]	2.49±0.25[d]	9.70±0.58[c]

注：同列不同小写字母表示同一指标在不同饥饿时间之间差异显著（单因素方差分析，$P<0.05$）

3. 能量物质消耗特点

本部分引入了能量物质消耗量和消耗率两个概念。消耗量表示能量物质在饥饿期间被消耗的绝对量，即饥饿后的能量物质含量与饥饿前的差值。通常来说，某种能量物质的消耗量越大，则意味着饥饿过程中该种能量物质提供的能量就越多。消耗率是指能量物质消耗的百分比，即饥饿后能量物质的消耗量与饥饿前该能量物质含量之比。消耗率的高低代表着能量物质被优先利用的顺序，通常来说某种能量物质消耗率越高，则表示该能量物质被优先利用。

从饥饿时间最长的 40 d 后数据看（图 5-12），唐鱼幼鱼的糖原消耗率最高，脂肪其次，蛋白质消耗率最低；而从绝对消耗量看，唐鱼脂肪消耗量最高，蛋白质其次，而糖原消耗量最少。由此可以认为，在40 d饥饿期间，糖原、脂肪和蛋白质均为唐鱼生命活动供能。尽管从消耗率看唐鱼优先利用糖原和脂肪，其次是蛋白质，而糖原在饥饿早期几乎已被消耗殆尽，但从绝对消耗量看，持续饥饿期间维持唐鱼生理功能的能量供应主要来自脂肪，其次为蛋白质，而糖原提供的能量最少。

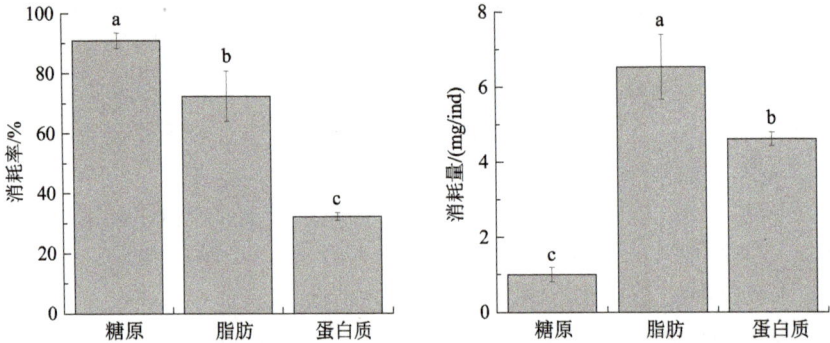

图 5-12　唐鱼幼鱼在饥饿 40 d 后能量物质消耗率和消耗量

不同小写字母表示不同能量物质之间差异显著（单因素方差分析，$P<0.05$）

二、成鱼阶段

唐鱼和大多数鱼类一样，雌、雄鱼在长期进化中所面临的选择压力不同，故两者的能量物质储存和消耗特征可能有所差异。基于此，本研究比较了性成熟阶段唐鱼雌鱼和雄鱼在不同饥饿时间内其糖原、脂肪和蛋白质的消耗特征，旨在从能量代谢角度探讨唐鱼成鱼应对饥饿胁迫的生理策略及其性别差异，了解唐鱼在成鱼阶段适应溪流环境的形态和生理机制。

由于饥饿60 d后唐鱼成鱼已开始出现死亡个体，因此最长饥饿时间设为60 d。实验开始前断食1 d，空腹处理。雌性和雄性唐鱼饥饿时间均设为0 d（对照组）、15 d、30 d、45 d和60 d。

1. 形体指标

表 5-7 显示，随着饥饿时间延长，雌、雄唐鱼体长均无显著变化（$P>0.05$），而干体质量和肥满度却发生显著性变化（$P<0.05$），皆随饥饿时间的增加而减小。无论经历何种饥饿时间，雌鱼体长与雄鱼相比均无显著差异（$P>0.05$）。饥饿0～30 d，雌鱼干体质量和肥满度与雄鱼相比均无显著差异（$P>0.05$），但随着饥饿时间的增加，雌鱼干体质量和肥满度均显著大于雄鱼（$P<0.05$）。由此可以认为，雌、雄唐鱼干体质量变化差异主要发生在饥饿后期。

表 5-7　经历不同饥饿时间雌、雄唐鱼成鱼的体长、干体质量和肥满度

饥饿时间/d	体长/mm		干体质量/mg		肥满度/（mg/mm³）	
	雄性	雌性	雄性	雌性	雄性	雌性
0	24.51±1.89[Aa]	25.24±2.32[Aa]	47.71±7.31[Aa]	51.89±6.22[Aa]	0.32±0.04[Aa]	0.32±0.05[Aa]
15	24.70±1.07[Aa]	25.10±2.52[Aa]	44.76±4.38[Aa]	45.96±5.31[Ba]	0.29±0.03[Aa]	0.29±0.03[Ba]
30	24.93±1.76[Aa]	25.08±2.42[Aa]	39.20±3.43[Aa]	41.58±5.92[Ca]	0.25±0.02B[Aa]	0.26±0.03[Ca]
45	24.85±1.83[Aa]	25.11±1.86[Aa]	34.58±4.52[Ba]	40.76±4.24[Cb]	0.23±0.03[Ba]	0.25±0.03[Cb]
60	24.72±1.51[Aa]	25.13±1.55[Aa]	31.33±3.06[Ba]	32.32±4.02[Ca]	0.21±0.02[Ba]	0.20±0.03[Da]

注：同列不同大写字母表示相同性别唐鱼同一指标在不同饥饿时间之间差异显著（单因素方差分析，$P<0.05$）；同行不同小写字母表示同一饥饿时间同一指标在不同性别唐鱼之间差异显著（单因素方差分析，$P<0.05$）

2. 能量物质消耗特点

经历不同饥饿时间雌、雄唐鱼糖原、脂肪和蛋白质含量见表 5-8。随着饥饿时间的增加，雌、雄唐鱼糖原、脂肪和蛋白质含量均发生显著性变化（$P<0.05$）。实验鱼糖原含量均随着饥饿时间的增加而迅速减少，脂肪和蛋白质含量则逐渐下降。由此可以认为，在成鱼阶段，饥饿过程中糖原被迅速消耗，而脂肪和蛋白质则是被缓慢消耗。

表 5-8　饥饿结束后雌、雄唐鱼成鱼的糖原、脂肪和蛋白质含量

饥饿时间/d	糖原/（mg/ind）		脂肪/（mg/ind）		蛋白质/（mg/ind）	
	雄性	雌性	雄性	雌性	雄性	雌性
0	1.90±0.36[Aa]	1.70±0.42[Ab]	15.88±3.43[Aa]	11.93±2.43[Ab]	33.03±4.12[Aa]	35.01±4.35[Aa]
15	0.17±0.04[Ba]	0.13±0.05[Ba]	11.59±2.12[Ba]	9.31±1.42[Bb]	31.83±3.45[Aa]	28.22±3.18[Ba]
30	0.14±0.02[Ba]	0.11±0.05[Ba]	10.45±1.87[Ba]	7.03±1.27[Cb]	29.24±4.32[ABa]	24.48±3.52[Cb]
45	0.12±0.03[Ba]	0.18±0.04[Ba]	7.21±1.23[Ca]	6.39±1.23[CDb]	26.23±2.41[Ba]	23.29±2.86[Cb]
60	0.11±0.03[Ba]	0.11±0.06[Ba]	5.85±1.33[Da]	4.79±1.32[Da]	17.05±2.51[Ca]	16.13±2.43[Db]

注：同列不同大写字母表示相同性别唐鱼同一指标在不同饥饿时间之间差异显著（单因素方差分析，$P<0.05$）；同行不同小写字母表示同一饥饿时间同一指标在不同性别唐鱼之间差异显著（单因素方差分析，$P<0.05$）

雌雄对比结果显示（表 5-8），饥饿前对照组，雄性唐鱼糖原含量显著大于雌性唐鱼（$P<0.05$），饥饿 15 d 后，雌、雄唐鱼糖原含量无显著差异（$P>0.05$），均接近于 0。饥饿 0～45 d，雄性唐鱼脂肪含量均显著大于雌性唐鱼（$P<0.05$），饥饿 60 d 时，雄性唐鱼脂肪含量与雌性唐鱼相比无显著差异（$P>0.05$）。饥饿 0～15 d，雄性唐鱼蛋白质与雌性唐鱼相比无显著差异（$P>0.05$），但饥饿 30 d 之后，雄性唐鱼蛋白质含量显著大于雌性唐鱼（$P<0.05$）。

将其能量物质与饥饿时间进行回归性分析，其结果见图 5-13。雌、雄唐鱼糖原含量均随饥饿时间增加呈极显著幂函数曲线下降趋势（$P<0.05$）；而无论何种

性别，其脂肪和蛋白质含量均随饥饿时间呈显著线性下降趋势（$P<0.05$）。相比雄性唐鱼，雌性唐鱼脂肪-饥饿时间线性方程斜率显著降低（$P<0.05$），但其蛋白质-饥饿时间斜率却显著增加（$P<0.05$）。

—— △ 雄鱼 $y = 2.8115x^{-0.8612}$；$R^2=0.9385$；$P<0.05$
----- ○ 雌鱼 $y = 2.1041x^{-0.7601}$；$R^2=0.7964$；$P<0.05$

—— △ 雄鱼 $y = -0.1665x+15.258$；$R^2=0.9523$；$P<0.01$
----- ○ 雌鱼 $y = -0.1172x+11.452$；$R^2=0.8464$；$P<0.01$

—— △ 雄鱼 $y = -0.2589x+35.347$；$R^2=0.8763$；$P<0.05$
----- ○ 雌鱼 $y = -0.2912x+34.278$；$R^2=0.9444$；$P<0.01$

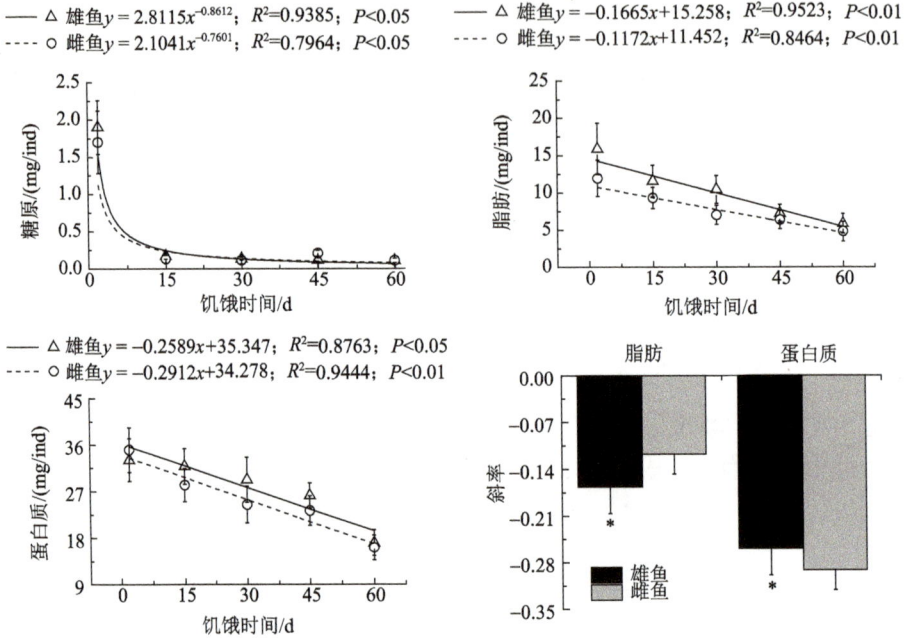

图 5-13   实验鱼能量物质含量与饥饿时间的回归方程及线性回归方程斜率

*表示差异显著

从饥饿时间最长的 60 d 后的数据看（图 5-14），无论何种性别唐鱼，糖原消耗量均最低，脂肪其次，蛋白质消耗量最高；而从消耗率看，却恰恰相反，无论

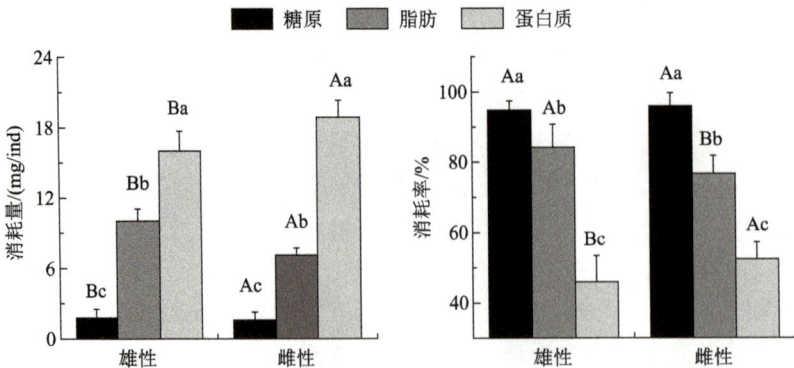

图 5-14   实验鱼在饥饿 40 d 后能量物质消耗量和消耗率

不同小写字母表示同种性别不同能量物质之间差异显著（单因素方差分析，$P<0.05$）；不同大写字母表示相同能量物质不同性别之间差异显著（单因素方差分析，$P<0.05$）

是雄性还是雌性，糖原消耗率均最高，脂肪其次，蛋白质消耗率最低。对于消耗量，与雄性相比，雌性唐鱼糖原和蛋白质的绝对消耗量均显著大于前者（$P<0.05$），而脂肪消耗量却显著小于前者（$P<0.05$）；对于消耗率，其结果却有所差异，与雄性相比，雌性糖原消耗率无显著性差异（$P>0.05$），脂肪消耗率显著小于雄性（$P<0.05$），而蛋白质消耗率却显著大于雄性（$P<0.05$）。

以上结果表明，尽管从消耗量看饥饿期间维持雌、雄唐鱼生命活动的能量供应均主要来自蛋白质和脂肪，但从消耗率看，在饥饿早期糖原几乎已被消耗殆尽的状况下，雌、雄唐鱼均优先利用脂肪，其次是消耗蛋白质来供能。其原因可能与脂肪和蛋白质的能量供应特点不同有关。蛋白质在鱼体中主要作为结构物质，其热值含量较低。相比蛋白质，脂肪具有更高的热值，相同条件下雌、雄唐鱼均优先利用脂肪，能够提高供能效率，这可能是唐鱼在长期进化中所形成的适应特点。此外，有研究显示糖原耗尽后鱼类运动过程中主要消耗脂肪而非蛋白质。相比雄鱼，雌性唐鱼在饥饿期间脂肪消耗程度较低，有利于其在饥饿期间维持更稳定的运动能力，以及在恢复摄食后能够提供稳定的繁殖输出。

三、唐鱼幼鱼和成鱼比较

生活史的不同阶段，鱼类生长发育情况不同，其对能量物质的利用也有所不同，应对饥饿的能量学策略也不同。本章对比了唐鱼幼鱼和成鱼饥饿期间能量物质消耗率和消耗量的变化规律。

1. 消耗率

在幼鱼阶段，唐鱼在饥饿过程中糖原消耗率最高，脂肪其次，蛋白质消耗率最低（图 5-12）；而在成鱼阶段，无论是雄性还是雌性，饥饿过程中同样是糖原消耗率最高，脂肪其次，蛋白质消耗率最低（图 5-14）。由此可以认为，无论是幼鱼还是成鱼，唐鱼在饥饿过程中均优先利用糖原、其次是脂肪，最后才开始利用蛋白质。通常来说糖原作为最主要的供能物质，其供能过程主要包括糖酵解、三羧酸循环等一系列过程，并且各个分解过程都可产生 ATP，因此其供能效率最高，在饥饿过程中被首先利用。脂肪作为鱼类主要的储能物质，相比蛋白质，具有极高的热值，供能效率更高，因此在糖原被消耗殆尽时，唐鱼优先利用脂肪来供能。而蛋白质虽然储存量较大，却主要作为结构物质储存在鱼体中，因此并未被优先利用。

2. 消耗量

在幼鱼阶段，饥饿后脂肪消耗量最大，蛋白质其次，而糖原消耗量最低（图 5-12）；但是在成鱼阶段，其能量物质消耗量却有所差异。无论是雄性还是雌性，饥饿后均显示为蛋白质消耗量最大、脂肪其次，而糖原消耗量最低（图 5-14）。

由此可以认为，在幼鱼阶段，饥饿过程中维持生命活动的能量主要来自于脂肪，而在成鱼阶段维持生命活动的能量则主要来自于蛋白质和脂肪。这可能与唐鱼生活史不同阶段的发育特点不同有关。唐鱼在幼鱼阶段体质量较小，绝对能量物质储存相对较低，并且此时唐鱼所摄食的能量主要用于鱼体生长。唐鱼在幼鱼阶段主要依靠脂肪供能，可以提高能量利用效率，从而有助于快速生长。而在成鱼阶段，唐鱼所摄食的能量主要用于能量物质积累及繁殖后代，而非快速生长。唐鱼此时已积累较多的能量，饥饿过程中主要利用储存量最大的蛋白质，可使唐鱼具有更强的抗饥饿能力，以保证在食物匮乏的环境中仍具有较强的繁殖力。

综上所述，在生活史的幼鱼和成鱼阶段，发生饥饿时，唐鱼能量物质优先利用顺序基本一致：均优先利用糖原，其次是脂肪，最后是蛋白质。但是唐鱼维持生命活动所需能量的主要来源却有所不同：幼鱼阶段维持生命活动的能量主要来自于脂肪分解，而成鱼阶段，无论是雄性还是雌性，维持生命活动的能量均主要来自于蛋白质。

第六章 唐鱼游泳能力与迁移行为

唐鱼主要栖息于溪流生境。溪流生态系统的一个重要特征是水体的流动性，其水文环境特征主要体现为显著的空间异质性和季节性周期波动，因此游泳能力对唐鱼的生存至关重要。

迁移是鱼类重要的生命活动之一，与游泳能力密切相关，并且对鱼类种群动态和其他生命活动具有极大的影响。唐鱼作为一种主要生存于溪流的小型鱼类，是否和一些江河大型鱼类一样具有定期、定向的迁移行为，对此尚不清楚。本章研究了唐鱼游泳能力及与其相关的重要影响因素，并通过耳石标记方法追踪和探讨了唐鱼在溪流的迁移行为特性。

第一节 唐鱼游泳能力

鱼类的游泳速度根据游泳时间的不同大致可以划分为 3 种类型：耐久游泳速度（sustained swimming speed）、持续游泳速度（prolonged swimming speed）和爆发游泳速度（burst swimming speed）。

耐久游泳速度是指鱼类进行游泳运动时低速持久的游泳速度。通常认为耐久游泳速度可以持续游泳 200 min 以上甚至数月之久而不会出现疲劳。耐久游泳速度主要动用需氧性的红肌，并且鱼类在进行耐久游泳时其能量需求与供给相匹配，代谢产物的产生与消耗相平衡。

持续游泳速度是指鱼类可以持续游泳 20 s 到 200 min，最后产生疲劳的游泳速度。鱼类在持续游泳过程中开始逐渐动用厌氧性白肌来补充红肌以提供动力。持续游泳速度与耐久游泳速度的分界，即持续游泳速度的最大值称为临界游泳速度（critical swimming speed, U_{crit}），因此临界游泳速度被广泛作为考察鱼类最大持续游泳能力（有氧游泳能力）的生理指标之一，也是一个常用的评价鱼类游泳能力的指标。本章中描述的临界游泳速度的测量方法参考 Brett（1964），即测定鱼在一定的游泳历时和速度增量下所能达到的最大游泳速度。其测量过程如下：将实验鱼放入流水实验水槽中，由于视觉运动反应，鱼类通常会逆流运动以保持自身位置不变，实验鱼适应一段时间后，将实验水槽中的水流速度按预定的时间间隔以一定的速度增量逐渐增加，如此反复，直至实验鱼疲劳停止游泳。此时实验结束，按下式计算临界游泳速度：

$$U_{crit} = V + (t / \Delta T) \times \Delta V$$

式中，V 为鱼能够完成完整游泳历时的最大水流速度；ΔV 为速度增量，即每次增加的水流速度；ΔT 为游泳历时，即每隔特定时间使水流速度增加一个梯度；t 为鱼在达到力竭状态时在游泳历时内所经历的实际游泳时间。

爆发游泳速度（U_{burst}）是鱼类游速最快的无氧运动行为的反映，其持续时间一般不超过 20 s。爆发游泳速度可分为恒速（sprint）和加速（acceleration）2 种游泳状态，游泳过程中主要使用厌氧性的白肌，依赖厌氧能量源，终止于细胞内能量物质的耗尽或代谢产物的积累。爆发游泳速度常常是鱼类在捕食、躲避敌害、环境应激反应情况下的游泳速度，对鱼类的生存有着至关重要的影响。本章中描述的爆发游泳速度的测量方法参考 Reidy 等（2000）：将单尾实验鱼放入能够增加水流速度的测量装置中，在特定水流速度下适应一段时间后，以特定的加速度匀速增加水流速度，直至受试鱼达到力竭状态，此时的水流速度即为受试鱼的 U_{burst}。力竭标准：受试鱼因不能抵抗水流被冲至测试区下游拦网，静止时间超过 20 s。

一、切鳍标记对唐鱼游泳能力的影响

研究唐鱼标记放流及其在溪流中的迁移行为，首先必须选择一种合适的标记方法。鱼鳍切除可作为鱼类体外标记的有效方法（杨君兴等，2013）。鱼鳍是鱼类重要的游泳器官，对鱼在水中游泳时的前进、拐弯、急停、升降及鱼体的平衡都起到重要作用，并且不同鱼鳍其功能不尽相同。因此，进行切鳍标记来研究唐鱼迁移行为时，必须选择切除合适的鱼鳍，从而不影响唐鱼的游泳能力。此外，唐鱼鱼鳍组织再生能力较强，其各部位鱼鳍被完全切除约 15 d 之后可完全重新长出，尤其以背鳍和臀鳍的生长速度最为快速，因此切鳍只能作为短期标记方法。

基于此，本节研究了完全切除背鳍、臀鳍、尾鳍或双侧胸鳍后唐鱼[体长（24±1）mm]的临界游泳速度，探讨各部位鱼鳍组织缺失对唐鱼游泳能力的影响，旨在选择一种合适的切鳍标记方法，结果如下（图 6-1）。

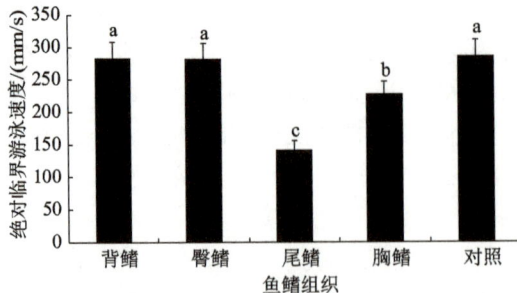

图 6-1　不同鱼鳍组织切除对唐鱼绝对临界游泳速度的影响

不同小写字母表示差异极显著（方差分析，$P<0.01$）

1. 无切鳍对照组

无切鳍对照组唐鱼临界游泳速度总平均值为（285.45±25.13）mm/s，变化范围为（251.98±11.04）～（333.78±12.44）mm/s。

2. 胸鳍和尾鳍切除

胸鳍切除后，唐鱼临界游泳速度为（227.27±19.36）mm/s，而切除尾鳍，则为（141.62±14.53）mm/s。方差分析结果显示，切除胸鳍或尾鳍后的临界游泳速度与对照组具有极显著差异（$P<0.01$），尤其是尾鳍切除后唐鱼的绝对临界游泳速度不但极显著低于对照组，也极显著低于胸鳍切除组（$P<0.01$）。表明胸鳍或尾鳍切除对唐鱼游泳能力产生极显著的影响。这是因为胸鳍和尾鳍是鱼类最重要的游泳器官，其中胸鳍起到平衡鱼体，控制游动时的急停、升降和前进方向的作用，同时也提供向前的动力，而尾鳍可通过左右摆动为鱼类的前进运动提供动力，同时控制游动的方向。因此，对唐鱼进行切鳍标记时，不适宜切除胸鳍和尾鳍。

3. 背鳍和臀鳍切除

切除背鳍和臀鳍后，唐鱼临界游泳速度分别变为（283.36±24.61）mm/s 和（281.82±23.98）mm/s。方差分析结果显示，其与对照组均没有显著性差异（$P>0.05$），表明背鳍或臀鳍切除，对唐鱼游泳能力都没有显著性的影响。臀鳍和背鳍在游泳时只起到协助平衡的作用，其中一种鳍的缺失不至于影响唐鱼整体游泳能力。因此，背鳍或臀鳍切除适合用于唐鱼的体外标记。但根据鱼类游泳时背上腹下的特性，切除背鳍组织更便于直接观察水中的标记鱼。

因此，对唐鱼这样的小型鱼类进行体外标记时，可选择切除背鳍组织。

二、不同性别唐鱼的游泳能力

鱼类在游泳过程中主要通过鱼鳍及躯干部摆动来产生推进力，因而鱼鳍的形态结构与游泳能力具有密切的关系。由于雌、雄鱼类在长期进化中所面临的选择压力不同，因此雌、雄两性异形在反映游泳能力大小的体形和鱼鳍形态上也有所体现。

本节随机挑选已通过性别判别模型（李江涛，2016a）初步判定性别的雌、雄唐鱼各 60 尾，分别放入 120 个已用数字标记的 2 L 烧杯中，在静水条件下单尾暂养一周。暂养期间每天投喂冰鲜红虫两次（9：00 和 21：00），温度控制在（25±1）℃。暂养结束后，分别测量所有唐鱼的爆发游泳速度（U_{burst}）。测量结束后再将唐鱼放入之前已标记的烧杯中于静水条件下继续饲养一周，以使实验鱼恢复到游泳测试前的状态，饲养结束后测量其临界游泳速度（U_{crit}）。待游泳速度测量结束后测量其体长，之后解剖确认实验鱼的性别以验证实际使用的不同性别实验鱼的数量。其中雌、雄分别有 4 尾和 5 尾性别判断错误，删去其相应的游泳能力数据后，用于测定雌、雄实验鱼游泳能力的样本量分别为 56 尾和 55 尾。

1. 临界游泳速度

雌性唐鱼临界游泳速度（U_{crit}）显著小于雄性（$P<0.05$）（图 6-2），其原因可能与雌、雄之间鱼鳍面积差异有关（第二章第一节）。U_{crit} 为低速持续性游泳速度，主要依靠调节胸鳍和尾鳍的摆动来改变游泳速度（涂志英等，2011），虽然唐鱼尾鳍在雌、雄之间无显著性差异，但雄性的胸鳍面积却显著大于雌性，因而雄性唐鱼在游泳过程中相对较大的胸鳍摆动所产生的推进力大于雌性；同时，雄性较大的背鳍、腹鳍和臀鳍也有助于游泳过程中保持身体平衡，这可能是导致雄性唐鱼 U_{crit} 大于雌性的主要原因之一。

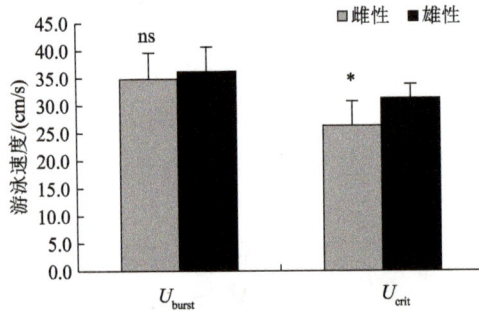

图 6-2　唐鱼雌、雄之间游泳能力差异

上图中 ns 表示差异不显著（$P>0.05$）；*表示差异显著（$P<0.05$）

U_{crit} 主要见于有氧运动，与鱼类巡游、求偶和交配等生命活动有关。而唐鱼作为一种栖息于溪流的小型鲤科鱼类，相比雌性，雄性需要主动寻找配偶，并且存在配偶竞争行为。由于雄性唐鱼面临较大的交配压力，因而相比雌性，雄性唐鱼在长期进化过程中产生了更高的 U_{crit} 以满足其在溪流生境中的巡游，从而有利于其在寻偶或交配过程中追逐雌性，且由于雄鱼拥有更大的腹鳍、臀鳍和背鳍，更加有利于吸引异性，以及在追逐雌鱼或与其他雄鱼进行配偶竞争过程中保持身体平衡。

2. 爆发游泳速度

虽然雌性临界游泳速度（U_{crit}）显著小于雄性，但其爆发游泳速度（U_{burst}）却与雄性无显著差异（图 6-2），这可能与不同游泳能力的推进力产生方式不同有关。U_{burst} 作为一种高速游泳速度，在游泳过程中主要推进力由原来低速游泳时胸鳍和尾鳍的运动转变为主要依赖躯干和尾鳍的运动（Webb，1975），即在高速运动下鱼类主要通过调节躯体和尾鳍的摆动频率和幅度来产生推进力（Webb，1971）。相比雄性，雌性唐鱼具有更长的躯干部，因此在高速运动时能够通过躯体的摆动产生更大的推进力以弥补因其胸鳍较小导致的游泳能力不足，这是导致雌性唐鱼 U_{burst} 与雄性无显著差异的原因之一。

U_{burst} 主要见于穿越急流、躲避敌害等与生存直接相关的游泳运动。因此，雌性唐鱼同样具有较高的爆发游泳能力以保证其在溪流中具有较强的生存能力，从而有利于繁衍后代。

综上所述，相比雄性，虽然雌性唐鱼胸鳍等面积较小导致其 U_{crit} 小于雄性，却具有更长的躯干部以保证其同样具有较高的爆发游泳能力，从而有利于在流速波动很大的溪流中躲避捕食和正常生存以繁衍后代。相比雌性，雄性唐鱼具有较大的鱼鳍面积从而保证其 U_{crit} 高于雌性，以利于追逐雌性完成交配。

三、饥饿对唐鱼游泳能力的影响

饥饿过程中由于没有外源能量的供给，鱼体仅依靠自身储备的能量物质进行各种生命活动，但鱼体储存的能量物质有限，而鱼类的游泳能力与鱼体的能量储备和供能效率具有密切关系，因此鱼体在饥饿状态下如何权衡能量分配则与游泳能力密切相关。

在生活史的不同阶段，鱼类的生长发育情况不同，其能量物质储存有所不同（见第五章）。因此，在性成熟与幼体阶段，唐鱼在饥饿胁迫下其游泳能力变化有所不同。本部分分别研究了幼鱼阶段和性成熟阶段的唐鱼在经历不同饥饿时间后其游泳能力的变化规律。

1. 幼鱼阶段

由于唐鱼幼鱼在饥饿 40 d 时已开始出现死亡个体，因此相关实验的最长饥饿时间设为 40 d。实验开始前断食 1 d，空腹处理。唐鱼的饥饿时间均设为 0 d（对照组）、10 d、20 d、30 d 和 40 d。

随着饥饿时间的增加，唐鱼幼鱼的爆发游泳速度（U_{burst}）和临界游泳速度（U_{crit}）均发生显著性变化（$P<0.05$），其 U_{burst} 和 U_{crit} 均随着饥饿时间的增加逐渐减小。将 U_{burst} 和 U_{crit} 分别与饥饿时间进行回归分析，结果显示唐鱼幼鱼的 U_{burst} 和 U_{crit} 均随着饥饿时间的增加呈显著的线性下降趋势（$P<0.05$）。对比线性方程斜率，U_{burst}-饥饿时间线性回归方程斜率显著小于 U_{crit}-饥饿时间（$P<0.05$）（图6-3）。

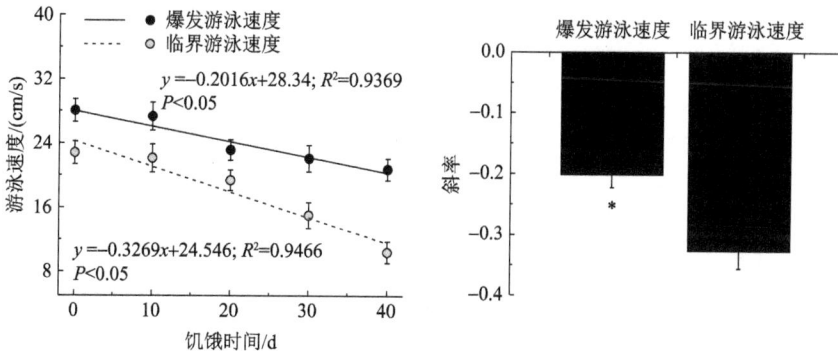

图6-3　饥饿后唐鱼幼鱼游泳能力变化规律

*表示两者差异显著（$P<0.05$）

关于饥饿后游泳能力下降的机制，既有从生化角度如运动相关酶活变化（Martínez et al.，2004），也有从分子角度如 RNA/DNA 变化等方面（Faria et al.，2011）的研究报道。然而，鱼类在食物不足的情况下只能依靠消耗自身储存的糖原、脂肪和蛋白质等能量物质以维持必要的生命活动，而鱼类游泳活动所需的 ATP 主要来源于能量物质的一系列分解，因此本部分重点从饥饿后的能量代谢角度来探究游泳能力下降的机制。

动物在开始运动时主要依靠肌肉中储存的少量 ATP 供能，但由于 ATP 储存量较少，后续运动所需的 ATP 主要通过磷酸肌酸（PCr）分解、糖酵解和有氧代谢等 3 类能源系统合成，且 3 类能源系统并非相互独立作用而是共同参与合成 ATP。但运动方式不同，主要供能模式也不同，时间较短的剧烈运动主要依靠磷酸肌酸分解和糖酵解等无氧系统合成 ATP，而长时间持续有氧运动则以糖原、脂肪和蛋白质等能量物质有氧分解为主。对鱼类来说，U_{burst} 主要见于无氧运动，首先消耗体内储存的少量 ATP，其次依靠磷酸肌酸分解和糖酵解供能，但由于磷酸肌酸供能速度较快，相比糖酵解，动物在剧烈运动时优先利用磷酸肌酸分解供能。虽然有研究显示鱼类肌肉中 ATP 和磷酸肌酸的储存量比较稳定，在短期饥饿时其储存量没有显著影响（Kieffer & Tufts，1998），但唐鱼幼鱼经过长期饥饿（40 d），其 ATP 和磷酸肌酸量可能有一定幅度的下降，故在饥饿后唐鱼幼鱼 U_{burst} 虽然下降，但并未随之发生剧烈变化。而 U_{crit} 主要见于有氧运动，能量供给主要依赖糖原、脂肪和蛋白质等能量物质的有氧分解，饥饿后这些能量物质含量均显著下降（李江涛等，2016b），因此相比 U_{burst}，U_{crit} 与能量物质储存量的关系更加密切，故对饥饿更加敏感。

2. 性成熟阶段

由于饥饿 60 d 后唐鱼成鱼已开始出现死亡个体，因此最长饥饿时间设为 60 d。实验开始前断食 1 d，空腹处理。雌性和雄性唐鱼的饥饿时间均设为 0 d（对照组）、15 d、30 d、45 d 和 60 d。

随着饥饿时间的增加，雌、雄唐鱼的 U_{burst} 和 U_{crit} 均发生显著性变化（$P<0.05$），其 U_{burst} 和 U_{crit} 均随着饥饿时间的增加逐渐减小（表 6-1）。

表 6-1 不同饥饿时间后雌、雄唐鱼游泳能力

饥饿时间/d	爆发游泳速度/（cm/s）		临界游泳速度/（cm/s）	
	雄性	雌性	雄性	雌性
0	36.20±4.50[Aa]	34.80±4.80[Aa]	31.27±2.56[Aa]	26.35±4.43[Ab]
15	32.13±3.27[Ba]	32.28±4.75[Ba]	27.47±2.47[Ba]	25.99±2.63[Ab]
30	29.78±3.68[Ca]	28.60±4.86[Ca]	26.81±3.30[Ba]	23.98±2.54[Bb]
45	26.54±3.89[Da]	25.49±2.54[Da]	22.43±3.25[Ca]	20.39±3.48[Ca]
60	24.22±3.23[Da]	23.37±2.97[Da]	13.57±3.93[Da]	11.60±3.23[Da]

注：同列不同大写字母表示相同性别唐鱼同一指标在不同饥饿时间之间差异显著（$P<0.05$）；同行不同小写字母表示同一饥饿时间同一指标在不同性别唐鱼之间差异显著（$P<0.05$）

分别将雌、雄唐鱼 U_{burst} 和 U_{crit} 与饥饿时间进行回归性分析，结果显示雌、雄唐鱼的 U_{burst} 和 U_{crit} 均随着饥饿时间的增加呈显著的线性下降趋势（$P<0.05$）（图6-4）。对比线性方程斜率，无论是雄性还是雌性，其 U_{burst}-饥饿时间线性回归方程斜率均显著小于 U_{crit}-饥饿时间（$P<0.05$）（图6-5），意味着饥饿后 U_{burst} 比 U_{crit} 稳定，这与幼鱼阶段变化规律基本一致。其原因可能与不同游泳类型能量供应方式不同有关。

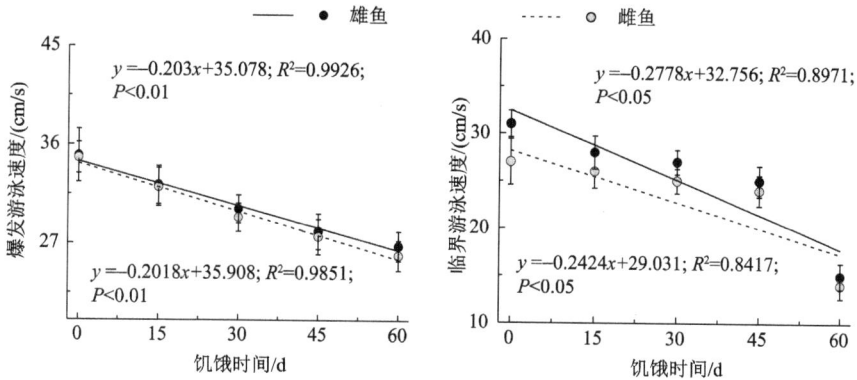

图 6-4 雌、雄唐鱼游泳能力与饥饿时间的关系

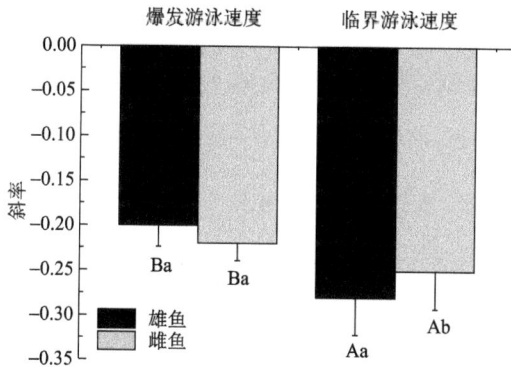

图 6-5 雌、雄唐鱼游泳能力与饥饿时间线性回归方程斜率

不同大写字母表示相同性别不同游泳速度之间差异显著，不同小写字母表示相同游泳速度不同性别之间差异显著

雄性唐鱼 U_{crit}-饥饿时间线性方程斜率显著大于雌性（图6-5），意味着饥饿后雄性 U_{crit} 下降速率更大。这可能与雌、雄唐鱼能量物质储存状况及游泳运动过程中对不同能量物质优先利用顺序有关。相比脂肪和蛋白质，糖原分解供能的时间效率虽然最高，动物在运动过程中优先利用肌糖原和肝糖原分解供能，但唐鱼糖原在饥饿早期已被耗尽，饥饿一定时间后其主要依靠脂肪和蛋白质为 U_{crit} 供能，而蛋白质作为重要的结构物质，储存量虽然较大，但其热价相对较低。相比蛋白质，脂肪产热量更高，因此唐鱼可能优先利用脂肪为游泳活动供能。在应对较长时间的饥饿时，雌性唐鱼主要消耗储存量最大的蛋白质，导致其蛋白质消耗程度

大于雌性，且饥饿后其脂肪消耗率小于雄性（结果见第五章），这可能是其 U_{crit} 比雄性更加稳定的一个原因。

四、唐鱼与其他鱼类游泳能力的比较

表 6-2 列举了几种淡水鱼类游泳速度的测定结果。从表 6-2 中可以看出，总体而言，个体小的鱼类，一般具有较小的绝对临界游泳速度和较大的相对临界游泳速度。唐鱼虽然具有较小的绝对临界游泳速度，但其相对临界游泳速度却比许多其他淡水鱼类更大。这除了其本身属于小型鱼类外，可能与其栖息环境亦有关系。唐鱼长期生活在华南地区丘陵森林溪流中，经现场实际测量，其所在溪流水流速度常达到 200～300 mm/s，而在雨季水量增大时流速则更大。作者在进行野外唐鱼标记-重捕实验时发现，野生唐鱼能够逆流穿越长度约为 3.5 m、坡度为 10°、流速约为 500 mm/s 的溪流急流区域。这些研究结果都证明唐鱼是一种游泳能力较强的鱼类，这很可能是长期适应溪流流水环境的结果。

表 6-2　唐鱼与其他鱼类游泳速度的比较

种类	体长/cm	水温/℃	ΔV/ (mm/s)	ΔT/min	U^{a}_{crit}/ (mm/s)	U^{r}_{crit}/ (bl/s)	文献来源
南方大口鲇 *Silurus meridionalis*	1.70	22	18.09	2	120.60	7.09	张怡等，2007
鲤 *Cyprinus carpio*	15.10	10	22.65	20	440.01	2.91	Li et al.，2007
细鳞裂腹鱼 *Schizothorax chongi*	10.60	24	10.60	30	110.28	1.15	袁喜等，2012
瓦氏黄颡鱼 *Pelteobagrus vachelli*	5.50	25	93.99	15	469.98	8.55	田凯等，2010
胭脂鱼 *Myxocyprinus asiaticus*	6.51	22	72.06	20	480.37	7.38	石小涛等，2012
唐鱼 *Tanichthys albonubes*	2.40	25	36.00	15	322.87	13.45	本研究

注：U^{a}_{crit} 表示绝对临界游泳速度，U^{r}_{crit} 表示相对临界游泳速度，ΔV 表示速度增量，ΔT 表示游泳历时（增加速度的时间间隔）

此外，表 6-2 所列数据中由于不同研究者设定的 ΔT 和 ΔV 值不同，而这两个参数又与 U^{r}_{crit} 值密切相关。因此表 6-2 的结果只能在一定程度上反映不同鱼类的游泳能力的对比情况。若需要更加全面客观地比较不同鱼类的游泳能力，应该在相同实验条件下进行研究。

第二节　唐鱼迁移行为

迁移是鱼类重要的生命活动之一，往往伴随索饵、交配、产卵、越冬等生命活动，对鱼类种群动态具有极大的影响。此外，迁移还可增加种群之间的交流，如一些溪流鱼类可以利用迁移策略来保证种群高度的遗传多样性，以维持遗传稳定性和种群数量。

唐鱼作为一种主要生存于溪流的鱼类，此前关于其在溪流的迁移行为未见报道。由于溪流生态系统生境的特殊性，不同溪流或同一溪流不同河段，其水文特征如水深、流速等具有较大差异；此外溪流的水流量和流速等易受降雨影响，因此，不同溪流或相同溪流在不同时期，唐鱼迁移时所受到的水流阻力及其迁移行为也应该有所差异。本节采用耳石标记方法，研究唐鱼在不同溪流枯水期和丰水期的迁移行为。

一、耳石标记

耳石标记是指利用荧光染料（如茜素络合物、盐酸四环素等）对鱼类耳石进行染色标记，从而达到鱼体标记效果的一种标记技术。耳石标记是常用的小型鱼类大规模标记技术。

茜素络合物（ALC）是一种难溶于水，溶于碱溶液时呈紫色，易溶于醇、醚等有机溶剂的羟基蒽醌类染料，广泛用于染料工业。近年来，茜素络合物因其成本低、标记效率高等特点，被广泛用于鱼类耳石标记。但是茜素络合物作为一种荧光化学染料，对鱼体有轻微的毒害作用。本研究首先明确了荧光染料茜素络合物对唐鱼的毒性及其对耳石的标记效果。

1. 浸泡死亡率

浸泡死亡率是指特定时间内，标记鱼在一定浓度茜素络合物溶液浸泡染色时的死亡情况。不同发育阶段的唐鱼在水温 28～30℃、茜素络合物溶液中浸泡 24 h 后，其死亡率如表 6-3 所示。

表 6-3　茜素络合物浸泡 24 h 后唐鱼的死亡率

发育阶段	体长/mm	浸泡液浓度/（mg/L）	浸泡时死亡率
仔鱼	3.7～5.2	50	0.00±0.000[a]
		80	0.00±0.000[a]
		100	0.80±0.002[b]
稚鱼	5.8～10.5	50	0.00±0.000[a]
		80	0.00±0.000[a]
		100	0.80±0.010[b]
幼鱼	10.8～13.2	80	0.00±0.000[a]
		100	0.00±0.000[a]
		150	0.44±0.003[b]

续表

发育阶段	体长/mm	浸泡液浓度/（mg/L）	浸泡时死亡率
成鱼	13.5～17.5	100	0.00±0.000[a]
		150	0.00±0.000[a]
		200	1.00±0.000[b]

注：同一发育阶段下同列数据上标字母不同表示差异显著（$P<0.05$）

　　仔稚鱼在浓度为 50 mg/L、80 mg/L 的茜素络合物溶液中浸泡 24 h 后，其存活率均为 100%，即死亡率为 0；而 100 mg/L 茜素络合物溶液对唐鱼仔鱼、稚鱼有较强的致死毒性，浸泡期间死亡率高达 80%。唐鱼幼鱼经 80 mg/L、100 mg/L 的茜素络合物溶液浸泡处理 24 h，存活率为 100%，即死亡率为 0；而 150 mg/L 浓度下，幼鱼浸泡期间死亡率高达 44%。唐鱼成鱼经 100 mg/L、150 mg/L 的茜素络合物溶液浸泡处理，存活率为 100%，即死亡率为 0；而 200 mg/L 浓度下，成鱼死亡率达到 100%。

　　2. 标记效果

　　经茜素络合物标记后在荧光显微镜下观察唐鱼耳石，可明显看到标记环（图6-6），不同发育阶段和不同茜素络合物的浸泡浓度，其标记效果明显不同（表 6-4）。

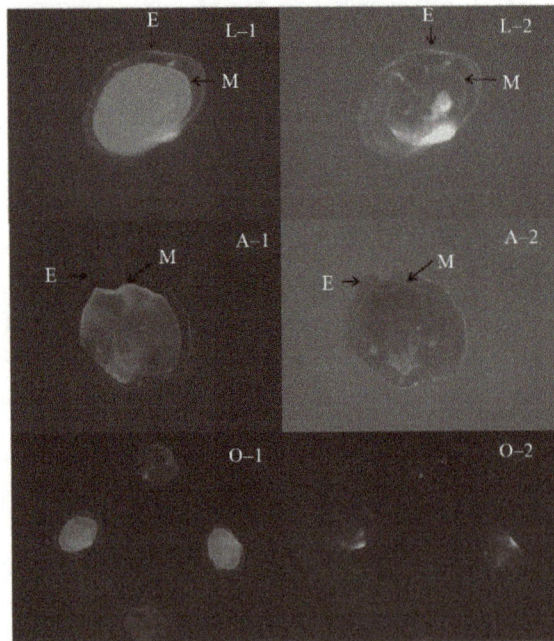

图 6-6　唐鱼耳石标记效果（彩图请扫封底二维码获取）

荧光显微镜下观察，L-1、A-1、O-1 为黄绿激发光下的标记效果；L-2、A-2、O-2 为蓝紫激发光下的标记效果；L为微耳石，A 为星耳石，O 为矢耳石，M 为标记环，E 为耳石边缘

表 6-4 不同浓度茜素络合物处理后唐鱼耳石的标记效果

浸泡液浓度/ （mg/L）	发育阶段	耳石	普通光学显微镜下 标记环检出率/%	荧光显微镜下各种效果标记环比例/%			
				无	可见	明显	鲜艳
50	仔鱼	L	0	10	0	90	0
		O	0	10	0	90	0
	稚鱼	L	0	10	70	20	0
		O	0	10	70	20	0
		A	10	0	100	0	0
80	仔鱼	L	0	0	20	80	0
		O	0	0	50	50	0
	稚鱼	L	0	0	50	50	0
		O	0	0	60	40	0
		A	40	0	40	60	0
	幼鱼	L	0	10	80	10	0
		O	0	10	80	10	0
		A	30	10	80	10	0
100	仔鱼	L	10	0	10	70	20
		O	0	0	20	60	20
	稚鱼	L	0	0	0	0	100
		O	0	0	0	0	100
		A	80	0	0	100	0
	幼鱼	L	10	0	0	70	30
		O	10	0	0	70	30
		A	60	0	0	80	20
	成鱼	L	10	0	0	0	100
		O	0	0	0	0	100
		A	30	0	0	70	30
150	幼鱼	L	30	0	0	0	100
		O	30	0	0	0	100
		A	80	0	0	0	100
	成鱼	L	10	0	0	0	100
		O	0	0	0	0	100
		A	80	0	0	0	100

注：样本数为 10；L 为微耳石，O 为矢耳石，A 为星耳石

浸泡浓度为 50 mg/L 时，唐鱼仔鱼、稚鱼微耳石和矢耳石标记率（可见+明显+鲜艳）均达到 90%，稚鱼星耳石标记率达到 100%（仔鱼星耳石尚未形成）；浸泡浓度为 80 mg/L 时，唐鱼仔鱼、稚鱼微耳石和矢耳石，以及稚鱼星耳石标记率均达到 100%。幼鱼阶段，当浸泡浓度为 80 mg/L 时，3 对耳石的标记率均为 90%；浸泡浓度为 100 mg/L 时，3 对耳石的标记率均为 100%。成鱼阶段，当浸泡浓度为 100 mg/L 时，3 对耳石的标记率达均到 100%，当浓度为 150 mg/L 时，不仅 3 对耳石的标记率均达到 100%，且全部标记均为鲜艳级别。

3. 最适浓度

综合考虑死亡率和标记效果，在水温 28～30℃持续浸泡 24 h 条件下，仔鱼、稚鱼、幼鱼和成鱼的最适浸泡浓度如下。

唐鱼仔鱼、稚鱼最适染色的茜素络合物溶液浓度为 80 mg/L，该浓度下无论是浸泡存活率还是耳石标记率均达到 100%。而幼鱼和成鱼最适染色的茜素络合物浸泡液浓度为 100 mg/L，在此浓度下，存活率和耳石标记率均为 100%。

二、不同时空下唐鱼的迁移行为

在上文已确定唐鱼耳石标记时茜素络合物的最适浓度基础上，本部分选择唐鱼资源相对丰富，但地理环境具有明显差异的 2 条溪流（旧曾溪和南洋溪，溪流特征参数见表 6-5）作为实验溪流，分别于丰水期和枯水期，采用茜素络合物进行唐鱼耳石标记和放流回捕，研究唐鱼在不同溪流和不同季节的迁移行为。

表 6-5　实验溪流特征参数

实验溪流	经纬度	流量/（m³/s）	底质	可采样长度/m
旧曾溪	23°31′04″N 113°26′55″E	0.042（丰水期） 0.031（枯水期）	砂质	188（+97，−91）
南洋溪	23°29′25″N 113°31′26″E	0.033（丰水期） 0.030（枯水期）	砂质	135（+71，−64）

注：表中"可采样长度"表示实验溪流中可以采样的溪段总长度；"+"表示放流点至上游方向顶端的距离，"−"表示放流点至下游方向末端的距离

首先用手抄网分别从两条实验溪流中捕捞一定数量的唐鱼幼鱼，选择体表无损伤、游泳行为正常的唐鱼进行耳石标记，将不符合要求的其余个体原位放回。唐鱼幼鱼野外现场标记的条件是：温度 27.5～28.5℃，茜素络合物浸泡液 pH 为 7.0，浓度为 100 mg/L，持续浸泡 24 h。具体浸泡标记方案和结果见表 6-6。

表 6-6　唐鱼幼鱼野外茜素络合物溶液浸泡标记实验方案

标记时间（年.月.日）	溪流名称	唐鱼全长/mm	标记数量/尾	浸泡浓度/（mg/L）	浸泡液 pH	浸泡死亡率/%
2014.7.23	旧曾溪	11.21±1.01	215	100	7.0	0
	南洋溪	12.13±1.12	160	100	7.0	0
2014.11.11	旧曾溪	11.72±1.31	200	100	7.0	0
	南洋溪	11.34±1.54	153	100	7.0	0

　　每条溪流选取一个放流点，放流点一般选择在实验前就有唐鱼栖息且水表面积相对较大的水坑，并且该放流点上、下游方向有相对较长的距离可供唐鱼自由迁移。以放流后的第 2 天算起，每 10 d 进行一次回捕，总共进行 3 次。回捕时从溪流下游方向向上游方向进行采样，将肉眼可见的有唐鱼群体出现的回捕点（一般多数是水坑）中的唐鱼依据群体大小的一定比例（20%）捞取，并用 95%乙醇对其进行现场固定，带回实验室。在解剖镜下挑取星耳石和微耳石（矢耳石易碎，标记效果不理想，不适宜观察），制备装片后在荧光显微镜下进行镜检，观察星耳石和微耳石上是否有荧光标记环。对于同一尾鱼的两对耳石（星耳石、微耳石），只要其中一个耳石有标记环，就将其视为放流的标记个体。

　　1. 旧曾溪

　　旧曾溪位于山脚下，受降雨影响较明显，因而其丰水期流量（0.042 m³/s）明显大于枯水期（0.031 m³/s）。

　　（1）丰水期

　　旧曾溪丰水期唐鱼迁移结果见图 6-7。丰水期总共标记放流唐鱼 215 尾，3 次累计总共回捕到标记鱼 145 尾，其中唐鱼向放流点上游和下游方向迁移的最大距离记录分别为 83.3 m 和 71.3 m，并且在放流后第 20 天已记录到上游和下游方向的最大迁移距离。具体表现为：第 1 次回捕（放流后第 10 天），唐鱼向上、下游方向迁移的最大距离分别为 80.3 m 和 20.3 m，且标记个体主要集中在接近上游最远距离的采样点（80.3 m）；第 2 次回捕（放流后第 20 天），唐鱼向上、下游方向迁移的最大距离分别为 83.3 m、71.3 m，已达到本实验丰水期的最远距离记录，且标记个体主要集中在放流点及上游 60～80 m 溪段；第 3 次回捕（放流后第 30 天），唐鱼向上、下游方向迁移的最大距离分别为 83.3 m 和 0 m（即放流点），其中标记鱼回捕个体数最多的点是放流点和放流点上游方向 80.3 m 处。

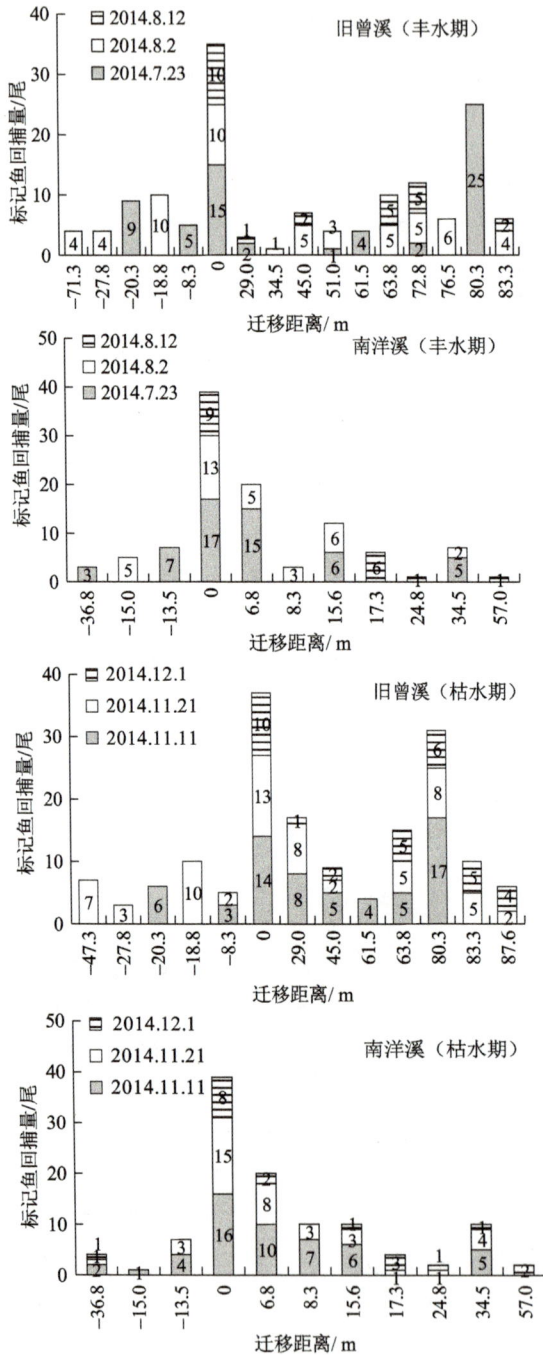

图 6-7　唐鱼标记鱼回捕数量的空间分布图

图中 0 表示放流点位置，"－"表示唐鱼向放流点下游移动的距离，"＋"表示向放流点上游移动的距离

从不同方向的溪段和采样点回捕标记鱼的数量看，整条溪流 3 次累计总共回捕到标记鱼 145 尾，其中在放流点回捕到 35 尾，占全溪回捕标记鱼总数的 24.1%；放流点上游方向溪段回捕到 78 尾，占全溪回捕总数的 53.8%；放流点下游方向溪段回捕到的标记鱼为 32 尾，占全溪回捕总数的 22.1%。总体上放流唐鱼大多往上游方向逆流迁移，也有相当部分唐鱼停留或者返回到放流点，而向下游方向迁移的唐鱼相对较少。

旧曾溪丰水期各溪段和回捕点的平均回捕率（回捕数/放流总数）见表 6-7。平均回捕率大小顺序呈现出上游溪段平均回捕率＞放流点平均回捕率=下游溪段平均回捕率的特点，这和回捕数变化趋势大体一致，说明唐鱼具有逆流向上的游泳特性。但是对于平均每点回捕率，其结果则与溪段平均回捕率有所不同，表现为放流点平均回捕率＞上游溪段各点平均回捕率＞下游溪段各点平均回捕率。溪流的水文特征具有明显的空间异质性，唐鱼一般喜欢栖息于溪流中的水潭、水坑及靠岸边水草茂盛的缓流区域，本研究放流点是位于实验溪流中段的一个较大的水坑，另外上、下游河段也存在多个大小不一的水坑，但从单个点的平均回捕率看，放流点远大于上、下游河段各点的回捕率，而上游各点平均值也显著大于下游，这个趋势本质上与上述结果相类似。

表 6-7　不同溪段及采样点标记鱼平均回捕率（%）

溪流（季节）	全溪流回捕率	各溪段平均回捕率			各采样点平均回捕率		
		放流点上游溪段	放流点	放流点下游溪段	放流点上游方向各点	放流点	放流点下游方向各点
旧曾溪（丰水期）	67.4	14.30	5.40	5.40	2.40	5.40	0.80
旧曾溪（枯水期）	80.0	15.33	6.17	5.17	2.19	6.17	1.03
南洋溪（丰水期）	48.1	10.40	8.10	3.10	3.20	8.10	1.60
南洋溪（枯水期）	71.2	12.64	8.50	2.61	1.81	8.50	0.87

（2）枯水期

旧曾溪枯水期唐鱼迁移结果见图 6-7。枯水期总共标记放流唐鱼 200 尾，3 次累计总共回捕到标记鱼 160 尾，几乎每次均以放流点回捕到的标记鱼最多。唐鱼向放流点上游和下游方向迁移的最大距离记录分别为 87.6 m 和 47.3 m，并且在放流后第 20 天已记录到上游和下游方向的最大迁移距离。具体表现为：第 1 次回捕（放流后第 10 天），标记鱼向放流点上、下游方向迁移的最大距离分别为 80.3 m

和20.3 m，标记鱼主要集中在放流点及放流点上游方向80.3 m采样点处；第2次回捕（放流后第20天），标记鱼向放流点上、下游方向迁移的最大距离分别为87.6 m和47.3 m；第3次回捕（放流后第30天），标记鱼向放流点上游方向迁移的最大距离为87.6 m，而没有发现向下游方向迁移的记录。

3次回捕实验中，整条溪流总共回捕到标记鱼160尾，其中放流点上游方向河段回捕到的标记鱼最多，总共92尾，占全溪回捕到的标记鱼总数的57.5%；其次是放流点，总共37尾，占全溪回捕总数的23.13%；放流点下游方向河段回捕到的标记鱼最少，总共31尾，占全溪回捕总数的19.38%。3次回捕实验各个采样点中，均以放流点回捕到的标记鱼尾数最多。

旧曾溪丰水期各溪段和回捕点的平均回捕率（回捕数/放流总数）见表6-7。平均回捕率大小顺序呈现出上游溪段平均回捕率>放流点平均回捕率>下游溪段平均回捕率的特点。但是对于平均每点回捕率，其结果则与溪段平均回捕率有所不同，表现为放流点平均回捕率>上游溪段各点平均回捕率>下游溪段各点平均回捕率。

（3）丰水期和枯水期比较

在旧曾溪，丰水期唐鱼迁移范围为（-71.3 m，+83.3 m），而枯水期的迁移范围为（-47.3 m，+87.6 m）。比较而言，在相同时间内，唐鱼向下游迁移的距离表现为丰水期＞枯水期，且两者差距明显（丰水期为71.3 m，枯水期为47.3 m）；而向上游迁移的距离却相反，表现为枯水期＞丰水期，但差距不大（丰水期为83.3 m，枯水期为87.3 m）。

以上结果可能与旧曾溪在丰水期和枯水期的水流量具有明显差异有关。旧曾溪是位于山脚下的溪流，其受降雨影响较明显，降雨使得丰水期流量（0.042 m³/s）要大于枯水期（0.031 m³/s）。丰水期时，当降雨造成溪水流量突然增大时，唐鱼抵抗不住水流的冲击，故丰水期向下游方向的迁移距离较大，而向上游方向迁移时却因逆流而上使得所受到的阻力更大而呈现相对较小的迁移距离。相反，在枯水期时，降雨量较少，旧曾溪受到降雨的影响较小，水流量较为恒定，使得相同时间内，向上游迁移的距离大于丰水期，向下游迁移的距离小于丰水期。

2. 南洋溪

南洋溪离山坡较远，且在山脚下设有专门的泄洪沟，因降雨而形成的地表水会随泄洪沟流走，不会注入实验溪造成径流量发生较大的变化，并且由于坐落于山坡的阴面，枯水期蒸发散失水分少，故其丰水期（0.033 m³/s）和枯水期（0.030 m³/s）的水流量变化不大。另外，与旧曾溪相比，其整体长度和可采样长度相对较小。

（1）丰水期

南洋溪丰水期唐鱼迁移结果见图6-7。丰水期总共标记放流唐鱼160尾，3次累计总共回捕到标记鱼 104 尾。唐鱼向放流点上游和下游方向迁移的最大距离记录分别为 57 m 和 36.8 m，具体表现为：第 1 次回捕（放流后第 10 天），唐鱼向上、下游方向迁移的最大距离分别为 34.5 m 和 36.8 m，其中下游方向已达到本实验丰水期的最远距离记录；第 2 次回捕（放流后第 20 天），唐鱼向上、下游方向迁移的最大距离分别为 34.5 m 和 15 m；第 3 次回捕（放流后第 30 天），唐鱼向上、下游方向迁移的最大距离分别为 57 m 和 0 m（即放流点），其中上游方向已达到本实验丰水期的最远距离记录，而放流点下游方向没有采到标记鱼。

从不同方向的溪段和采样点回捕标记鱼的数量看，整条溪流 3 次累计总共回捕到标记鱼 104 尾，其中以放流点上游方向溪段回捕到的标记鱼数量最多，为 50 尾，占全溪回捕总数的 48.1%；其次是在放流点回捕到 39 尾，占全溪回捕标记鱼总数的 37.5%；放流点下游方向溪段回捕到的标记鱼最少，仅 15 尾，占全溪回捕总数的 14.4%。

南洋溪丰水期各溪段和回捕点的平均回捕率（回捕数/放流总数）见表 6-7。平均回捕率大小顺序呈现出上游溪段平均回捕率>放流点平均回捕率>下游溪段平均回捕率的特点。但是对于平均每点回捕率，其结果则与溪段平均回捕率有所不同，表现为放流点平均回捕率>上游溪段各点平均回捕率>下游溪段各点平均回捕率。

综上所述，在南洋溪丰水期总体上放流唐鱼大多往上游方向逆流迁移，也有相当一部分唐鱼停留或者返回到放流点，而向下游方向迁移的唐鱼最少。

（2）枯水期

南洋溪枯水期唐鱼迁移结果见图 6-7。枯水期总共标记放流唐鱼 153 尾，3 次累计总共回捕到标记鱼 109 尾。唐鱼向放流点上游和下游方向迁移的最大距离记录分别为 57 m 和 36.8 m，具体表现为：第 1 次回捕（放流后第 10 天），唐鱼向上、下游方向迁移的最大距离分别为 34.5 m 和 36.8 m，其中下游方向已达到本实验枯水期的最远距离记录；第 2 次回捕（放流后第 20 天），标记鱼向放流点上、下游方向迁移的最大距离与第 1 次回捕时相同，分别为 34.5 m 和 36.8 m；第 3 次回捕（放流后第 30 天），标记鱼向放流点上、下游方向迁移的最大距离分别为 57 m 和 36.8 m，其中上游方向已达到本实验枯水期的最远距离记录。

从不同方向的溪段和采样点回捕标记鱼的数量看，整条溪流 3 次累计总共回捕到标记鱼 109 尾，其中放流点上游方向回捕到的标记鱼尾数最多，总共 58 尾，占全溪回捕到的标记鱼总数的 53.21%；其次是放流点，总共回捕到 39 尾，占全溪回捕总数的 35.78%；放流点下游方向回捕到的标记鱼最少，总共 12 尾，占全溪回捕到的标记鱼总数的 11.01%。

南洋溪枯水期各溪段和回捕点的平均回捕率（回捕数/放流总数）见表 6-7。平均回捕率大小顺序呈现出上游溪段平均回捕率>放流点平均回捕率>下游溪段平均回捕率的特点。但是对于平均每点回捕率，其结果则与溪段平均回捕率有所不同，表现为放流点平均回捕率>上游溪段各点平均回捕率>下游溪段各点平均回捕率。

（3）丰水期和枯水期比较

在南洋溪，无论是枯水期还是丰水期，相同时间内，唐鱼幼鱼所能达到的最大迁移距离相同（−36.8 m，+57 m）。其原因可能与南洋溪地理位置的特殊性有关，南洋溪离山坡较远，且其山脚下有泄洪沟，因降雨而形成地表水会经泄洪沟排走，不会造成雨季南洋溪径流量增大。因此唐鱼在枯水期、丰水期的最大迁移距离相差不大。而且向上游迁移的最大距离显著大于向下游方向的最大距离，类似于旧曾溪枯水期的结果。

（4）旧曾溪和南洋溪对比

无论是在旧曾溪还是南洋溪，也无论是丰水期还是枯水期，唐鱼向上游方向的迁移距离均大于下游方向，且上游溪段标记鱼回捕率总是大于下游溪段。但在旧曾溪，丰水期唐鱼向上游和下游方向迁移的最大距离（+83.3 m，−71.3 m）差异不大，而在枯水期则差异明显（+87.6 m，−47.3 m）。与此相比，在南洋溪，无论是丰水期还是枯水期，唐鱼向上、下游方向迁移的最大距离均分别是 57 m 和 36.8 m，上游方向明显大于下游方向。这与两条溪流的水文特征有关。旧曾溪丰水期流量显著大于枯水期，而南洋溪水流量的季节变化不明显，其数值与旧曾溪枯水期相当，说明唐鱼向溪流下游方向的迁移行为除了主动迁移外，还存在着随水流量增大而产生的被动迁移行为。

3. 唐鱼在溪流迁移活动中的行为机制

鱼类的洄游是一种主动的、定向的、集群的和周期性的运动，根据目的不同可分为生殖、索饵和越冬洄游，根据其洄游里程（范围）可把鱼类划分为洄游性、半洄游性和定居性鱼类。唐鱼是一种小型鲤科鱼类，其栖息生境狭窄，本研究所用材料为幼鱼，无论是丰水期还是枯水期，都可同时观察到逆流和顺流两种方向截然相反的移动，而且有相当比例的放流标记鱼自始至终停留在放流点，因而这种迁移应该不属于上述各种目的的定向且周期性洄游。另外从其迁移距离仅限于小范围看，可以认为唐鱼属于溪流定居性鱼类。

本研究结果表明，无论是丰水期还是枯水期，唐鱼向上游方向的迁移距离和上游河段的回捕率均大于下游方向和下游河段。逆流游泳是中上层鱼类的天性，尤其是唐鱼这种栖息于水体流动性很大的溪流鱼类，一般都具有一定的趋流性，可以认为向上游方向是一种主动的迁移行为。另外，同时期均可观察到一定数量比例的唐鱼向下游方向迁移，而且在水流量季节变化非常明显的旧曾溪，丰水期向下游迁移的数量比例和最大距离要大于枯水期，据此可推测向下游方向的迁移除了主动迁移外，也有因流量增大引起的被动迁移。

本研究的两条溪流，其环境条件的空间异质性不仅体现在上、下游不同溪段上，而且即使同一河段甚至在数米范围内的小区域中，其水流、饵料生物密度也有很大差异，如相比溪流中央，密布水草的靠岸带和水潭、水坑处往往流速缓慢，饵料生物密度较大。唐鱼虽然具有较强的游泳能力，但由于体形小，其绝对游泳能力不强，因而喜欢栖息于溪流中的一些水坑中。本研究中无论上、下游溪段都存在多个类似的水坑，包括放流点在内，许多水坑3次采样都可观察到有唐鱼存在。从各个采样点回捕率看，以放流点最高，据此可认为有相当数量的放流标记鱼自始至终都没有离开放流点，或离开后又返回放流点。说明只要条件合适，唐鱼也可以长时间停留和生活在一个小生境中，其间不作迁移活动。

本研究是以幼鱼作为材料的个体行为观察，关于唐鱼不同生活史阶段群体在溪流的时空分布和种群数量动态，将在第七章"唐鱼种群生态学"中论述。

第七章　唐鱼种群生态学

获取物种种群生态学有关基本参数是开展对相应物种进行种群保护的重要基础。本章针对唐鱼野外种群的基本生态学参数及资料进行阐述，重点介绍种群死亡率、静态生命表、种群结构及种群数量动态等方面的近期研究成果。

第一节　唐鱼种群死亡率

利用日龄分析法对 2009 年 12 月 14～17 日采自广东广州从化银林地区溪流共计 228 尾唐鱼进行了日龄分析，显示样品中日龄分布范围为 7～198 d。以每 30 d 作为一个组进行划分，可分为 7 个组，其中 1～30 d 组和 31～60 d 组唐鱼为主要组分，分别为 63 尾和 61 尾，分别占总数的 27.63% 和 26.75%；61～90 d 组唐鱼 39 尾，占 17.11%；91～120 d 组唐鱼 25 尾，占 10.96%；121～150 d 组和 151～180 d 组分别有 18 尾和 14 尾，分别占 7.89% 和 6.14%；181～210 d 组最少，仅有 8 尾，占总数的 3.51%（图 7-1）。根据日龄结构编制出唐鱼自然种群静态生命表（表 7-1）。

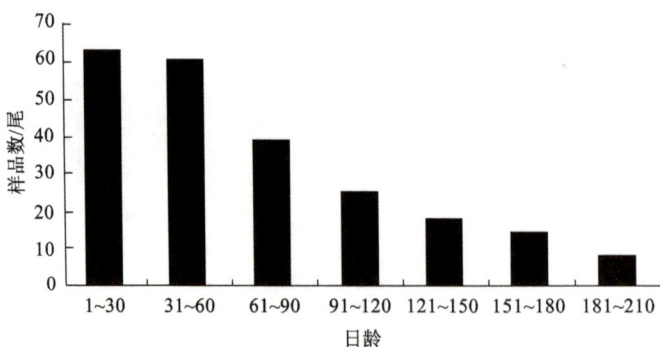

图 7-1　唐鱼研究样品日龄分布

表 7-1　唐鱼自然种群静态生命表

日龄 x	样本数 n	转换后存活数 n_x	存活率 l_x	死亡数 d_x	死亡率 q_x	L_x	T_x	生命期望 e_x	K 值
1～30	63	1000.0	0.968	32.0	0.032	984.0	3119.0	3.12	0.09
31～60	61	968.0	0.639	349.0	0.361	793.5	2135.0	2.21	0.19

续表

日龄 x	样本数 n	转换后存活数 n_x	存活率 l_x	死亡数 d_x	死亡率 q_x	L_x	T_x	生命期望 e_x	K 值
61~90	39	619.0	0.641	222.0	0.359	508.0	1341.5	2.17	0.17
91~120	25	397.0	0.720	111.0	0.280	341.5	833.5	2.10	0.13
121~150	18	286.0	0.776	64.0	0.224	254.0	492.0	1.72	0.16
151~180	14	222.0	0.572	95.0	0.428	174.5	238.0	1.07	0.44
181~210	8	127.0	0.000	127.0	1.000	63.5	63.5	0.50	—

注：L_x 表示各日龄期平均存活数；T_x 表示该日龄期及其以上日龄期的存活总数

由存活率（l_x）对日龄（x）作图可以得到存活曲线（图7-2）。由死亡率（q_x）对日龄（x）作图可以得到死亡率变动曲线（图7-3）。

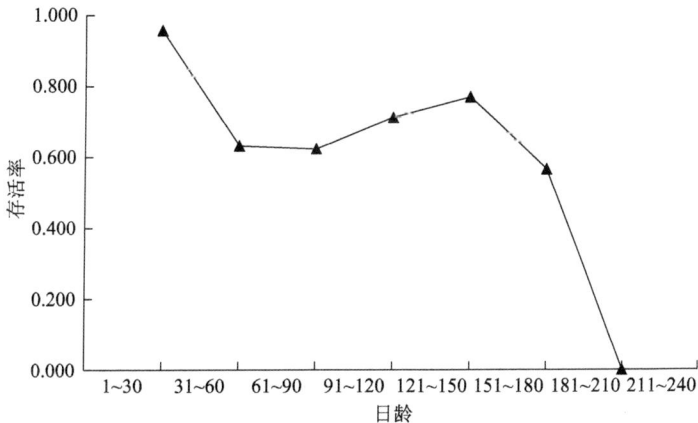

图 7-2　唐鱼自然种群存活曲线

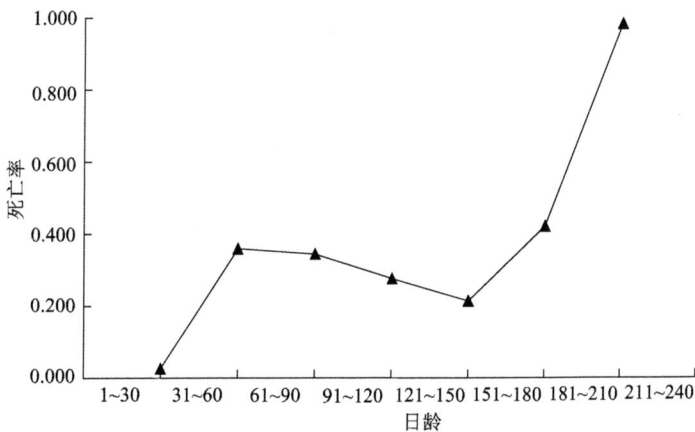

图 7-3　唐鱼自然种群死亡率变动曲线

样品中采集从化银林地区的唐鱼自然种群日龄 60 d 以下个体为优势组，占样本总数的 54.38%，而 180 d 以上较大年龄个体仅占样本总数的 3.51%，日龄呈典型金字塔形椎体，基部宽，顶部窄。表示种群中有大量幼体，而较大年龄个体较少，种群的出生率大于死亡率，属于增长型种群（孙儒泳等，2002）。陈国柱（2010）的研究表明，唐鱼具有单次产卵少和连续产卵的特性，而其早期死亡率又较低（见第二章），推测唐鱼通过连续产卵提高了早期存活率，这种适应性进化也帮助其更好地适应丘陵 I 级溪流这种特殊的生境。样本中最大日龄个体可达 198 d，但 130 d 以上的个体数量较少，这与史方等（2008）于 2005 年 10 月的采样结果相似，与实验室养殖个体大多可以存活 300 d 以上有较大差别，推测可能与野外条件下唐鱼成鱼种内、种间竞争激烈和间歇性山洪暴发等因素有关。

许多研究表明，耳石大小和鱼体大小呈显著的线性相关、指数相关或对数相关关系（Dickey et al.，1997；Campana，1989；赵天和刘建虎，2008）。但是另外一些学者也发现耳石大小与鱼体大小不一定成比例增长，生长快的鱼类耳石反而较小（Mugiya & Tanaka，1992；Bestgen & Bundy，1998）。本研究发现，唐鱼自然种群 3 对耳石的长径均与其全长呈显著的线性相关，这些结果可为唐鱼生长方面的研究提供参考。

从样本日龄分布和唐鱼自然种群静态生命表分析，唐鱼具有特殊的生活史对策。MacArthur 和 Wilson 将生物按栖息环境和进化对策分为 r 对策者和 K 对策者两大类，Pianka 又把 r/K 对策进行了更详细、深入的表述，统称为 r 选择和 K 选择理论（孙儒泳等，2002）。大多数哺乳动物具有 K 选择的特征，而大多数昆虫和鱼类具有 r 选择的特征。唐鱼仔稚鱼的存活率较高（表 7-1），符合 K 选择的特征，但其发育快、性成熟早、成体体形小等特点又符合 r 选择的特征。这表明唐鱼与蚜虫（孙儒泳等，2002）一样并不符合典型的 r/K 二分法的特点，可能是唐鱼在进化过程中为适应其栖息地环境而形成的特殊生活史对策，这样的对策更有利于唐鱼在生境中的生存和保持其种群稳定性。这些特征在唐鱼野外种群的存活曲线上也有所反映（图 7-2）。从存活曲线来看，唐鱼仔稚鱼存活率高，在达到生理寿命前存活率也高，而老年个体死亡率高，整体上更接近 I 型存活曲线，即凸型存活曲线。提示我们在进行唐鱼野外种群的保护时，应尽可能地保护和恢复生境（徐宏发等，1998）。

根据唐鱼自然种群死亡率变动曲线（图 7-3）和静态生命表（表 7-1），1～30 d 唐鱼仔稚鱼死亡率为 0.032，与第三章中唐鱼早期死亡率加权平均值（0.030）相近，低于大多数鱼类的早期死亡率，表明虽然该时期唐鱼仔稚鱼密度较大，但生境内的浮游生物等仍能满足其对饵料的需要，种内竞争较小，此时造成其死亡的主要因素可能是天敌（主要是水生昆虫）对其较小的捕食作用。30～150 d 唐鱼死亡率稳定在 0.300 左右，而 150 d 以上唐鱼的死亡率急剧上升，估计该阶段成鱼受到栖息地其他生物与非生物因素的影响，而种间竞争的影响也逐渐显现出来，主要表现为对饵料的竞争。另外，唐鱼生命周期中出现的间歇性山洪暴发也可能是造成高死亡率的重要因素之一。

影响鱼类种群动态的另一个重要因素是迁移，即迁入和迁出。从第六章唐鱼幼鱼迁移研究结果看，其迁移距离有限，其中以逆流向上游方向迁移为主，在丰水期，会加大向下游方向的移动距离，但目前关于唐鱼种群在栖息地不同河段（区域）及邻近栖息地间的迁移活动报道甚少，迁移活动对种群数量动态的影响有待进一步研究。

第二节　唐鱼种群结构

本节针对唐鱼种群结构及其他相关问题进行阐述。研究案例主要来自广州从化地区银林及鹿田两个种群（图7-4）。

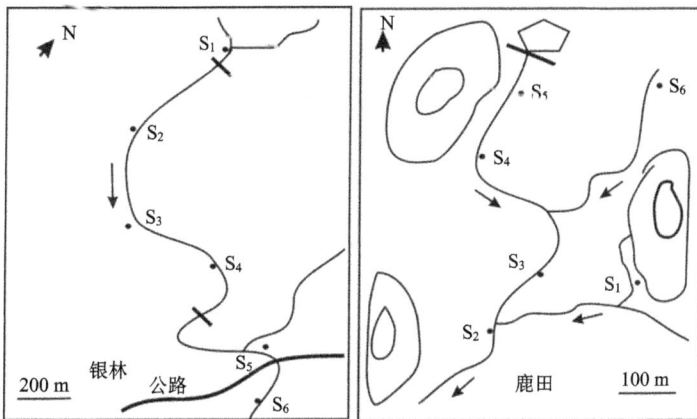

图7-4　研究区域样品采集点示意图

$S_1 \sim S_6$为采样点编号

一、鹿田农田种群

由于鹿田栖息生境中已经有食蚊鱼入侵，对唐鱼种群的研究中划分出两类样点进行对比。除样点S_1外，其余各点在周年采样中均发现食蚊鱼的存在，而唐鱼在S_1点周年存在，在其他样点则分布较少。通过横向比较发现，将各月测量数据合并分析显示，在食蚊鱼的非入侵样点与其入侵样点间的唐鱼种群在全长[（14.85±6.61）mm vs.（17.31±4.99）mm；方差分析，$F_{1,1311}$=53.938，$P<0.001$]、身体质量指数[（0.010±0.007）mg/mm^2 vs.（0.011±0.008）mg/mm^2；方差分析，$F_{1,1179}$=6.905，$P<0.01$]等测量指标上存在极显著差异；而在体质量[（100.65±92.58）mg vs.（97.2±81.5）mg；方差分析，$F_{1,1179}$=0.454，$P>0.05$]、性腺指数[（0.043±0.036）

vs.（0.038±0.038）；方差分析，$F_{1,222}=0.843$，$P>0.05$]等测量指标上无显著差异。在食蚊鱼存在和不存在的两类样点中，唐鱼种群全长分布的周年变化如图 7-5 所示。在 2009 年的一周年中，10 个采样月份中除 7 月外，其余月份两类样点唐鱼种群平均个体全长均存在显著差异（图 7-5）。由两类样点合并的鹿田整体种群全长分布则显示了唐鱼种群内部年龄结构十分复杂，在 3～11 月，仔鱼（全长 12 mm以下）、幼鱼（12 mm 以上）、成鱼（21.3 mm 以上）同时出现在种群中。

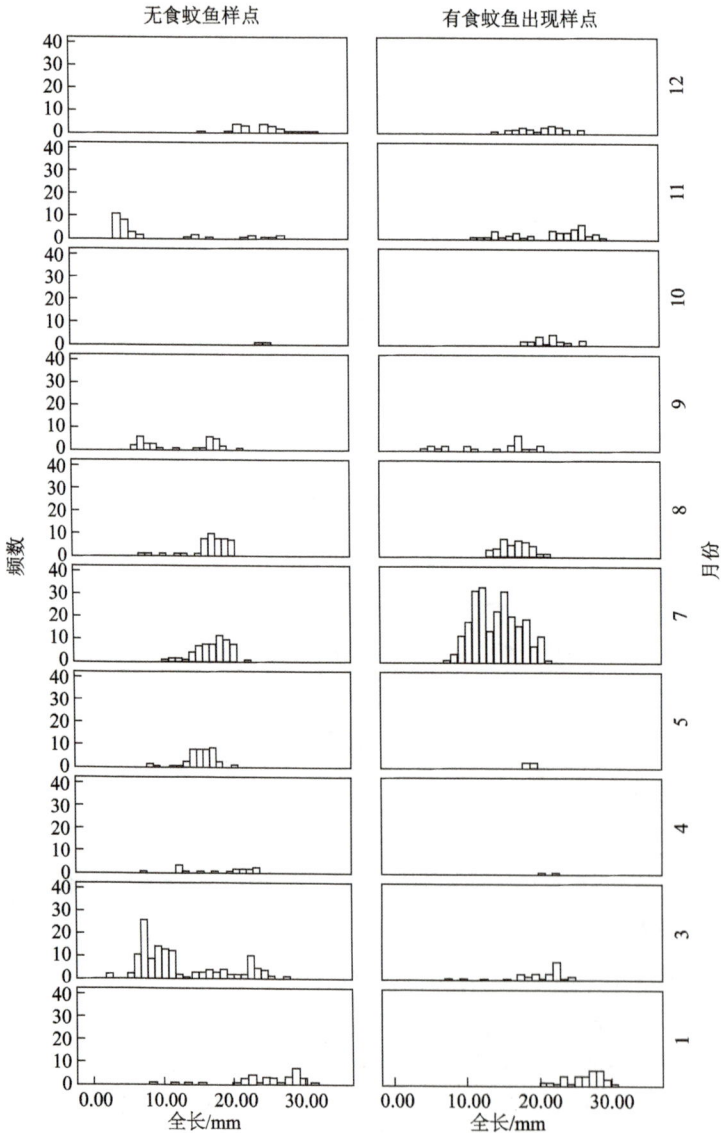

图 7-5　鹿田两类样点唐鱼种群全长分布的月变化

二、银林溪流种群

银林种群中，共采得唐鱼 5756 尾，食蚊鱼 249 尾。唐鱼共检查测量了 3466 尾，食蚊鱼全部检查。唐鱼与食蚊鱼的共同分布样点只有下游的 S_5、S_6 采样点，其上游的采样点中尚未发现食蚊鱼的存在。在 S_5 采样点中，只有少数采样月份发现有食蚊鱼出现，相反，在 S_6 采样点中，只有少数的几个采样月份中发现唐鱼与食蚊鱼同时出现，大部分时间采集到的是食蚊鱼及其他鱼类。

因此，S_1～S_4 样点的唐鱼种群可代表食蚊鱼未入侵的溪流生境的唐鱼种群。在周年采样中，一直存在着仔鱼、幼鱼与成鱼共同构成的唐鱼种群结构（图 7-6），结合周年性腺指数（GSI）的变动情况分析，表明银林唐鱼种群同样具有全年大部分时间均可繁殖的特点。另外，1～4 月，种群内的高龄个体（全长值 30 mm 以上个体）逐渐减少，到 5 月时这一情况更为明显，直到 10 月，高龄个体再次出现在种群内（图 7-6）。这提示在 1～4 月，越冬各高龄个体繁殖后逐步死亡，而其后代经过夏季的生长，成熟并繁殖，在秋季时已成为较大个体，经过越冬，待第二年春天到来之时再次繁殖一段时间后消亡，完成其生命周期。

唐鱼种群具有小生境淡水小型鱼类的一般特点，即个体小、种群组成结构复杂、寿命短等（Gale & Buynak，1983；Heins & Rabito，1986；王剑伟，1992，1999；Tew et al.，2002）。野外调查中，迄今未发现体长超过 30 mm 的个体，这一点与作者在室内饲养个体（800 日龄雌鱼，全长 45 mm，体长 38.2 mm）对比差距极大。这可能与其在野外的寿命短有关。例如，通过耳石的鉴别，以往鹿田种群采集的标本中最高日龄仅为 146 d（史方等，2008）。而在本调查中，虽然越冬的个体均较大，能在初春进行繁殖，但在 5～7 月陆续消失。此后相当长时间里，在群体内无法采集到与初春可相比的大个体。因此，估计其特点与食蚊鱼种群类似，即越冬而来的繁殖个体在初夏的时候死亡消失（Krumholz，1948）。而后来在初冬的时候，大个体再次出现，其则为夏季仔鱼成长而来。对于唐鱼越冬群体在初夏消失这一问题，通过对春夏繁殖群体的全长的比较也能证明。例如，在 2009 年，3 月与 8 月的性腺高峰值时间里，虽然两个时期的繁殖雌鱼的怀卵量未显示出显著差异[（66.4±43.3）粒/尾 vs.（44.2±24.6）粒/尾，方差分析，$F_{1,71}=2.62$，$P>0.05$]，但全长之间存在极显著差异[（29.81±2.6）mm vs.（24.35±1.4）mm，方差分析，$F_{1,71}=54.096$，$P<0.001$]。因此可推断，越冬群体在初夏已死亡，而其繁殖的仔鱼形成夏季繁殖群体，其后成为新的越冬群体，如此循环往复。

另外，这种短寿命的特点可能会给其种群的发展带来一定的不利影响，如个体繁殖时间短、繁殖总量不大等。然而，这些不利影响可由性成熟时间短、可连续产卵等特点来弥补。例如，第四章所述室外小型池塘生态系统中，唐鱼最早在 19 日龄完成早期生活史，40 日龄初次性成熟（雌鱼全长 21～22 mm），充分表明

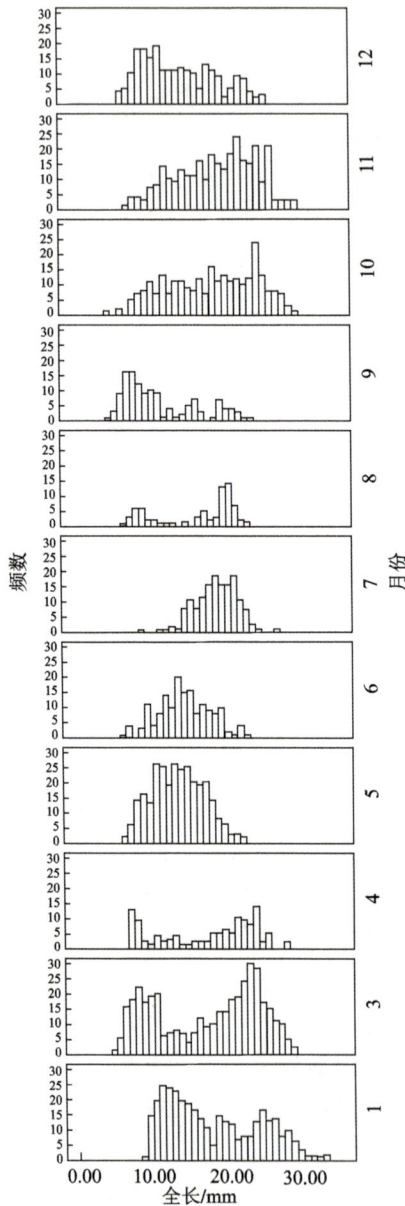

图 7-6　银林唐鱼种群全长的逐月分布

了其发育迅速的特点。因此，在部分繁殖个体消亡后，唐鱼种群可在短时间内迅速补充新的繁殖个体，从而维持着种群的繁殖潜力水平，并且其繁殖特点可保证在其栖息生境获得最合理的繁殖产出。总体而言，唐鱼的种群生态特点与众多的小型鱼类类似。

第三节　唐鱼种群数量动态

塘肚溪位于广东从化神岗镇山区，是森林 I 级溪流，底质为砂石，长年水流量较大，水质清澈，唐鱼资源较为丰富，而且可采样溪段较长。因此，塘肚溪是研究唐鱼种群动态的理想场地。本节对塘肚溪进行了周年调查，探究了唐鱼种群的动态变化特征及其影响因素。

一、调查地点的环境特征和调查方法

在 2014 年 4 月至 2015 年 3 月，对广东从化神岗镇山区塘肚溪（23°30′51″N，113°29′39″E）进行调查。塘肚溪全长 758 m，其中最上游 82 m 溪段和最下游 201 m 溪段由于坡度大、溪岸较高且陡峭、溪中杂草丛生，不利于采样，本研究选取靠肉眼可轻易发现唐鱼并进行采样的中间溪段，此溪段长度为 457 m，最宽处 2.3 m，最窄处 0.8 m，水深 18～85 cm，其中有唐鱼分布溪段水深一般为 18～65 cm。为方便采样和比较，根据不同溪段宽度、流速等特征，将可采样溪再划分为上、中、下三段，其中上段约 141 m，宽度较小但溪流中有较大的石头等障碍物，而且有 4 个水坑，所以上段流速总体较缓；中段长约 169 m，溪流中石头、水草等障碍物少且水坑数只有 2 个，所以流速较大；下段长约 147 m，宽度总体较大，石头、水草等障碍物较多且有 5 个水坑，所以流速最缓。事先用精密水位流速仪（Unidata-6526G2，澳大利亚）测定各溪段不同区域的流速，并按照流速的大小将采样点（区域）分为 3 种类型，分别为水坑（流速<75 mm/s）、缓流区（75 mm/s≤流速≤115 mm/s）和急流区（流速>115 mm/s）。

唐鱼的采样按照每月 1 次的频率进行。唐鱼为群居鱼类，喜群游，有利于采样工作的进行。但由于唐鱼会在一定区域内活动，因此采样并非在固定的点而是相对固定的区域进行。每次采样自下游方向逐步往上，在每溪段所有各流速区域（图 7-7）中仔细观察，一旦发现唐鱼即用 2 张拦网分别在前后方向将其包围在一个围隔中，用手抄网尽数捕捞围隔中的唐鱼，捕捞时做到轻抓轻放，避免造成鱼体损伤。由于野外条件下肉眼区分仔鱼和稚鱼较为困难，因此将两者合并计数。将捕捞到的唐鱼置于盛有溪水且容积为 2.5 L 的小桶中，然后按照唐鱼不同生活史阶段，将所有唐鱼分为成鱼（体长>23 mm）、幼鱼（体长 12～23 mm）、仔稚鱼（体长<12 mm），并用小手抄网捞出，分开暂养于 3 个小盆中进行计数，计数结束后将全部唐鱼样本原位放回围隔中。然后继续向上游方向采样，待到下一个围隔的捕捞、计数结束后才将上一个围隔拆除，依次类推，直到整条溪流的采样结束为止。

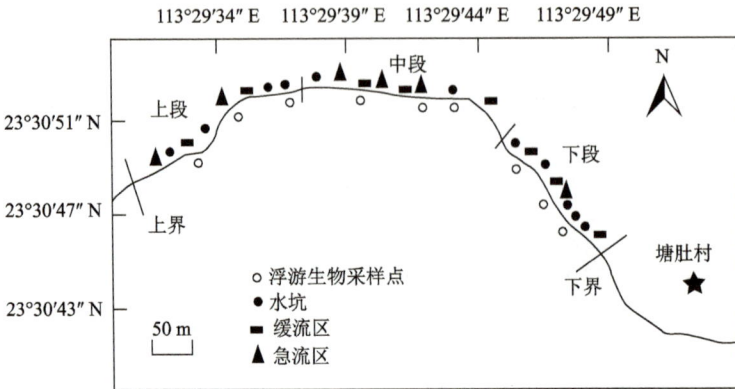

图 7-7　唐鱼及浮游生物采样区域（点）布设示意图

　　水温测量和浮游生物的采集时间与唐鱼种群数量调查同步，在每溪段 3 种流速区域中各选择一个具有代表性的点，全溪共 9 个点作为固定的采样点（图 7-7）。其中浮游植物的采集，用自制的小型采水器（500 mL）取水样 500 mL，5%甲醛溶液固定，经沉淀、浓缩后在显微镜下进行计数。浮游动物的采集，用 2 L 的小桶取水样，经 25#浮游生物网过滤共 20 L 水样后，5%甲醛溶液固定，将滤液置于量筒中沉淀，然后在显微镜下进行计数。用浮游生物计数框（CC-F，北京普力特仪器有限公司）对滤液重复计数 3 次，最后取其平均值。采样时现场用水质分析仪（YSI-09L100503，美国）测定水温。

二、塘肚溪唐鱼种群的周年变化

　　塘肚溪全溪唐鱼种群数量和各年龄段组成的周年变化如图 7-8 所示。唐鱼种群数量在冬季结束后开始上升，7 月达到最大值后下跌，在 10 月又回升出现另一个数量高峰，随后逐步下降，至 2 月达到全年最低值。7 月和 10 月高峰期种群数量分别为 3649 尾和 3829 尾，而 2 月采到唐鱼数量仅为 166 尾。从不同生活史阶段看，仔稚鱼的数量变动规律最为明显，同样在 7 月和 10 月数量最大，分别为 2455 尾和 2231 尾，占唐鱼种群总数的 67%和 58%。而 1 月、2 月均没有发现仔稚鱼。唐鱼种群数量的时空分布格局可能与水流、水温及饵料生物密度的变化有关。

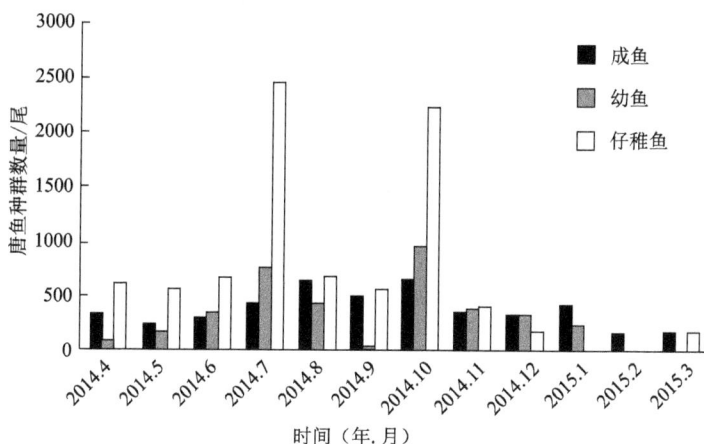

图 7-8　塘肚溪唐鱼种群数量和年龄组成的周年变化

三、水流与唐鱼种群的关系

对塘肚溪上、中、下 3 个溪段各 3 种不同流速采样区域（同一溪段相同类型流速区有多个的将其唐鱼数量合计）共 9 个区域各自全年累计唐鱼种群数量及结构特征进行统计，结果见图 7-9。唐鱼种群数量空间分布在各溪段均表现出相同的规律，主要分布在上、中、下段的缓流区和水坑处，分别占 48%～63% 和 29%～47%，而在急流区唐鱼数量较少，占 1%～8%。从不同生活史阶段来看，上段仔稚鱼的数量较多，下段以幼鱼和仔稚鱼居多，而中段则各个生活史阶段的唐鱼数量接近。从不同流速区域看，上、中、下段的急流区，水坑，缓流区均有成鱼分布，而幼鱼和仔稚鱼则主要分布在水坑和缓流区。唐鱼种群数量的空间分布与水流具有密切关系。

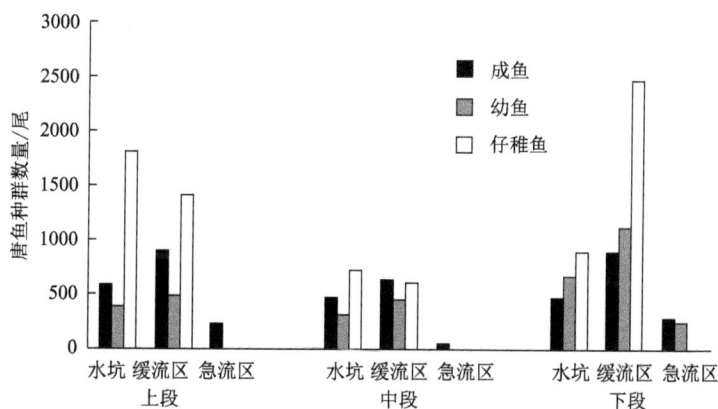

图 7-9　上、中、下溪段不同流速区域唐鱼数量和年龄组成

　　塘肚溪水流量周年变化及其与唐鱼种群的关系见图 7-10。其中溪流流量季节变化明显，最大流量出现在 7 月，约为 0.098 m^3/s，最小流量出现在 1 月，约为 0.051 m^3/s。对每月全溪唐鱼种群总数量与对应月份水流量数据（12 个月份共 12 组数据）以 lg 转换之后分别进行回归分析，发现水流量年变化均与唐鱼种群数量变化呈显著线性正相关（$P<0.05$）。其中塘肚溪上、下段唐鱼数量明显多于中段，这种现象尤其在仔稚鱼的分布上表现得更为明显。而在各溪段，唐鱼主要分布在缓流区和水坑处，而急流区唐鱼数量较少，且主要以成鱼和幼鱼为主。这可能与溪流不同区域流速大小不同有关。塘肚溪中段水坑数、障碍物和杂草少，导致其整体上水流速度大于上段和下段，不利于唐鱼的生长和繁殖，因此中段唐鱼种群数量最少。而与成鱼和幼鱼相比，仔稚鱼的各鱼鳍较稚嫩，甚至还未发育完全，故游泳能力弱，因此在高流速区域分布显著减少。而唐鱼成鱼的临界游泳速度约为 0.3 m/s，游泳能力强，能够逆流穿越流速为 0.5 m/s、坡降为 10%的溪段，因而成鱼在急流区亦可以生存。

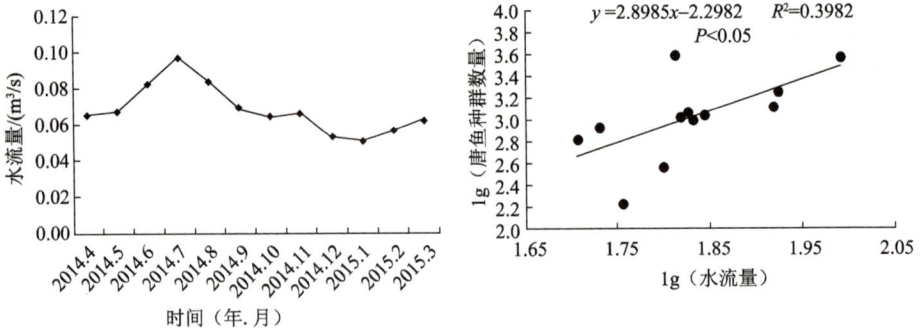

图 7-10　塘肚溪水流量周年变化及其与唐鱼种群数量的关系

四、水温与唐鱼种群的关系

　　塘肚溪水温变化及其与唐鱼种群数量的关系见图 7-11。水温全年变化范围为 13.4～26.4℃，最低水温出现在 1 月，最高水温出现在 8 月。水温与唐鱼种群数量呈显著的正相关（$P<0.05$），其中在 1～2 月，唐鱼种群数量最少，且未发现仔稚鱼，这可能是由于 1～2 月塘肚溪流水温已低于 14℃，唐鱼停止了繁殖活动。结合易祖盛等（2004）和史方等（2008）的研究报道，可以基本确认从化地区唐鱼的繁殖期为 3～12 月。另外，从唐鱼年龄组成的周年变化规律看，7 月和 10 月水温相对较高时，唐鱼仔稚鱼数量及其所占比例最高，唐鱼种群数量形成两个高峰，故此可推测塘肚溪唐鱼的繁殖盛期为 7 月和 10 月。由此可以认为，水温与唐鱼种群具有密切关系，在适温范围内，温度越高，则唐鱼种群数量越多。

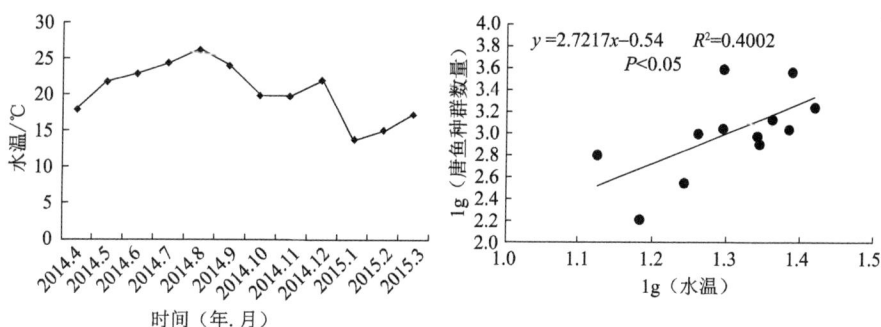

图 7-11 塘肚溪水温周年变化及其与唐鱼种群数量的关系

五、浮游生物与唐鱼种群的关系

浮游生物是鱼类的重要饵料之一。唐鱼为杂食性小型溪流鱼类，主要摄食藻类、浮游动物等饵料生物，因此浮游生物与唐鱼种群具有密切关系。塘肚溪全溪不同流速采样点浮游生物密度周年变化见图 7-12。急流区、缓流区、水坑的浮游生物密度周年变化均表现为先升高后降低，8 月达到最高峰（浮游植物密度平均为 $132.6×10^3$ 个/L，浮游动物密度平均为 148 个/L），1 月或 2 月降到最低值（浮游植物密度平均为 $6.81×10^3$ 个/L，浮游动物密度平均为 37 个/L）。无论哪个月份，浮游植物的数量分布均表现为水坑最多，缓流区次之，急流区最少，即随流速增大，浮游植物密度减少。水坑浮游植物密度分别为缓流区的 1.2 倍（0.9～1.2 倍）和急流区的 2.6 倍（1.0～3.1 倍）。浮游动物数量的空间分布趋势与浮游植物类似，即同样表现为流速越大，浮游动物密度越小。水坑浮游动物密度分别为缓流区和急流区的 1.4 倍（1.1～1.8 倍）和 7.3 倍（1.8～24.7 倍）。

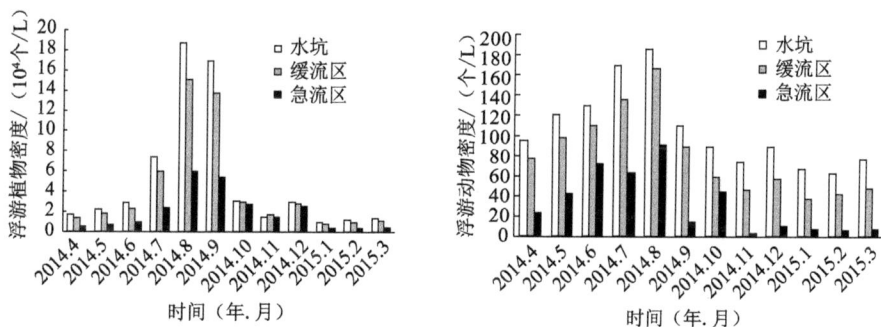

图 7-12 不同流速区域采样点浮游生物密度周年变化

对各月份全溪唐鱼总数量与对应月份全溪不同流速区域（采样点）浮游生物平均密度数据以 lg 转换之后进行回归分析（12 个月份，共 12 组数据），发现无论是浮游植物还是浮游动物，其不同月份密度变化均与唐鱼种群数量变化呈显著线性正相关（$P<0.05$）（图 7-13）。对每溪段各 3 种流速区域唐鱼全年累加数量与对应流速区域（采样点）浮游生物月平均密度数据进行同样处理和回归分析（3个溪段，每个溪段 3 种流速区域，共 9 组数据），发现无论是浮游植物还是浮游动物，其不同流速区域密度变化均与对应区域唐鱼种群数量变化呈显著线性正相关（$P<0.05$）（图 7-13）。由此可以认为，浮游生物与唐鱼种群数量具有密切关系，浮游生物量越大，则唐鱼种群数量就越高。

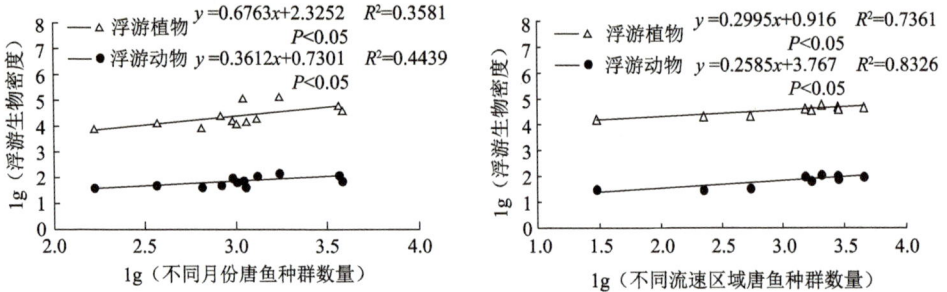

图 7-13　唐鱼种群数量与浮游生物密度的关系

　　然而，从两者数量的时间变化看，尽管浮游生物密度周年变化规律与唐鱼种群数量的变化趋势大致相同，但两者并不完全同步，具体表现在 7 月和 10 月由于仔稚鱼数量的剧增，唐鱼种群密度形成两个峰值，而浮游生物数量在 7 月和 10月的变化并不明显。由于两者峰值并不重叠，因此繁殖盛期唐鱼仔稚鱼面临较大的觅食压力，相对较少的浮游生物量不能满足唐鱼种群特别是仔稚鱼的摄食需求，最终致其死亡率增高，这可能是在接下来的 8 月和 11 月其种群中的幼鱼数量没有相应明显增加的主要原因。

六、小结

　　塘肚溪唐鱼种群结构和数量动态呈现明显的时空变化，并与所在溪流多种环境因素有着直接或间接的关系。5～10 月适宜的水温和相对充足的浮游生物促进了唐鱼种群的增长，说明温度和食物与种群数量呈密切正相关。而且其间正处于丰水期，流量增大，唐鱼处于繁殖盛期，因此流量与唐鱼种群数量实则为间接关系。流速是影响唐鱼年龄结构和种群数量空间分布的主要因素，唐鱼主要分布在上、中、下段的缓流区和水坑处，尤其是仔稚鱼和幼鱼更是如此，而在急流区，则主要为成鱼，仔稚鱼几乎绝迹。

第三篇　唐鱼保护生物学

第八章　唐鱼种群分布

　　历史记述及现今调查均显示唐鱼自然种群呈明显的点状分布，主要分布于华南区域（表 8-1）。过去，研究者认为唐鱼属是特型属，仅有一种，为广东淡水鱼类区系中的特有属，仅分布于广东（郑慈英，1989），后来相继在国内不同省份及区域发现了唐鱼的自然种群，也在越南北部发现了唐鱼属的其他物种，近年更有研究提出应该将唐鱼属进一步提升为唐鱼科（Tanichthyidae）（Mayden & Chen，2010）。究竟唐鱼在华南地区分布的演化历史如何，尚待进一步研究，而本章在系统梳理唐鱼分布研究文献的基础上对唐鱼的分布格局进行了系统分析。

表 8-1　唐鱼种群在中国华南地区及邻近国家的分布（李捷和李新辉，2011）

分布区域	地点
中国广东	广州、从化、清远、高明、陆丰、深圳
中国广西	梧州
中国海南	桂平
中国香港	粉岭等
越南	下龙湾

第一节　唐鱼的历史分布

　　大约在 1931 年林书颜先生在广州白云山溪流采集到唐鱼，是对唐鱼认识的开始。早期，人们对唐鱼的认识和利用主要在其观赏价值上。1938 年，香港的一位学者在描述唐鱼的观赏形态特征时提及它在广东、广西及香港分布，但未提及详细的分布地点（Chen，1938）。林书颜对唐鱼定名的论文于 1932 年以英文的形式发表在《岭南科学》（原《岭南大学学报》，岭南大学在新中国成立前已经被解散，后在香港复办至今。文献题录为 "Lin SY. 1932. New cyprinid fishes from White Cloud Mountain，Canton. Lingnan Science Journal，Canton，11（3）：379-383."）。由于此文献年代久远，加上时代的变迁，近年的研究者多数未能获得该原始文献，仅能从早期学者的引用中得知一二。林书颜对唐鱼分布的描述中认为它仅在白云山及其邻近区域的若干丘陵溪流中出现。20 世纪 80 年代以来，广州市的城市建设及白云山旅游开发，使该区域的溪流栖息生境被严重破坏，白云山唐鱼种群已经灭绝。近年的调查显示它在中国广东多个区域、广西、海南及越南北部若干区域有自然分布（Kottelat，2001；Freyhof & Herder，2001；易祖盛等，2004；Chan & Chen，2009）。

第二节　唐鱼在广东、广西、海南的自然分布

一、唐鱼在广东的分布

目前的资料显示，广东特别是珠江三角洲地区是唐鱼的主要分布区域（香港地区原属广东，处在珠江口东岸，本文归并叙述）。成书于 1988 年前后的《广东淡水鱼类志》记述其分布区域为"广州白云山和东江、北江小溪流"，因此，对于 2001 年之后研究者对其分布的研究中认为属于唐鱼新分布区如汕尾陆河等地种群是否为历史上其他研究者已经接触过的目前尚不清楚。本节对唐鱼在广东的分布区域进行梳理，细致地将历史资料与当代资料进行比较，并记述了部分可能为人工放流而形成的自然种群。

1. 白云山区域

唐鱼最早发现地位于广州市白云山区域。白云山历史上的自然栖息生境并无太多的文献资料记述，林书颜采集到唐鱼时当属环境较为良好的时期。近代研究显示（彭少麟和方炜，1995），白云山属于南亚热带低山，最高海拔 382 m。年均降雨量 1969 mm，年均温度 21.8℃。土壤为发育于流纹花岗岩和砂岩母质上的赤红壤，土层厚度大部分为 0.5～1.0 m，局部有达 1 m 以上者。白云山的地带性植被是南亚热带常绿阔叶林，目前自然林遭破坏，仅在局部有小片的自然次生林，大面积植被以马尾松人工林为主。次生常绿阔叶林下表土腐殖质层发育良好，厚度达 5～7 cm，结构良好，透水性强，全剖面湿润、松软，地表苔藓植物很多，人工松林下次之。

20 世纪 80 年代起，该区生境发生显著改变。当今，区内没有河流，但集雨面积大，地表水可见山泉、溪涧和水库 3 种形式。由于地处暖湿多雨的华南地区，白云山山泉水于岩层间地层薄弱处涌出，在山南、山北多处出现，补给溪涧和水库。溪涧呈羽状分布，泉流一般只有 2～3 km。大小水库共有 30 余座，大部分是 1949 年之后修建的。其中麓湖面积最大，约 20 hm^2，其次为面积近 15 hm^2 的黄婆洞水库，发源于松涛岭西麓（宋焱等，2013）。另外，水质污染也相对严重（宋焱等，2013），特别是酸雨问题较为突出（毕木天等，1992；俞绍才等，1991；黄健等，2003）。

经多年调查可以确认，当今白云山区域内已经无唐鱼的自然种群分布，亦未见人工重新引入种群（虽然曾进行过人工放流，但未成功）。

2. 从化区域

广州市从化区域内流溪河汇集的数以百计的小溪流蜿蜒注入北江流域，是目前已知的唐鱼分布最为丰富的区域，如图 8-1 所示。特别值得注意的是，该区曾进行过多次人工放流，官方公布数字达 300 万尾，因此，在某些区域有可能形成人工引入种群与野外自然种群混杂的局面。

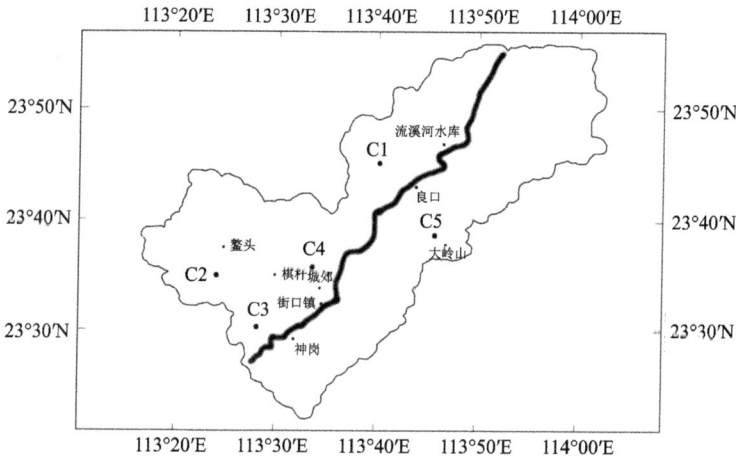

图 8-1　广州从化区域部分唐鱼分布点图示（刘汉生等，2008a）

C 表示种群数量较大的分布点，数字为编号

3. 佛山区域

广东佛山地区唐鱼分布仅见于新闻媒体的报道，并得到相关鱼类学者的确认。已知唐鱼种群位于佛山市南海西樵区域和高明区域。

4. 汕尾区域

该地区唐鱼种群位于广东省陆河县花鳗鲡自然保护区，其个体外部形态与指名亚种存在显著差异，尤其体表具有多个金属色斑而显得色彩尤为艳丽，但是否为唐鱼的地理亚种或独立的物种尚未见研究报道。

5. 深圳区域

该地区唐鱼种群位于广东深圳梧桐山区域，由于该区的邻近区域存在唐鱼养殖活动，研究者认为在溪流等生境发现的唐鱼种群可能为引入种群而非自然种群。但在《广东淡水鱼类志》等历史资料中，在深圳龙岗区域曾采集到唐鱼标本。

6. 香港区域

该地区唐鱼种群曾发现于香港粉岭区域，近年无自然种群仍然存在的报道。

该种群形态上与指名亚种有着明显区别。目前香港地区现存唐鱼应为观赏鱼的人工养殖群体。

7. 其他区域

广州市增城白水潭区域、广州花都芙蓉镇区域（人工引入）、广东清远市清城区部分溪流区域、鹤山市古劳镇茶山区域。

二、唐鱼在广西的分布

虽然历史文献中曾记述广西有唐鱼分布，但直到近年才见明确的记录（李捷和李新辉，2011）。该种群位于广西桂平市南木镇联江村流向黔江的一条山涧，此区域空间落差大，溪流向下流的途中形成多个瀑布，唐鱼在不同的梯度区域上分布。整条溪流长约 10 km，顺着山沟而下，溪流清澈见底，溪流底质大部分为细小的沙石，部分溪段为大块石头，水中水生植物较多，两岸植被覆盖率高，溪流两岸无人类居住。溪流温度为 22.07℃，pH 为 5.7，溶解氧含量为 7.81 mg/L，电导率为 0.007，氨氮含量为 0.031 mg/L，亚硝酸盐氮为 0.006 mg/L，硝酸盐氮为 0.665 mg/L，共生鱼类有拟细鲫（*Nicholsicypris normalis*）、条纹小鲃（*Puntius semifasciolatus*）、马口鱼（*Opsariichthys bidens*）和子陵吻鰕虎鱼（*Rhinogobius giurinus*）等（李捷和李新辉，2011）。研究显示，该地种群与广东从化种群存在显著的形态差异（李捷和李新辉，2011）。

三、唐鱼在海南岛的分布

海南岛唐鱼种群在 2007 年被发现（Chan & Chen，2009），但研究者未公开具体位置。该地仅在一条溪流中发现了唐鱼栖息，邻近区域并未见其他种群。虽然该文作者一再强调该地远离市区，远离观赏鱼养殖场，因而认为该种群为唐鱼自然种群，但并无确凿证据显示它不是从陆地地区引入的种群。尽管如此，该种群栖息区域生态环境良好，水生植被丰富，大约有 20 种伴生鱼类与唐鱼共同栖息，唐鱼为优势物种（Chan & Chen，2009）。

第三节　唐鱼在世界其他区域的分布

由于唐鱼是有一定观赏价值的鱼类，它很早就被引至全球各地，且形成了数个有明确记录的自然种群，如哥伦比亚（Welcomme，1988）、马达加斯加（Stiassny & Raminosoa，1994）和澳大利亚（Corfield et al.，2008）等区域种群。此外，它在越南地区也存在着自然种群。

一、越南分布区

唐鱼在越南分布区域主要位于与我国广西接壤的广宁省下龙湾区域（Kottelat，2001；Freyhof & Herder，2001）。迄今尚未见研究文献对该地种群分布状况及栖息生境的描述报道。Kottelat（2001）所记述的标本采集时间为 1988 年，此外再无其他信息。其后，Freyhof 和 Herder（2001）在距离上述地点近 1000 km 的越南中部丘陵溪流地带采集到本属另外一个新种 *T. micagemmae*。尽管越南地区还可能存在唐鱼属的第三个物种 *T. thacbaensis*，但早期该物种尚未得到学术界的承认（Chan & Chen，2009），然而从网络上公布的彩色图片比较而言，它的确与已知的两种唐鱼属物种在形态上存在明显差异。后该物种得到确认，并因唐鱼属的特殊性，Mayden 和 Chen（2010）通过分子系统学分析提出将唐鱼属提升为已知拥有 3 个物种的唐鱼科（Tanichthyidae），但这种观点尚未为国内学者所接受。

二、哥伦比亚分布区

唐鱼通过观赏鱼贸易进入南美洲的哥伦比亚，并逃逸至野外，已观察到其能自然繁殖（Welcomme，1988），但具体的分布区域、范围及种群数量、栖息生境特征未见描述。

三、马达加斯加分布区

唐鱼通过观赏鱼贸易及逃逸进入了马达加斯加岛的部分溪流（Stiassny & Raminosoa，1994），但野外种群情况及栖息地环境描述未见报道。

四、澳大利亚分布区

唐鱼通过观赏鱼贸易及逃逸进入了澳大利亚多个区域自然水体中，如 Brisbane、Green Point Creek Central Coast、Piles Creek、Somersby 等多地溪流（Corfield et al.，2008）（图 8-2），但野外种群情况及栖息地环境描述未见报道。

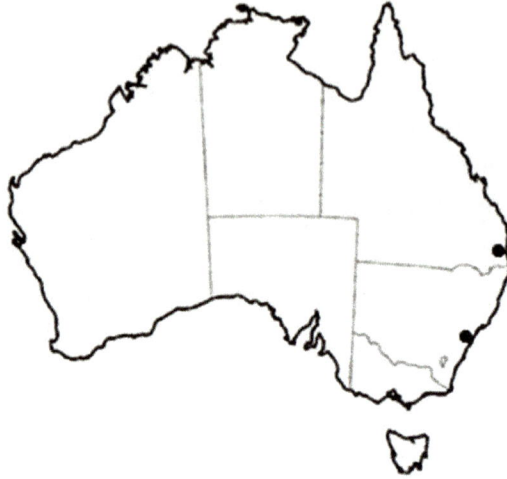

图 8-2　唐鱼在澳大利亚的分布区域（黑点所示）示意图（Corfield et al.，2008）

第九章 唐鱼种群遗传多样性

遗传多样性是生物多样性的核心，是生命进化和适应环境变化的基础及结果，也是评价生物资源状况的一个重要依据。有关唐鱼的遗传多样性研究主要涉及形态、细胞、蛋白质、分子多个水平，包括形态、染色体、分子和系统进化等方面（Weitzman & Lai，1966；舒琥等，2006；何舜平等，2000），本章从形态学和分子水平对唐鱼种群遗传多样性进行阐述。

第一节 唐鱼自然种群的遗传多样性特征

自 2003 年在野外重新发现唐鱼以来，多位学者对唐鱼的遗传多样性进行了研究，但鉴于各地发现唐鱼的时间不同，因此研究的材料未能涵盖所有发现地的唐鱼样本，但基本反映了唐鱼的遗传多样性状况。

一、形态多样性

鱼类形态分析的数理方法有 χ^2 法、聚类分析、判别分析、主成分分析、多类群主成分分析、共同主成分分析等。作者在完成了广州从化地区唐鱼野外种群调查后，采集从化 5 个自然分布地野生唐鱼样本（C1、C2、C3、C4、C5）和饲养种群样本作为实验材料，选择传统和多变量形态度量方法，采用框架结构从多维空间度量唐鱼的外部形态，探讨了唐鱼野生种群和养殖种群的外部形态差异。

形态度量参数采用体高/体长、头长/体长、尾柄长/体长、吻长/头长、眼径/头长、尾柄高/尾柄长。框架度量采用 9 个解剖学坐标点建立形态度量的框架（图 9-1），它们分别是：A-吻端，B-枕骨后末端；C-胸鳍起点；D-背鳍起点；E-腹鳍起点；F-背鳍基部后末端；G-臀鳍起点；H-臀鳍基部后末端；I-尾鳍基部。它们之间的直线距离用 A—B，A—C，…，G—I 表示，共测量了 12 个框架结构可量性状。

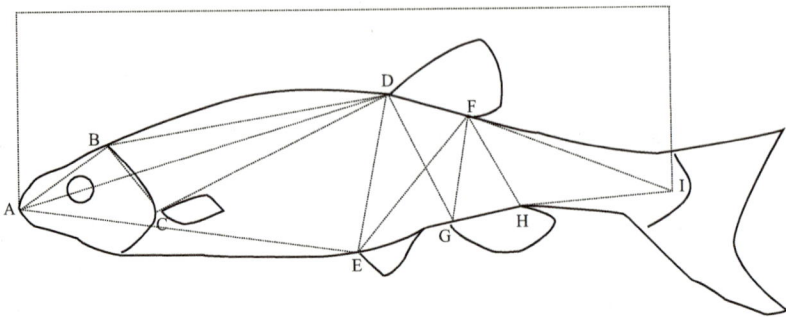

图 9-1　唐鱼测量距离的框架结构示意图

　　结果显示，在 6 个形态度量性状比方面，5 个野生种群和 1 个养殖群体在体高/体长、头长/体长、尾柄长/体长及尾柄高/尾柄长方面差异极显著（$P < 0.01$），而 5 个野生种群之间差异不显著。利用框架度量数据进行主成分分析（图 9-2）和判别分析显示，5 个野生唐鱼种群与养殖种群之间具有明显形态差异，而 5 个野生唐鱼种群间互相重叠，无显著差异。为了保证主成分分析结果的可靠性，作者又对所得到的结果进行判别分析，结果是典型判别的唐鱼养殖种群的判别正确率为 100%，野生唐鱼种群整体的判别正确率为 95%。而交互验证法得出的结果均为高准确率判别。因此，唐鱼的不同地理种群，因其栖息环境的不同在形态上会产生差异。特别是养殖的唐鱼和野生唐鱼经过长期适应，导致两者在外部形态甚至在遗传结构方面发生分化而出现不同程度的差异。

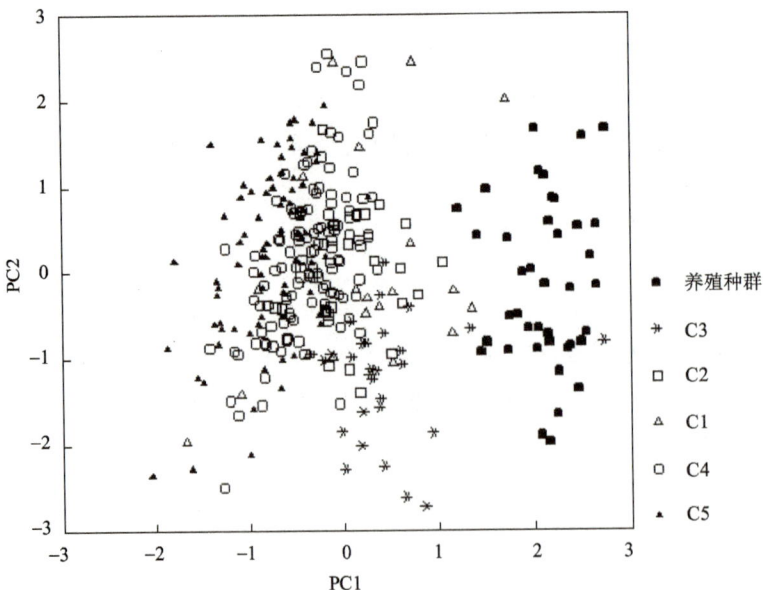

图 9-2　唐鱼外部形态主成分分析图

二、分子标记

在鱼类遗传多样性的研究中，DNA 标记方法有 10 多种，但从总体上可分为三大类，第一类是以分子杂交为基础的检测技术，如限制性片段长度多态性（RFLP）；第二类是以 PCR 为基础的检测技术，如随机扩增多态性 DNA（RAPD）、单链构象多态性（SSCP）、小卫星、微卫星、扩增片段长度多态性（AFLP）等；第三类为基于单核苷酸多态性（SNP）的 DNA 标记、表达序列标签（EST）检测技术等。目前唐鱼的分子标记研究主要集中在第二类。作者主要采用 RAPD 和 AFLP 对唐鱼的遗传多样性进行研究。

首先对不同地区的几个野生种群进行 RAPD 和 AFLP 分析，初步了解不同地理居群的遗传多样性状态。研究所用唐鱼分别来自广州从化（A）、广州增城（B）、广东清远（C）、广东汕尾陆河（E）及广东佛山高明（F）的唐鱼自然种群栖息地。另外从养殖场获得养殖唐鱼（D）样本作为对照组。

1. RAPD 分析

利用 100 条引物（OPB、OPH、OPJ、OPK、OPZ 系列各 20 条）进行扩增，共筛选出 8 条引物，每条引物可扩增出 2～14 条清晰可辨的条带。这些条带的分子质量均在 2000 bp 以下，共 90 条，平均每个引物 11.25 条（表 9-1）。其中引物 OPB1 对 6 个唐鱼地理种群的扩增结果如图 9-3 所示。

表 9-1　RAPD 引物及其可读的位点数

引物	序列 (5′—3′)	A		B		C		D		E		F	
		位点	多态	位点	多态	位点	多态	位点	多态	位点	多态	位点	多态
OPB-1	GTTTCGCTCC	14	6	14	5	13	3	12	0	7	0	10	0
OPB-5	TGCGCCCTTC	13	5	11	3	9	1	11	3	8	2	9	1
OPB-8	GTCCACACGG	7	4	5	1	6	0	4	0	4	0	6	1
OPK-7	AGCGAGCAAG	10	4	10	4	11	3	8	1	8	0	8	0
OPK-11	AATGCCCCAG	8	1	8	2	8	0	9	2	5	1	9	3
OPK-16	GAGCGTCGAA	3	0	3	0	3	0	3	0	2	2	2	0
OPZ-11	CTCAGTCGCA	9	1	9	1	11	2	7	1	7	1	7	1
OPZ-12	TCAACGGGAC	6	2	6	3	5	0	6	3	4	1	5	1

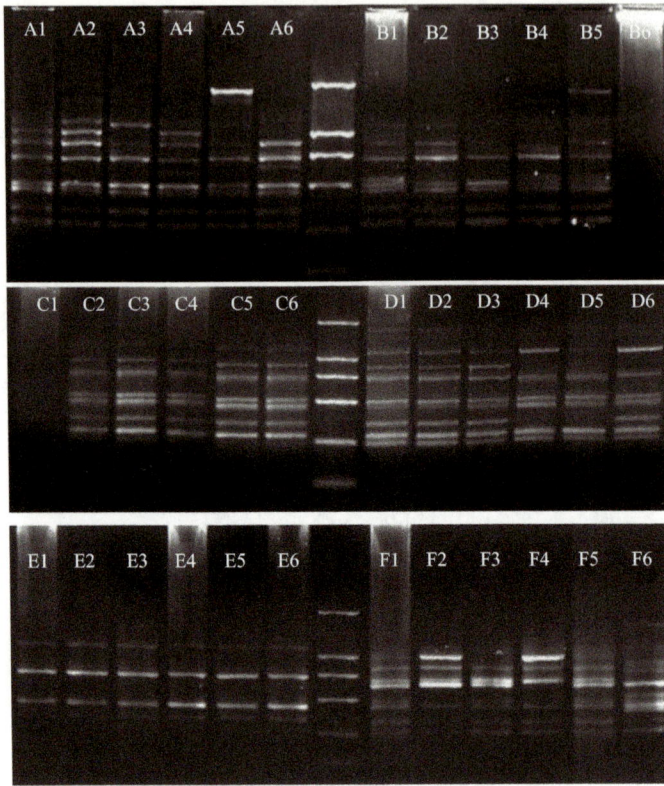

图 9-3　引物 OPB1 对 6 个唐鱼种群的 RAPD 结果

　　结果显示，唐鱼的遗传多样性水平不高，各种群中最高的多态性位点比例为 22.22%（表 9-2），平均杂合度（He）为 0.051～0.096（表 9-3）。相比用 RAPD 分析稀有鮈鲫（王剑伟等，2000）的资料（多态性位点比例为 45.8%～50%），唐鱼的遗传多样性水平较低。比较唐鱼各种群遗传多样性水平，从高到低依次为 从化种群（A）>增城种群（B）>养殖种群（D）>清远种群（C）>陆河种群（E）> 高明种群（F）。这和平均杂合度的结果相吻合，但和各种群的群内遗传相似系数

表 9-2　8 条引物从 6 个种群内检出的扩增位点总数及多态性位点比例

种群	总位点数	位点数	多态性位点数	多态性位点比例/%
A	90	70	20	22.22
B	90	66	14	15.56
C	90	64	8	8.89
D	90	64	10	11.11
E	90	45	7	7.78
F	90	56	6	6.67

（similarity coefficient）（表 9-3）显示的清远种群（C）>增城种群（B）>从化种群（A）>养殖种群（D）>高明种群（F）>陆河种群（E）的排序结果不对应，原因有待进一步探讨。

表 9-3 6个唐鱼种群的遗传结构参数

种群	平均杂合度	无偏平均杂合度	相似系数	种群内基因多样性指数
A	0.096	0.105	0.926	
B	0.084	0.091	0.945	
C	0.053	0.040	0.963	
D	0.073	0.055	0.903	
E	0.052	0.039	0.863	
F	0.051	0.038	0.865	
平均总数	0.068	0.061		0.2170

从各种群间的相似系数来看，增城种群（B）、从化种群（A）清远种群（C）最为相似（0.9251~0.9553），遗传距离最小（0.0457~0.0708）。结合从化种群（A）和养殖种群（D）之间的相似系数（0.7645）和遗传距离（0.2685），整体来看，6个种群按相似系数和遗传距离可分为 4 个大群，其中从化、增城和清远为一群，其他 3 个种群各自单独一群。养殖种群和各野生种群差异明显，可以认为两者明显属于不同的两个种群，这一结果和舒琥等（2006）得出的结论截然不同，但和作者的形态学差异分析相吻合。

同时，分子方差分析显示，在遗传多样性的变异来源中，有 74% 来源于种群间，26% 来源于种群内（表 9-4）。这一结果同样与舒琥等（2006）报道的唐鱼 85% 的遗传变异源于种群内，15% 源于种群间的研究结果不同。而长江水系鲤科鱼类的鲢（*Hypophthalmichthys molitrix*）和草鱼（*Ctenopharyngodon idellus*）4 个地理种群的 RAPD 分析资料表明，鲢 87.7% 的遗传多样性来源于种群内，仅 12.3% 来源于种群间，种群间的遗传分化很小；草鱼 82.5% 的遗传多样性来源于种群内，种群间的遗传分化略高于鲢，为 17.5%（张四明等，2001）。这同样与本研究唐鱼的结果不同，但作者认为本研究结果是可信的。因为唐鱼是一种小型溪流鱼类，各分布点（种群）之间基本没有交流，这与江河鱼类不同。

表 9-4 6个唐鱼种群的分子方差分析

变异来源	自由度	方差总和	均方	抽样方差	变异比例/%
种群间	5	286.056	57.211	9.019	74
种群内	30	92.833	3.094	3.094	26
总和	35	378.889		12.114	100

通过非加权组平均法（UPGMA）构建系统树（图 9-4），从化唐鱼种群（A）和增城唐鱼种群（B）聚类为一个谱系，两者关系最为密切；清远唐鱼种群（C）则独立为另一个谱系，但和前两者共享一个谱系支，三者的关系密切；其次是高明种群（F）和前三者相近；养殖唐鱼种群（D）独立为另一个谱系支，陆河唐鱼种群（E）和前 5 个种群的关系最为疏远。

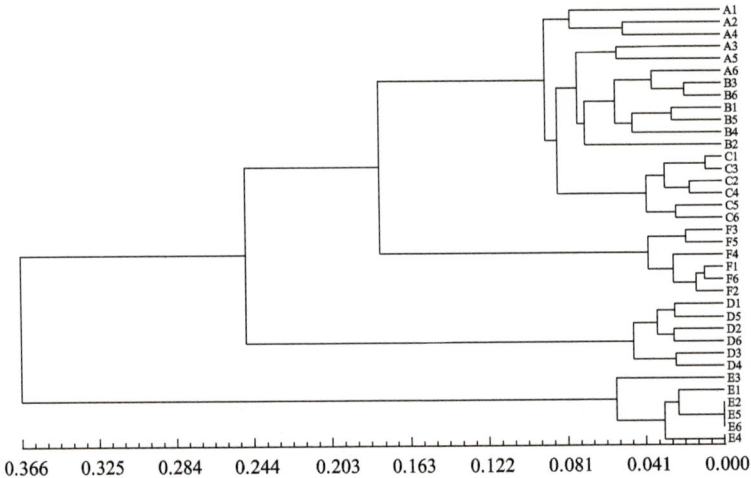

图 9-4　用 UPGMA 方法构建的 6 个唐鱼种群的系统树

RAPD 技术在居群遗传学和种群遗传多样性与遗传分化研究领域得到广泛的应用，也有很多成功的例子（Mickett et al.，2003）。但是，邹喻苹等（2001）认为应用 RAPD 技术分析属下的种间关系或属间关系的方法是不可取的。作者认为 RAPD 对于初步的物种遗传多样性分析，在同种不同地理种群之间，以及在养殖和野生种群之间的区分和识别有作用，但是在引物选择上需要认真分析筛选。

2. AFLP 分析

作者采用毛细管电泳技术（ABI 3130XL 遗传分析系统）与荧光 AFLP（本实验标记 6-FAM，发蓝色荧光）相结合，分析了唐鱼的基因片段多态性，对不同地区唐鱼的遗传多样性总体结构进行了分析。AFLP 采用的相关引物及接头如表 9-5 所示。

表 9-5　引物列表

项目	序列
*Eco*R I adaptor	5'-CTC GTA GAC TGC GTA CC-3'
	3'-CAT CTG ACG CAT GGT TAA-5'
Mse I adaptor	5'-GAC GAT GAG TCC TGA G-3'
	3'-TA CTC AGG ACT CAT-5'

续表

项目	序列
PRE-*Eco*R I　primer（预扩 E-primer）	5'-GAC TGC GTA CCA ATT C-3'
PRE-*Mse* I　primer（预扩 M-primer）	5'-GAT GAG TCC TGA GTA A-3'
选择扩增的引物对	1：5'-GAC TGC GTA CCA ATT C AAC-3'
	5'-GAT GAG TCC TGA GTA A CAC -3'
	2：5'-GAC TGC GTA CCA ATT C ACG-3'
	5'-GAT GAG TCC TGA GTA A CAT-3'
	3：5'-GAC TGC GTA CCA ATT C ACG-3'
	5'-GAT GAG TCC TGA GTA A CAC-3'
	4：5'-GAC TGC GTA CCA ATT C ACG-3
	5'-GAT GAG TCC TGA GTA A CTC -3'

　　通过 4 对引物组合，从 6 个不同地区的唐鱼共 36 尾个体的 DNA 样品中，在分子标记 48～500 bp 范围，共检出 334 条清晰扩增片段，其中多态性片段 308 条，总多态性位点的比例为 92.2%；每对引物组合扩增的片段为 60～93 条，平均为 83 条，每对引物组合多态性位点检出率为 90%～94.6%。AFLP 标记符合孟德尔定律，因此每个个体扩增片段组合可视为该个体基因型，从表 9-6（通过 Excel 计算）可见，4 对引物组合检出的基因型数与实验标本数一致，表明个体间存在 DNA 序列差异。

表 9-6　4 对引物组合从 6 个唐鱼种群基因组中扩增统计的标记参数

引物组合	样本数	基因型数	总位点数	多态性位点数	多态性位点比例/%
引物 1	36	36	89	81	91.0
引物 2	36	36	93	88	94.6
引物 3	36	36	92	85	92.4
引物 4	36	36	60	54	90.0
总数			334	308	

　　结果显示（表 9-7），4 对引物组合在各种群扩增的总数是：从化种群（A）为 206 条带，增城种群（B）为 197 条带，清远种群（C）为 177 条带，养殖种群（D）为 189 条带，陆河种群（E）为 198 条带，高明种群（F）为 184 条带。其中多态性位点数目分别为 162、175、142、85、103 和 102，多态性位点比例分别为 48.50%、52.40%、42.52%、25.45%、30.84%和 30.54%。增城种群多态性位点比例最高（52.40%），养殖种群最低（25.45%）。

表 9-7 4 对引物组合从 6 个种群内检出的扩增位点总数及多态性位点比例

种群	总位点数	位点数	多态性位点数	多态性位点比例/%
A	334	206	162	48.50
B	334	197	175	52.40
C	334	177	142	42.52
D	334	189	85	25.45
E	334	198	103	30.84
F	334	184	102	30.54

种群内平均杂合度即基因多样性，以增城种群（B）最高（0.190），从化种群（A）次之（0.168），养殖种群（D）最低（0.100）。无偏平均杂合度水平与之类似（表 9-8）。在各种群多态性位点占 6 个种群检出总位点的比例方面，增城种群（52.40%）最高，从化种群次之（48.50%），养殖种群最低（25.45%），高明和陆河种群的比例基本相似。种群内相似系数以增城种群最低（0.608），养殖种群最高（0.880）。总的基因多样度指数为 0.2130。

表 9-8 6 个唐鱼种群遗传结构参数

种群	平均杂合度	无偏平均杂合度	相似系数	种群内基因多样度指数
A	0.168	0.183	0.718	
B	0.190	0.207	0.608	
C	0.142	0.155	0.672	
D	0.100	0.109	0.880	
E	0.111	0.121	0.858	
F	0.113	0.123	0.850	
总平均数	0.137	0.150		0.2130

使用 Lynch-Milligan 方法，通过 TFPGA 软件计算，种群遗传分化系数（Hst）为 0.395，种群间基因多样度指数（Hb）（和 Dst 相似）和基因流（Nm）分别是 0.1365 和 0.383。总基因多样度指数（Ht）为 0.3495。

表 9-9 显示，从化种群（A）和增城种群（B）之间的遗传相似系数最高（0.9243），二者的遗传距离最小（0.0787）。养殖种群（D）和陆河种群（E）的遗传距离最大（0.3866），相当于从化种群与增城种群间（0.0787）的约 5 倍，而相似系数最小（0.6793）。总体来看，从化、增城和清远种群的相似系数较高，陆河种群和其他 5 个种群的相似系数最低。

表 9-9　AFLP 检出的扩增位点的相似系数和遗传距离

种群	A	B	C	D	E	F
A		0.9243	0.8646	0.7405	0.6968	0.7935
B	0.0787		0.9054	0.7414	0.7237	0.795
C	0.1455	0.0994		0.7298	0.7339	0.7844
D	0.3005	0.2992	0.315		0.6793	0.7483
E	0.3613	0.3234	0.3094	0.3866		0.6877
F	0.2313	0.2294	0.2428	0.2899	0.3744	

注：对角线以上数据为相似系数，对角线以下数据为遗传距离

上文计算出种群遗传分化系数（Hst）为 0.395，表明 39.5%的变异来自种群间，而 60.5%的遗传变异源于 6 个唐鱼种群内不同个体间的差异。分子方差分析结果（表 9-10）也显示，53%的遗传变异由种群间贡献，47%的变异来源于种群内个体之间。

表 9-10　6 个唐鱼种群的分子方差分析

变异来源	自由度	方差总和	均方	抽样方差	变异比例/%
种群间	5	1127.306	225.461	32.804	53
种群内	30	859.167	28.639	28.639	47
总和	35	1986.473		61.443	100

通过 UPGMA 方法（Nei，1972）构建系统树（图 9-5），从化唐鱼种群（A）和增城唐鱼种群（B）聚类为一个谱系，两者关系最为密切；清远唐鱼种群（C）则独立为另一个谱系，但和前两者共享一个谱系支，三者的关系密切；其次是高

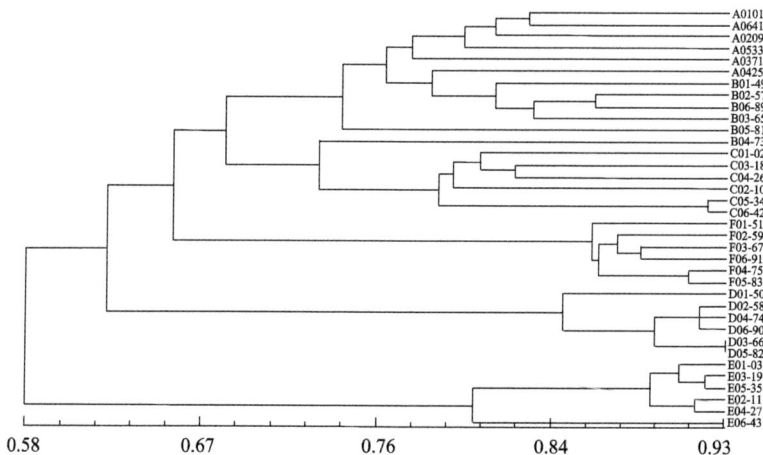

图 9-5　用 UPGMA 方法构建的 6 个种群系统树

明种群（F）和前三者相近；养殖唐鱼种群（D）独立为另一个谱系支，陆河唐鱼种群（E）和前 5 个种群的关系最为疏远。根据 5 个自然种群的实际地理距离和遗传距离进行 Mantel 检验，结果是两矩阵的相关系数 R=0.9520（用 TFPGA 软件计算），表明遗传距离矩阵和地理矩阵是密切相关的。

目前种群遗传结构主要有 3 种模型,即随机交配种群模型（panmictic model）、岛屿模型（island model）和逐步距离隔离模型（isolation-by-distance model）（Baverstock & Moritz，1996）。就鱼类而言，随机交配种群模型主要是指海洋、河口及江河鱼类；岛屿模型指种群由多个小种群组成，小种群之间基本没有基因交流，主要是呈镶嵌分布且迁徙遭到阻隔的种群，如溪流及被水利工程阻隔的江河鱼类等；逐步距离隔离模型所指的种群是一个连续的种群，存在基因交流，整个种群中的小种群随着地理距离的远近呈现一个连续分布结构，如生活在未阻断的江河、溪流的鱼类。

唐鱼属于小型溪流鱼类。据作者野外调查，目前唐鱼呈岛屿状分布，5 个采样点的野生唐鱼至少在很长的一段时间不存在相互交流的可能，另外，就养殖种群来看，也没有机会交流。据作者的考察，目前还没有观赏鱼养殖场人员捕捉野生唐鱼来补充亲本，只是局限于中国香港、广东、马来西亚等几个大型养殖场之间的唐鱼亲本交流。因此，不同分布区域之间基本没有个体基因交流的机会。

目前大多数学者认为种群之间的基因流是 10%或更少时，可以划分为不同的隔离种群（separate stock）。依据 Slarkin（1985）基因流理论，当基因流（Nm）>1 时表明种群间存在基因交流而使遗传结构趋同，反之基因交流受阻而趋异。本研究的统计结果显示，基因流（Nm）为 0.383，表明这 6 个种群间相互不存在交配（即基因流），使 6 个种群遗传结构趋异。同时，各种群之间的遗传分化系数（Hst）是 0.395，显示了种群间分化明显。目前已有利用 AFLP 研究野生淡水鱼类种群遗传多样性的报道，表 9-11 列出了部分主要结果参数，从参数比较可以看出，唐鱼的 Hst 相当高，种群分化明显。唐鱼自然种群之间呈岛屿状分布，无种群之间的基因交流，因此作者认为目前唐鱼自然种群遗传结构属于岛屿模型。

表 9-11　部分淡水鱼的 AFLP 遗传参数比较

种类	平均多态性位点比例/%	平均杂合度	分化系数	基因流	资料来源
翘嘴红鲌 Culter alburnus	38.34～69	0.195～0.121	0.2671	>1.5	Wang et al., 2007
香鱼 Plecoglossus altivelis	13.5～55	0.022～0.107			Seki et al., 1999
斑点叉尾鮰 Lctalurus punctatus	32～85	0.16	0.36		Simmons et al., 2006

续表

种类	平均多态性位点比例/%	平均杂合度	分化系数	基因流	资料来源
白鲑 *Leuciscus cephalus*	26.04~55.21[*]	0.108~0.257			Takacs et al., 2008
尖鳍鮈 *Gobio gobio*	12.12~28.28[*]	0.047~0.126			Takacs et al., 2008
北方须鳅 *Barbatula barbatula*	14.09~32.89[*]	0.057~0.121			Takacs et al., 2008
岩原鲤 *Procypris rabaudi*	46.89	0.1768			宋君等，2005
唐鱼 *Tanichthys albonubes*	30.54~52.40[*]	0.111~0.190	0.395	0.383	本研究

*表示基因频率在 0.05~0.95 的多态性位点

从表 9-11 中的对比可以清晰地看到，无论是多态性位点比例（PLP）还是种群内平均杂合度（He），唐鱼种群的遗传多样性相当丰富。鱼类的不同分类地位可能导致它们彼此之间在遗传分化水平上存在差异，但上述比较在一定程度上能够间接反映出唐鱼的遗传多样性水平。在 6 个唐鱼种群中，从化、增城和清远的群内遗传多样性比较接近，其中又以增城的最高（相似系数为 0.608），而后是高明和陆河，群内遗传多样性最低的是养殖种群（相似系数为 0.880）。这和各种群的群内平均杂合度相一致（B>A>C>F>E>D）。

相对于野生唐鱼种群，养殖唐鱼种群显著低的多态性位点和遗传多样性与多数研究者的结果一致（Skaala et al.，2004；Wang et al.，2007）。这是由养殖种群相对较小的有效种群及较高频率的选择压力造成的（Hallerman et al.，1986）。而高明和陆河唐鱼种群的遗传多样性处于较低水平，作者认为这可能和栖息地被破坏有关，栖息地的破坏和缩小造成有效种群降低，种群潜在的适应力降低，从而使遗传多样性不断下降（Ferguson et al.，1995；Ward et al.，2003b）。

本研究有 5 个唐鱼种群为野生种群，特别是增城和从化唐鱼种群，遗传结构多样性保存完好，蕴藏着比较大的进化潜能。这为唐鱼的进一步保育工作奠定了基础。

种群间的遗传距离揭示了种群遗传分化程度。本研究清晰显示：6 个种群可以分成 4 个大群，从化、增城和清远三地唐鱼种群的关系极为密切，其他 3 个种群相对独立，4 个大群之间差异显著。其中陆河种群和其他 3 个大群的遗传距离很远（最高达 0.3866），因此，可以认为陆河唐鱼种群已经出现最明显的分化，从其形态学的差异也体现了这种结果。另外，唐鱼养殖种群和 5 个野生种群的遗传距离也较远，反映了连续多代相对隔离的小群体人工繁殖所造成的遗传多样性水平下降。

Benzie（1998）认为当两个生物种群间的 Nei 遗传距离大于或等于 0.8 时，就可能涉及两个不同分类群。在 6 个唐鱼种群间两两对比中，以养殖种群和陆河种群间的遗传距离最大（0.3866），而在 5 个野生唐鱼种群间进行两两对比中，陆河种群和其他 4 个种群的遗传距离都达到了 0.3 以上，说明陆河种群隔离时间较长，已经明显分化，但还没有达到两个不同分类群水平，结合形态学（体色）差异，可以考虑将陆河唐鱼提升到地理亚种水平。

第二节　唐鱼种群生物地理学与遗传分化格局

根据文献和唐鱼资源野外调查结果，目前唐鱼的自然分布地包括我国广州从化、增城、清远、汕尾陆河、佛山高明、深圳、香港、广西、海南和越南北部等地。

作者完成的 AFLP 研究结果显示，广东省唐鱼 6 个不同地理种群的遗传多样性变异来源为种群间 53%，种群内 47%。种群间变异大于种群内变异。之后，作者利用其中 5 个野生种群之间的遗传距离，结合 5 个分布地区的实际相隔距离，经过 Mantle 分析得出两种距离紧密相关，也就是说种群之间的遗传多样性差异是和它们之间的地理距离密切相关的。那么，唐鱼的生物地理学过程如何？如何演变到今天的分布格局？分布格局的形成与地质事件有何关系？这些都是我们感兴趣的课题。

鱼类不同于在陆地上可以自由活动且迁徙能力较强的哺乳动物，也不同于可以飞越大海、高山、散布能力极强的鸟类。鱼类由于散布能力有限，只能随着地质演变、地理地貌的改变适应多样化的水生生境，因此作者将华南地区，特别是珠江三角洲的形成发育和演变与分子标记结果结合起来，试图为解释当今唐鱼分布格局演化提供理论依据。

在鱼类的地理区划上，华南淡水鱼类属于东洋区（陈宜瑜等，1986）。华南淡水鱼类中鲤形目最多，占 76.1%。唐鱼属于鳂亚科，是比较原始的鲤科鱼类，这与华南特有的自然地理条件密切相关。在气候上，珠江水系地处亚热带季风区，气候温暖湿润，适合于暖水性鱼类的生长，若干原始的暖生性的鲤科鱼类在此得以繁衍，并在特定生活环境中分化出新的种类。从其形态学特征（王绪桢，2000）、分布区狭窄及我国鲤科鱼类的发生等方面考虑，唐鱼应该属于鳂亚科中出现较晚的种类，其起源可能在第三纪晚期渐新世以后。

从地质演变来分析，第四纪晚期更新世以来，珠江三角洲的海平面与全球海面"水动型"的升降趋势是一致的，其间有过 3 次大的海退和海侵（王镇国等，1982）。同时，华南末次冰期盛期的最低海面可能是−80 m（王镇国等，1982）或者-100 m（姚衍桃等，2009）。距今 15 000 年以来，为冰后期海面回升期，其间的水系变化造成了生物隔离。具体到珠江三角洲，玉木冰期后，大概在距今 10 000 年左右海水入侵，到距今 6000 年时达到最大海侵范围，海水入侵到珠江三角洲的佛山三水（图 9-6），而后逐渐海退至目前水平。

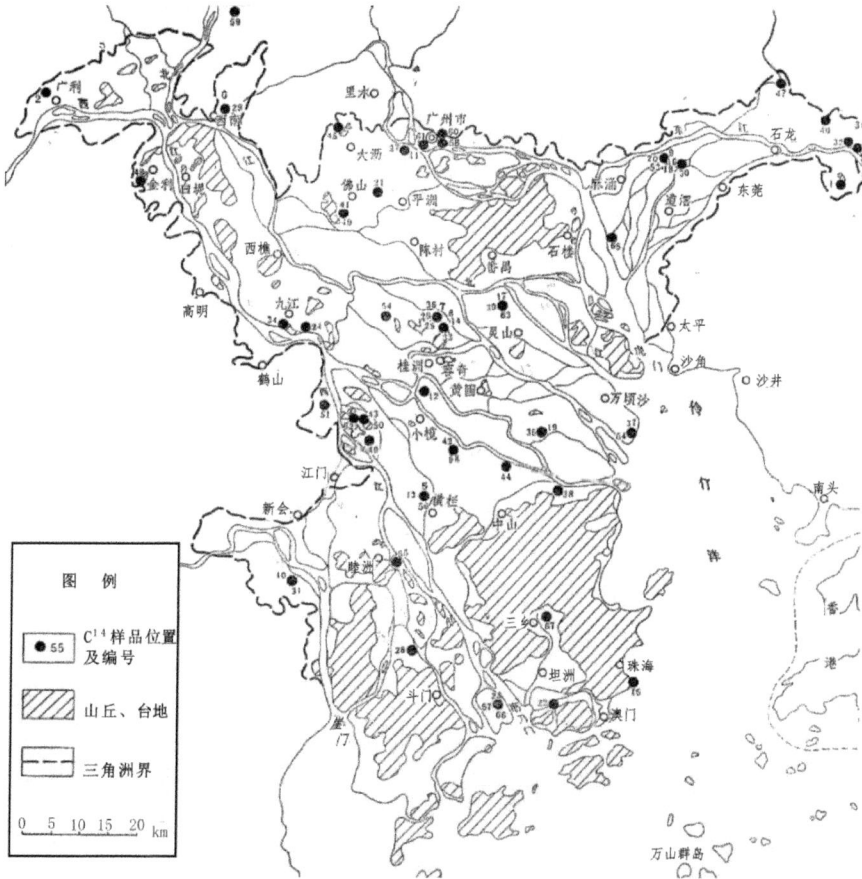

图 9-6 珠江三角洲海侵范围示意图（王镇国等，1982）

但是海南岛与陆地被琼州海峡隔离开，现有汕尾陆河唐鱼的分布点与其西部地域被莲花山脉隔开，那么唐鱼是如何扩散和形成当今的分布格局的？根据王镇国等（1982）和姚衍桃等（2009）对珠江三角洲地质演化的研究结果，结合作者对 5 个野生种群的遗传多样性及其分布地的地理位置研究结果，从种群的特点来看，可以认为广州从化、增城、清远是唐鱼的区域分布中心，在末次冰期最盛期，南海西北部海平面位于现今海平面的 100 m 以下，因此那时海南和广西、广东珠江三角洲之间是相连的陆地（图 9-7），古水网相互连通，而汕尾陆河与珠江三角洲之间可以绕过起阻隔作用的莲花山脉同样通过古水网相互连通，使唐鱼种群从珠江三角洲向这些地区扩散成为可能。

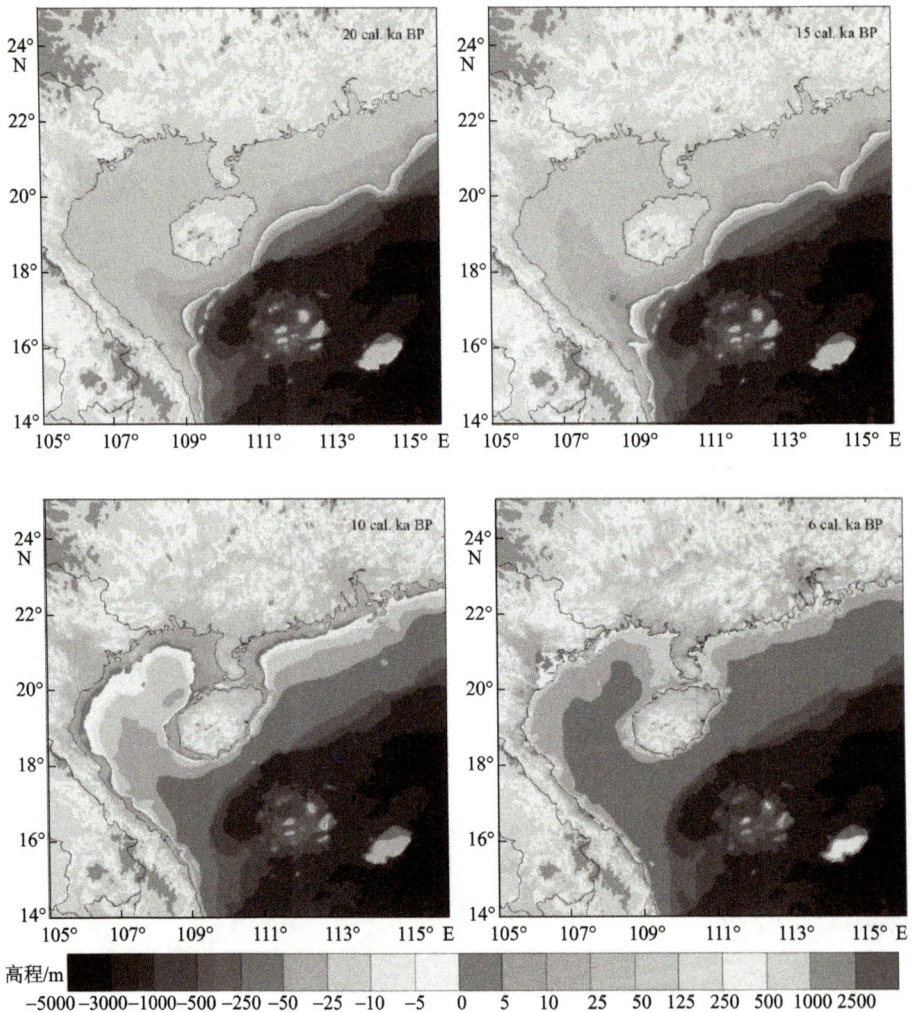

图 9-7　南海西北部 20 cal. ka.BP、15 cal. ka.BP、10 cal. ka.BP、6 cal. ka.BP 的古海岸线重建图
（姚衍桃等，2009）（彩图请扫封底二维码获取）

cal. ka.BP 是指校正的距今（以 2009 年为准）多少千年

随着距今 10 000 年到距今 6000 年的海水入侵（图 9-7），海南再次被海水隔绝成为孤岛，失去了与其北部水系的联系，而连接珠江三角洲和陆河之间的陆地古水网也遭到海水入侵变成海洋，与莲花山脉一起隔绝两地的联系。因此最早是海南唐鱼种群被隔离，接着陆河种群也被隔离。与此同时，珠江三角洲的唐鱼也遭到海水入侵的毁灭性打击，仅残留少部分在未被海侵的地区。之后，经过长年

的演化，尤其由于多年经济发展造成的人为栖息地破坏，形成了目前的分布格局。在这一地质演化和海水入侵过程中，海南、汕尾陆河、香港、深圳最先被隔离，地理隔离会造成鱼类种群无法进行基因流动，多样性和杂合性丢失，进化潜能降低等（Ferguson et al.，1995），因而表现在遗传多样性差异上是相对较低的多态性位点比例和平均杂合度，以及较高的种群内相似系数。之后高明种群被隔离，其遗传多样性各指标处于中间位置。而广州从化、增城和清远等地受海侵影响最小，表现出较高的种群遗传多样性。从以上分析来看，地理学过程和遗传多样性分析结果非常一致。当然，很多研究者也利用分子标记和地理演化相结合的方法取得了两者相吻合的结果（Bernatchez，2001；Sullivan et al.，2004）。

　　至于越南北部唐鱼种群的分布也可以通过更新世的古水网联系来解释，当时在我国海南岛和越南之间是一片陆地，其间有一条联系我国西江、广西、海南岛诸水系和越南的古河道。因此推测所研究的各水系当时互相连通，很有可能唐鱼能够通过古河道互相迁移。因为没有获得我国深圳、香港和越南北部的唐鱼标本，所以未进一步进行详细的考究。

第十章　唐鱼栖息生境理化及生物群落特征

本章论述了唐鱼栖息生境理化因子周年变化，对比了不同唐鱼栖息地的生物群落特征，之后以食蚊鱼为主要研究对象，探讨在野外溪流生境中外来物种与唐鱼的种间关系。在此基础上，通过实验生态学方法，探究食蚊鱼和唐鱼在特定环境条件下的种间竞争情况。

第一节　唐鱼生境理化特性

作者于 2005 年 6 月至 2006 年 2 月，每隔 2 个月对广州从化鹿田两条有唐鱼分布的溪流和一个水坑进行了调查，采集水样和泥样。2005 年 6～12 月采样点分别记为 6A、6B、6C，8A、8D、8E，10A、10F、10G，12A、12F、12C；2006年 2 月采样点记为 2A、2F、2C，编号中数字表示采样月份，相同字母表示同一采样点，其中 A、B、C、F 4 个点处于同一溪流，E、G 处于另一小溪流，D 为一独立的水坑（图 10-1）。

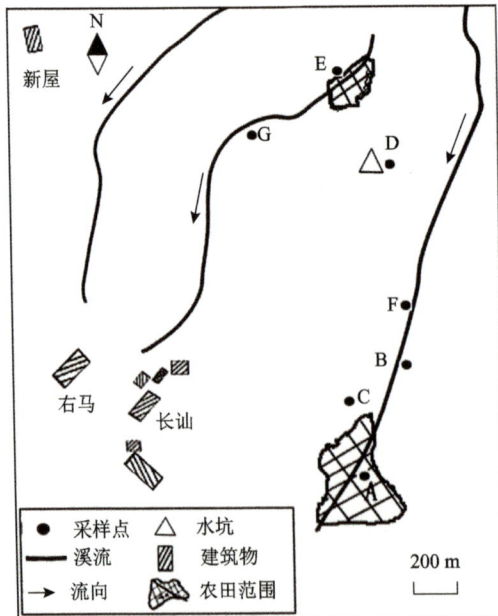

图 10-1　采样点分布图

用水质分析仪（ORION 4 star）现场测定水中的 pH，用溶氧仪（ORION model 830A）测定溶解氧。另取 500 mL 水样，加入 1%三氯甲烷固定，带回实验室，即日测定水中的氨氮（NH$_4^+$-N）、亚硝态氮（NO$_2^-$）、硝态氮（NO$_3^-$）、总氮（TN）、无机磷（TIP）、总磷（TP）、化学需氧量（COD）。用内径 7.0 cm 的柱状采泥器采取底泥，取表层 2 cm 的样品，置-20℃冰箱内冷冻保存。水样、泥样各相关指标的测定方法依据《湖泊富营养化调查规范》（刘鸿亮等，1990）。

一、唐鱼栖息地的环境特征

调查期间水温为 12.1～28.1℃。采样点靠近农田，溪流水浅，最深处仅为 0.7 m 左右，沿岸大部分区域水草茂盛，唐鱼喜在水草周围阴凉环境中生活，在水流平缓处常聚集成小群活动。D 采样点原为靠近农田的一条沟渠，因人为阻隔形成一个相对独立的水坑，四周有水草，水深为 0.15～0.40 m，研究发现有少量唐鱼生存。

二、唐鱼栖息地的水质指标

唐鱼栖息地的水质指标见表 10-1。6 月氨氮、亚硝态氮、硝态氮、无机磷、总磷等营养盐含量都较低，溶解氧含量也较低。8 月、10 月氨氮、硝态氮、总氮、总磷含量较高，溶解氧也较高。12 月、2 月氨氮、硝态氮、总氮、总磷有所降低，COD 值也较低。5 次采样溶解氧大多为 5.82～9.88 mg/L，pH 为 4.34～6.81，呈弱酸性。

表 10-1　各次采样的水质指标

采样时间（年.月）	采样点	氮磷等营养指标/（mg/L）								pH
		NH$_4^+$-N	NO$_2^-$	NO$_3^-$	TN	TIP	TP	COD	DO	
2005.6	6A	0.030	0.002	0.277	—	0	0.014	75.2	5.82	5.50
	6B	0.038	0.003	0.137	—	0	0.009	65.6	4.98	6.03
	6C	0.030	0.001	0.027	—	0	0.006	57.6	5.49	6.01
2005.8	8A	1.186	0.002	0.631	2.666	0.065	0.077	40.8	7.00	4.34
	8D	0.047	0.005	0.426	0.754	0	0.031	36.0	2.55	4.87
	8E	1.186	0.023	0.345	3.158	0	0.117	56.8	12.9	6.81
2005.10	10A	0.425	0.006	0.940	1.782	0	0.224	38.0	6.50	4.47
	10F	0.446	0.004	0.057	0.986	0	0.336	38.8	7.60	5.65
	10G	0.446	0.005	0.157	1.560	0	0.264	41.2	7.55	5.98

续表

采样时间 （年.月）	采样点	氮磷等营养指标/（mg/L）								pH
		NH_4^+-N	NO_2^-	NO_3^-	TN	TIP	TP	COD	DO	
2005.12	12A	0	0	0.547	0.233	0	0.004	50.4	4.98	6.30
	12F	0.154	0	0.125	0.188	0.005	0.020	11.2	8.97	6.29
	12C	0.005	0	0.055	0.071	0	0.013	16.0	9.88	6.16
2006.2	2A	0.568	0	0.685	1.567	0	0.003	8.0	5.6	5.93
	2F	0.335	0	0.612	1.123	0	0.011	16.8	6.04	6.57
	2C	0.199	0	0.252	0.832	0	0.084	10.8	7.21	6.49

注：—表示没有数据

　　调查期间水中的化学需氧量一直处在较高水平，而溶解氧则普遍较高，这与环境中的底泥有机质含量高、溪流水浅及流动性有关。风力造成水体扰动，使底泥表面的有机颗粒悬浮在水中，化学需氧量随之升高；而溪流水浅且流动，水面波动促进水体与空气之间的氧气交换，故溶解氧较为丰富。与此相反，D 采样点是一个与四周隔绝的独立水坑，水浅且不流动，在 8 月高温期溶解氧低至 2.55 mg/L。

　　水中的营养盐浓度受天气的影响较大，在 2005 年 8～10 月，天气持续高温而且少雨，流量减少，对水中营养盐起到浓缩作用。而 2005 年 12 月到 2006 年 2月一直是阴雨天气，降雨对水中的营养盐起到稀释作用。

　　本次调查水体氮含量包括硝态氮、总氮较高，这与该采样点处于农田附近，容易受到农业生产活动影响有关。

三、底质

　　有机质含量最高值出现在 6 月 A 点，达到 14.84%，最低值出现在 10 月 G 点，为 2.05%。凯氏氮最高值出现在 6 月 A 点，达到 0.51%，最低值出现在 8 月 D 点，为 0.04%。总磷在 6 月 B 点呈现最高值（20.50%），其他时间地点相对较低。从A 点底质指标的时间变化来看，有机质含量 6 月最高，8 月、10 月、12 月依次降低；凯氏氮 6 月含量最高，8 月最低，10 月、12 月相近；总磷含量在各次采样中变化不大（表 10-2）。

表 10-2　底泥中的有机物和氮磷含量（%）

项目	采样点											
	6A	6B	6C	8A	8D	8E	10A	10F	10G	12A	12F	12C
有机质	14.80	6.47	3.27	9.01	4.31	5.49	7.73	12.30	2.05	5.92	10.60	5.97
凯氏氮	0.51	0.15	0.21	0.19	0.04	0.12	0.37	0.24	0.06	0.32	0.27	0.22
总磷	10.30	20.50	8.39	6.96	5.45	7.94	11.7	7.45	4.45	7.57	6.39	5.67

第二节　唐鱼栖息地的生物群落特征

本节以广东陆河群落为例，论述唐鱼栖息地的生物群落特征。

目前已发现的陆河唐鱼分布在广东省陆河县螺河一条长数十千米支流中的一个狭窄的山区溪流河段，河面最大宽度约为 30 m，水深为 15～50 cm，唐鱼生活在靠岸边的缓流区。溪流砾石底，岸边有沙滩，分布着一些蓼科的湿地植物。

一、浮游生物

浮游植物种类和密度见表 10-3。陆河唐鱼主要分布在螺河一条支流中的一个缓流的水潭区，藻类相对于其他急流溪段较为丰富，约有 21 种，其中硅藻门种类最多，有 15 种；黄藻门和裸藻门种类数最少，分别鉴定出小型黄丝藻和扁裸藻各 1 种。藻类优势种群为蓝藻门的绿色颤藻，硅藻门的菱形藻、间断羽纹藻、条纹小环藻，绿藻门的丝藻和纤维藻等。

表 10-3　陆河唐鱼栖息地浮游植物种类和密度

序号	种类	密度/（个/L）
一、	蓝藻门 Cyanophyta	
1	绿色颤藻 *Oscillatoria chlorine*	7100
二、	绿藻门 Chlorophyta	
2	纤维藻 *Ankistrodesmus* sp.	5000
3	丝藻 *Ulothrix* sp.	6100
4	河生集星藻 *Actinastrum fluviatile*	1400
三、	硅藻门 Bacillariophyta	
5	舟形藻 *Navicula* sp.	1000
6	双头辐节藻 *Stauroneis anceps*	1600
7	菱形藻 *Nitzschia* sp.	7000
8	线形菱形藻 *N. linearis*	2000
9	羽纹藻 *Pinnularia* sp.	2800
10	间断羽纹藻 *P. interrupta*	5000
11	异极藻 *Gomphonema* sp.	2400
12	脆杆藻 *Fragilaria* sp.	1200
13	桥弯藻 *Cymbella* sp.	1700
14	花环宽带鼓藻 *Pleurotaenium coronatum*	800
15	针杆藻 *Synedra* sp.	500

续表

序号	种类	密度/（个/L）
16	卵形双菱藻 *Surirella ovata*	3000
17	条纹小环藻 *Cyclotella striata*	5000
18	尖布纹藻 *Gyrosigma acuminatum*	4000
19	尾丝藻 *Uronema* sp.	1800
四、	黄藻门 Xanthophyta	
20	小型黄丝藻 *Tribonema minus*	1600
五、	裸藻门 Euglenophyta	
21	扁裸藻 *Phacus* sp.	1510

　　共采集、鉴定了21种浮游动物（表10-4），其中原生动物6种，轮虫10种，枝角类4种，桡足类1种。浮游动物优势种群为原生动物的几个种群，其次是轮虫类。

表 10-4　陆河唐鱼栖息地浮游动物种类和密度

序号	种类	密度/（个/L）
一、	原生动物 Protozoa	
1	褐砂壳虫 *Difflugia avellana*	1280
2	针棘匣壳虫 *Centropyxis aculeate*	1420
3	胡梨壳虫 *Nebela barbata*	1330
4	钟虫 *Vorticella* sp.	+
5	尖毛虫 *Oxytricha* sp.	+
6	全列虫 *Holosticha* sp.	+
二、	轮虫 Rotifer	
7	晶囊轮虫 *Asplanchna* sp.	148
8	浦达臂尾轮虫 *Brachionus budapestiensis*	141
9	钩状狭甲轮虫 *Colurella uncinata*	139
10	猪吻轮虫 *Dicranophorus* sp.	127
11	三肢轮虫 *Filinia* sp.	150
12	盘状鞍甲轮虫 *Lepadella patella*	+
13	鞍甲轮虫 *Lepadella* sp.	300
14	蹄形腔轮虫 *Lecane ungulate*	150
15	懒轮虫 *Rotaria tardigrada*	+
16	异尾轮虫 *Trichocerca* sp.	148

序号	种类	密度 /（个/L）
三、	枝角类 Cladocera	
17	镰角锐额溞 *Alonella excisa*	+
18	长额象鼻溞 *Bosmina longirostris*	
19	基合溞 *Bosminopsis* sp.	+
20	裸腹溞 *Moina* sp.	+
四、	桡足类 Copepods	
21	剑水蚤 *Oithona* sp.	+

注：+表示存在，没有定量

二、底栖动物

在陆河唐鱼分布区采集到 5 大类共 19 种底栖动物（表 10-5）。其中数量较多的是米虾、放逸短沟蜷和梨形环棱螺。

表 10-5　陆河唐鱼栖息地底栖动物名录

序号	种类	分布状态
一、	涡虫纲 Turbellaria	
1	日本三角涡虫 *Dugesia japonica*	++
二、	寡毛纲 Oligochaeta	
2	苏氏尾鳃蚓 *Branchiura sowerbyi*	+
3	水丝蚓 *Limnodrilus* sp.	+
三、	腹足纲 Gastropoda	
4	梨形环棱螺 *Bellamya purificata*	+++
5	放逸短沟蜷 *Semisulcospira libertina*	+++
6	田螺短沟蜷 *Semisulcospira paludiformis*	+
7	椭圆萝卜螺 *Radix swinhoei*	++
8	中国圆田螺 *Cipangopaludina chinensis*	+
四、	瓣鳃纲 Lamellibranchia	
9	河蚬 *Corbicula fluminea*	+
五、	甲壳纲 Crustacea	
10	米虾 *Caridina* sp.	+++
11	日本沼虾 *Macrobrachium nipponense*	+
12	中华束腰蟹 *Somanniathelphusa sinensis*	+
13	锯齿华溪蟹 *Sinopotamon denticulatum*	+

续表

序号	种类	分布状态
六、	昆虫纲 Insecta	
14	蜻蜓幼虫 *Odonata* sp.	++
15	豆娘幼虫 *Ischnura heterosticta*	+
16	蜉蝣目 *Ephemeroptera* sp.	++
17	牙虫科幼虫 Hydrophilidae sp.	+
18	原石蛾 *Rhyacophila* sp.	+
19	纹石蛾 *Hydropsyche* sp.	+

注：+表示存在，++表示常见，+++表示数量多

三、鱼类

在螺河有唐鱼分布的一条支流采样，共捕获鱼类 31 种，隶属 4 目 12 科 27 属（表 10-6）。其中鲤形目鱼类 20 种，占总种数的 64.5%，鲇形目和鲈形目各占 16.1%，合鳃鱼目最少，只有 3.2%；按科分，又以鲤科鱼类（14 种）占绝对优势，占总种数的 45.2%，条鳅科、鳅科和爬鳅科鱼类各为 2 种，各占 6.5%（图 10-2）。

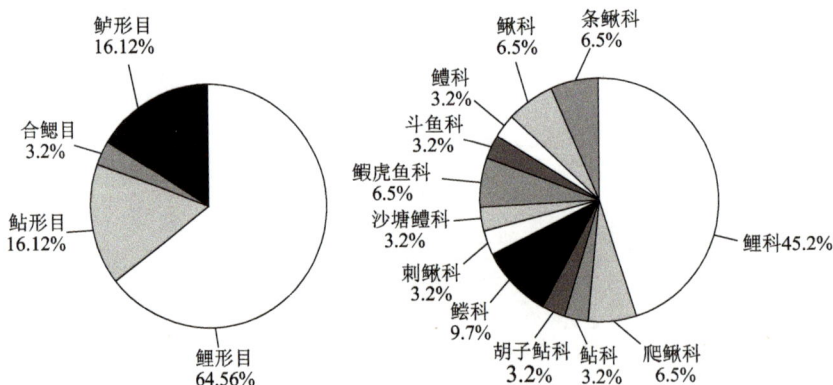

图 10-2　陆河唐鱼分布区鱼类各目及各科组成

表 10-6　陆河唐鱼分布溪流鱼类名录

序号	种类	数量比例/%
一、	鲤形目 Cypriniformes	
（一）	条鳅科	
1	美丽小条鳅 *Micronemacheilus pulcher*	1.97
2	横纹南鳅 *Schistura fasciolatus*	1.59
（二）	鳅科 Cobitidae	

续表

序号	种类	数量比例/%
3	异斑鳅 *Cobitis heteromacula*	3.97
4	泥鳅 *Misgurnus anguillicaudatus*	0.79
（三）	鲤科 Cyprinidae	
5	异鱲 *Parazacco spilurus spilurus*	9.37
6	宽鳍鱲 *Zacco platypus*	1.59
7	马口鱼 *Opsariichthys bidens*	2.06
8	唐鱼 *Tanichthys albonubes*	17.14
9	拟细鲫 *Nicholsicypris normalis*	5.56
10	南方拟鳘 *Pseudohemiculter dispar*	1.27
11	间鲭 *Hemibarbus medius*	1.43
12	麦穗鱼 *Pseudorasbora parva*	0.48
13	高体鳑鲏 *Rhodeus ocellatus*	5.56
14	条纹小鲃 *Puntius semifasciolatus*	16.19
15	侧条光唇鱼 *Acrossocheilus parallens*	1.27
16	厚刺光唇鱼 *Acrossocheilus spinifer*	2.06
17	台湾白甲鱼 *Onychostoma barbatula*	2.54
18	纹唇鱼 *Osteochilus salsburyi*	1.11
（四）	爬鳅科 Balitoridae	
19	东坡拟腹吸鳅 *Pseudogastromyzon changtingensis tungpeiensis*	1.27
20	麦氏拟腹吸鳅 *Pseudogastromyzon myseri*	9.71
二、	鲇形目 Siluriformes	
（五）	鲇科 Siluridae	
21	越鲇 *Silurus cochinchinensis*	2.54
（六）	胡子鲇科 Clariidae	
22	胡子鲇 *Clarias fuscus*	0.16
（七）	鲿科 Bagridae	
23	黄颡鱼 *Pelteobagrus fulvidraco*	0.79
24	纵带鮠 *Leiocassis argentivittatus*	0.32
25	三线拟鲿 *Pseudobagrus trilineatus*	0.16
三、	合鳃鱼目 Synbranchiformes	
（八）	刺鳅科 Mastacembelidae	
26	刺鳅 *Mastacembelus aculeatus*	0.95
四、	鲈形目 Perciformes	

续表

序号	种类	数量比例/%
（九）	沙塘鳢科 Odontobutidae	
27	萨氏华鲈鱼 *Sineleotris saccharae*	4.29
（十）	鰕虎鱼科 Gobiidae	
28	溪吻鰕虎 *Rhinogobius duospilus*	1.27
29	李氏吻鰕虎鱼 *Rhinogobius leavelli*	1.11
（十一）	斗鱼科 Belontiidae	
30	香港斗鱼 *Macropodus hongkongensis*	0.95
（十二）	鳢科 Channidae	
31	月鳢 *Channa asiatica*	0.48

调查中在该支流共采捕鱼类 762 尾，其中优势种为唐鱼，占总标本数的 17.14%，其次是条纹小鲃，占总数的 16.19%，麦氏拟腹吸鳅占 9.71%，异鱲和拟细鲫作为唐鱼的伴生种类数量也较多。目前，在国内外发现有唐鱼分布的区域不多，但凡有唐鱼分布的地方，唐鱼往往成为该栖息地的优势种群。

一般溪流具有明显的空间异质性，不同溪段落差、宽度、水深、底质有所不同，既有急流溪段又有缓流溪段，即使在急流河段，也在一些靠岸植物多或一些水潭、水坑的地方形成缓流区。与此相对应，急流溪段多栖息一些溪流性的中下层或底栖鱼类，如鳅科、爬鳅科、鲃亚科等类群中的一些鱼类，而缓流溪段或一些缓流区域则常见鲇科、胡子鲇科、鳢科及鳅科的泥鳅等鱼类。唐鱼为小型鲤科鱼类，虽然具有一定的游泳能力，拥有较快的相对游泳速度，但因体形细小，绝对游泳能力较弱，所以大多栖息于溪流缓流溪段或一些水潭、水坑和靠岸杂草丛生的缓流区，其常见伴生鱼类也是条纹小鲃、异鱲和拟细鲫等一些小型鱼类。

第三节　外来入侵物种食蚊鱼与唐鱼的种间关系

食蚊鱼（*Gambusia affinis*）是世界百种恶性入侵物种之一（Xie et al.，2001）。作为灭蚊防治疟疾的有效生物工具，它被引进到世界许多地区（Krumholz，1948；Wooten et al.，1988；潘炯华等，1991；Haynes & Cashner，1995；Caiola & Sostoa，2010）。自 1927 年引进中国以来，它已广泛占据了中国长江以南的淡水生境（潘炯华等，1980，1984，1991；潘炯华和张剑英，1981；潘炯华，1983；郑文彪和潘炯华，1985；陈银瑞等，1989；李振宇和解焱，2002）。迄今为止，其入侵产生的生态危害尚未在国内引起足够重视（陈银瑞等，1989；李振宇和解焱，2002）。近年来国外的研究显示，通过捕食和竞争作用，它导致了若干土著小型鱼类濒危或灭绝（Meffe，1985；Belk & Lydeard，1994；Rincón et al.，2002；Caiola & Sostoa，2010）。作者在唐鱼分布最多的广东广州从化地区调查发现，不少唐鱼栖息地已有食蚊鱼出现。

一、唐鱼与食蚊鱼的分布格局

在旱季和雨季两个季度的调查均表明，当前食蚊鱼已经进入了广州从化地区相当一部分的唐鱼野外栖息生境（图10-3）。在溪流生境，如银林、岐田等地，食蚊鱼集中分布在Ⅰ级溪流下游及Ⅱ级溪流。而在农田生境中，如在鹿田，其亦多分布在灌溉渠道的下游（图10-3）。在某些样点，唐鱼与食蚊鱼同时出现，它们的数量比例呈明显的波动性，不同的样点中其比例从12∶1到1∶29。

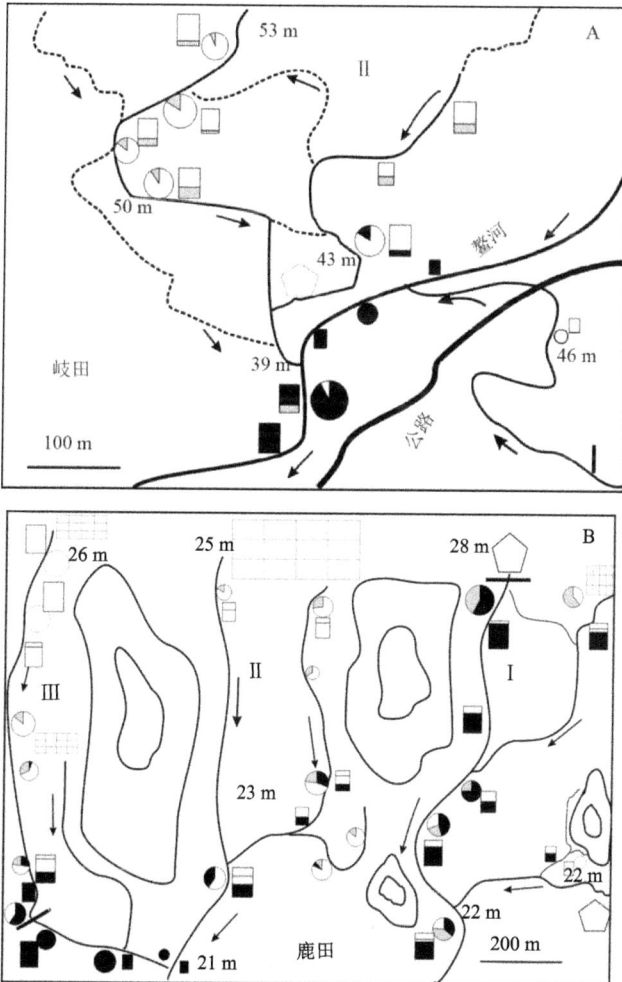

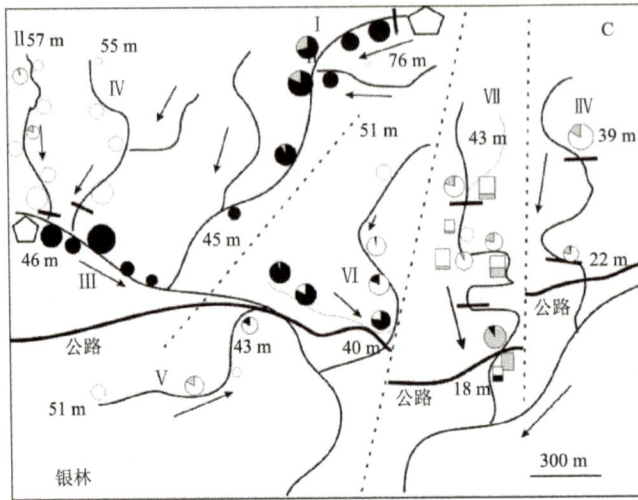

图 10-3　唐鱼与食蚊鱼在岐田、鹿田、银林等采样地的分布格局

A. 岐田，丘陵溪流与梯田交错生境类型；B. 鹿田，丘陵谷底农田、草泽生境；C. 银林，丘陵森林 I、II 级溪流生境。图中圆形（旱季）和柱形（雨季）代表单位时间内（10 s）每网捕捞鱼标本数，其所标注的位置为采样地点。这些图形中黑色、白色和灰色部分分别表示食蚊鱼、唐鱼和其他土著鱼类在上述 1 个样本中的平均个体数目比值。以 3 种直径或圆柱高度代表一个样本中鱼类数量的多少：大图（20 尾以上）、中图（10～20 尾）和小图（10 尾以下），详细见正文所述。图中罗马字母代表各相对独立的采样地或溪流编号；阿拉伯数字表示所标注地点的海拔。不连续曲线代表该处在旱季某些时候会干枯；不连续直线代表将两采样地间的较远地理间隔省略，而将两者绘在邻近位置。正五边形代表该处为小水库或养殖池塘

二、食蚊鱼入侵对唐鱼种群结构的影响

统计显示，在旱季，食蚊鱼入侵地的唐鱼种群个体平均全长显著高于未被食蚊鱼入侵样点的种群（表 10-7）。不同类型采样点唐鱼种群个体全长的比较见图 10-4。以农田生境的样点作比较，食蚊鱼入侵和非入侵两类样点中该值分别为（24.9±5.8）mm vs.（14.9±5.6）mm（方差分析，$F_{1,266}$=72.473，$P<0.001$）。体质量间的差异与之类似，并且雌鱼性腺指数也显著高于未被食蚊鱼入侵样点的种群：（0.123±0.021）vs.（0.041±0.015）（方差分析，$F_{1,41}$=4.619，$P<0.05$）。而对溪流生境中两类样点的综合对比分析则表现为全长存在极显著性差异：（23.4±4.3）mm vs.（19.0±5.1）mm（方差分析，$F_{1,804}$=72.473，$P<0.001$）；性腺指数也存在显著性差异：（0.158±0.167）vs.（0.055±0.010）（方差分析，$F_{1,103}$=4.619，$P<0.05$）。其体质量情况亦类似。虽然雨季中的农田生境中仍显示出与旱季类似的情况，但雨季在溪流生境中则表现出不同的现象，上述两类样点间唐鱼种群个体的全长并无显著差异（15.1±3.3）mm vs.（14.8±2.8）mm（方差分析，$F_{1,309}$=0.209，$P>0.05$）（图 10-4，表 10-8），而多数个体性腺指数相当低，似乎显示其尚未性成熟。

表10-7 2010年1月旱季采样数据记录

采样地点		样品总数	唐鱼总数	食蚊鱼总数	其他鱼类数	唐鱼全长/mm		P
						无食蚊鱼样点	有食蚊鱼样点	
银林溪流	Ⅰ	256	1	242	13	31.5±0.0	—	—
	Ⅱ	368	363	0	5	19.9±5.4	—	—
	Ⅲ	275	0	262	13	—	—	—
	Ⅳ	114	114	0	0	17.8±5.9	—	—
	Ⅴ	92	83	5	4	18.7±3.7	27.8±2.6	0.000
	Ⅵ	157	59	98	0	21.0±7.3	25.1±4.0	0.011
	Ⅶ	183	142	0	41	20.1±6.8	—	—
	Ⅷ	162	146	1	15	16.5±4.3	20.3±2.5	0.000
岐田溪流Ⅰ		32	26	0	6	17.2±4.5	—	—
岐田溪流Ⅱ		198	143	39	16	16.8±6.7	20.6±3.6	0.023
鹿田谷Ⅰ		131	28	23	80	23.1±8.4	27.5±2.2	0.052
鹿田谷地Ⅱ		183	165	17	1	14.4±5.8	23.3±7.1	0.001
鹿田谷地Ⅲ		261	174	57	30	15.8±5.1	16.8±6.5	0.610
温泉谷地		225	189	33	3	22.5±5.4	25.5±3.4	0.001
合计		2637	1633	777	227	—	—	—

注：—表示无数据

表10-8 2009年7月雨季采样数据记录

采样地点	样品总数	唐鱼总数	食蚊鱼总数	其他鱼类数	唐鱼全长/mm		P
					无食蚊鱼样点	有食蚊鱼样点	
银林溪流Ⅶ	186	126	15	45	18.6±8.5	—	—
岐田溪流Ⅰ	36	29	0	7	16.3±7.5	—	—
岐田溪流Ⅱ	193	144	13	36	14.7±6.8	14.5±4.4	0.192
鹿田谷地Ⅰ	216	56	87	73	15.1±8.4	19.5±2.2	0.006
鹿田谷地Ⅱ	177	115	36	26	15.9±5.8	17.3±6.2	0.023
鹿田谷地Ⅲ	311	224	57	30	17.8±5.1	19.1±6.7	0.030
温泉谷地	185	131	46	8	17.6±3.6	20.4±4.7	0.008
合计	1304	825	254	225	—	—	—

注：—表示无数据

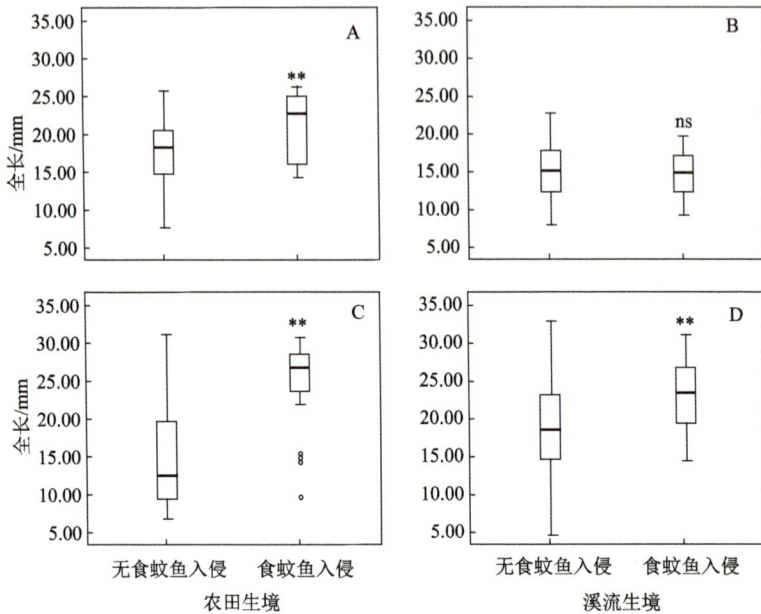

图10-4　雨季（A、B）和旱季（C、D）唐鱼种群个体全长在食蚊鱼入侵
样点与非入侵样点间的差异比较

图中箱体代表全长集中分布区域，其内黑色横线表示平均值，垂线段表示数值的变动范围，上下两端分别表示最大值和最小值。**表示两类样点间数值有极显著差异，$P<0.01$；"ns"表示两类样点间的数值无显著差异（$P>0.05$）

　　另外，从图10-4的箱型图可清晰地看到，食蚊鱼入侵样点的唐鱼种群明显缺少仔鱼、幼鱼。食蚊鱼未入侵样点中，唐鱼种群个体全长分布呈连续性，最小的个体只有5 mm；而其入侵样点中，唐鱼种群全长分布不连续，且多集中在15 mm以上，但在雨季的溪流生境中，食蚊鱼入侵样点亦发现了少数全长10 mm以下的个体。此外，图10-4的箱型图还显示，在雨季，即7～8月唐鱼种群多为全长20 mm以下的年轻个体（最大个体为26 mm），而旱季种群（12月至次年1月）全长20 mm以上个体明显增多。

三、食蚊鱼入侵溪流生境的危害性

　　一个特别明显的现象是，与水库或池塘所连接的溪流或农田生境中，食蚊鱼的种群丰度特别高。例如，在银林溪流Ⅲ一个回水处的样点，每网可捕获149尾大小不等的食蚊鱼；而在鹿田的样地Ⅰ中，其渠道上游连接一养殖池塘，在其出水口处，也曾每网捕获62尾食蚊鱼。另外，在食蚊鱼所入侵的样点中，唐鱼种群丰度极显著低于未被其入侵样点：2.3尾/网 vs. 16.8尾/网（方差分析，$F_{1,42}=54.19$，$P<0.001$）。在未被其入侵样点，最高纪录每网捕获了44尾唐鱼。

　　当前食蚊鱼已经大量入侵唐鱼现存的野外栖息生境。在所选取的溪流生境中，食蚊鱼已经入侵所有被调查的丘陵森林 I 级溪流的下游；而在农田生境中，食蚊鱼与唐鱼也呈现出交错分布的局面。过去的研究显示，食蚊鱼对溪流生境具有高度的入侵风险（Gamradt & Kats，1996；Schleier et al.，2008）。它的入侵性与其较强的游泳能力密切相关（Galat & Robertson，1992；Lynch，1988；Rehage & Sih，2004；Alemadi & Jenkins，2008）。一些例子显示，它们的种群能以每年 15 km 的速度向河流上游扩散（Schleier et al.，2008）。食蚊鱼对溪流生境的入侵已经造成了明显的危害，例如，在美国加利福尼亚州南部 Santa Monica 山区 10 条溪流的调查显示，引入了食蚊鱼的几条溪流中当地土著蝾螈（*Taricha torosa*）均消失，只有未引入的溪流中能发现蝾螈的卵、幼体和成体（Gamradt & Kats，1996）。更为重要的一点是，食蚊鱼对土著小型鱼类仔鱼具有极强的捕食压力（Meffe，1985；Belk & Lydeard，1994；Rincón et al.，2002）。上述资料提示，食蚊鱼对唐鱼所栖息生境的入侵存在极大的生态威胁性。

　　过去的研究证实，食蚊鱼对土著鱼类仔鱼的捕食作用是其影响土著种生存的主要作用机制。例如，东部食蚊鱼 *Gambusia holbrooki* 通过捕食西班牙小型鱼类 *Aphanius iberus* 和 *Valencia hispanica* 的幼鱼而导致它们数量下降（Rincón et al.，2002）；通过对 *Heterandria formosa* 幼鱼群体的选择性捕食而影响其种群发展（Belk & Lydeard，1994）。

　　目前存在的疑问是食蚊鱼是否会进一步入侵占据唐鱼现存的栖息生境。对于溪流生境而言，周期性的洪水冲击可能是阻止入侵鱼类取代本土鱼类的一种重要机制（Meffe & Minckley，1987；Ross，1991）。例如，美国亚利桑那州山区一种土著鳉科鱼类 *Poeciliopsis occidentalis sonoriensis* 在周期性洪水冲击的帮助下，在食蚊鱼入侵后通过提高自身繁殖力以减少被捕食所带来的损失而得以与食蚊鱼共存（Galat & Robertson，1992）。虽然在实验室条件下所测定的结果发现两者抗水流冲击的能力并无明显差别，可抗击的极限流速均为 38.5 cm/s（Ward et al.，2003a），但水流冲击可充分降低入侵者的种群密度，由此而减少入侵压力。而在没有水流扰动作用的情况下，花鳉 *P. occidentalis* 的一个亚种 *P. occidentalis occidentalis* 由于生活在静水生境而被西部食蚊鱼 *G. affinis* 广泛取代（Meffe，1985）。尽管水流因子能在某种程度上影响或限制入侵种的危害扩散，但因食蚊鱼具有极强的随水扩散能力（Galat & Robertson，1992；Lynch，1988；Rehage & Sih，2004；Alemadi & Jenkins，2008），所以探讨食蚊鱼游泳扩散能力及其对溪流生境的入侵性，将是评估其对唐鱼野外生存威胁性的重要依据。虽然唐鱼所栖息的区域属于亚热带季风气候区，在雨季降水丰沛的影响下也常常导致溪流当中的鱼类群落发生极大的变化（Tew et al.，2002），但对于唐鱼所栖息的丘陵 I 级溪流能否阻止食蚊鱼入侵则尚存疑问。显然，调查中所发现的食蚊鱼与唐鱼共同出现在某些样点，很可能是由于水流的冲击作用将上游的唐鱼冲入下游，从而造成两者表面上共存。本研究在雨季调查的结果显示，溪流生境中食蚊鱼未入侵样点与食蚊鱼入侵样点间种群的全长并无显著差异，很可能是水流的冲击作用造成的，即水流将上游年轻体形小的个体冲入下游，而食蚊鱼对这些个体的损害未充分显现，导致两类样点的种群在全长方面并无统计学上的显著差异。

另外，水坝的阻隔作用是限制鱼类入侵的一个重要物理环境因子（Schleier et al.，2008）。作者在对银林溪流Ⅶ长达 3 周年的定点研究显示，食蚊鱼在周年中的入侵范围被限定在溪流的中下游，而此处往上则有 2 座人工小水坝拦截，最低的一座小水坝的上下落差也可达 50 cm，若无人力帮助，食蚊鱼是极难越过此坝而进入上游生境的。这可能是限制食蚊鱼进一步入侵的最主要的物理阻隔作用。而本次调查也发现，银林Ⅰ级溪流Ⅱ、Ⅳ等溪流当中均存在人工小水坝，这种小水坝可能是导致食蚊鱼目前未能进入这些Ⅰ级溪流的最主要原因。而且，溪流生境的显著海拔落差所形成的水流阻力也可能是阻止其入侵的其中一个重要原因。然而，一旦食蚊鱼因人力而引入这些Ⅰ级溪流源头，则可轻松克服上述阻力，顺流而下扩散至下游。例如，Adams 等（2001）指出，一旦入侵鱼类占据水源性的Ⅰ级溪流，则会形成源源不断的入侵种供应库，其下游生境可被这些入侵鱼类全部占据。而本研究调查显示，多数唐鱼栖息地附近所存在的水产养殖活动将导致食蚊鱼轻易突破上述水坝和水流等阻力。例如，银林溪流Ⅰ、Ⅱ的源头存在水库或养殖池塘，其与之连接的溪流中出现大量的食蚊鱼，而唐鱼则几乎没有出现。这一方面提示了唐鱼在这些生境中的消失很可能与食蚊鱼的进入密切相关；另一方面也提示了食蚊鱼对这些生境的入侵途径很可能与水产养殖活动的迁移运输过程密切相关。因此，限制人为引入外来种将是保护未被食蚊鱼入侵的现存唐鱼栖息生境的重要策略和方法。

而对农田、沼泽生境而言，食蚊鱼的入侵已相当明显。虽然，食蚊鱼在这些生境的出现也很可能与池塘水产养殖活动密切相关，但当前这些生境中的唐鱼种群尚未显示出被其彻底取代的趋势。

四、食蚊鱼对唐鱼仔鱼的捕食

通过室内实验证实了食蚊鱼对唐鱼仔鱼具有明显的捕食压力。在对 8 日龄、20 日龄唐鱼仔鱼及 55 日龄唐鱼稚鱼分日龄捕食实验中，24 h 内 8 日龄唐鱼仔鱼全部被食蚊鱼捕食，20 日龄仔鱼基本被捕食完毕，55 日龄稚鱼则 50%以上仍存活（图 10-5）。雌、雄食蚊鱼对 8 日龄仔鱼的捕食无显著差异，而两者对 20 日龄、55 日龄仔稚鱼的捕食则存在显著或极显著差异（图 10-5；$P<0.05$，$P<0.01$），雌鱼较雄鱼对这两个日龄组的唐鱼仔稚鱼具有更强的捕食能力。在对不同日龄混合组捕食实验中，1 h 内雄鱼对各日龄仔鱼的选择系数分别为 $I_{8 d}=0.34$、$I_{20 d}=0.002$、

$I_{55\,d}=-1$；雌鱼对各日龄仔鱼的选择系数分别为 $I_{8\,d}=0.14$、$I_{20\,d}=0.22$、$I_{55\,d}=-0.78$。结果均表明 8 日龄仔鱼最先被选择性捕食。仔鱼的日龄越高，其存活率下降越慢（图 10-6），表明随日龄的增长，唐鱼仔鱼逃避食蚊鱼捕食的能力增强。在选择性捕食实验中，即使在有其他饵料存在的条件下，食蚊鱼对唐鱼仔鱼的摄食仍为正选择（图 10-7）。

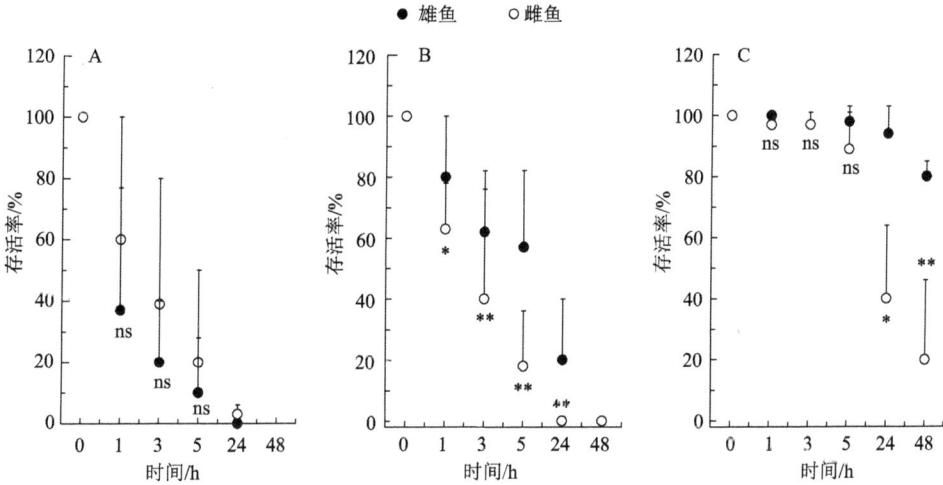

图 10-5　雌、雄食蚊鱼对唐鱼不同日龄仔稚鱼的捕食

A. 8 日龄唐鱼仔鱼；B. 20 日龄唐鱼仔鱼；C. 55 日龄唐鱼稚鱼。ns 表示两者差异不显著；*表示两者差异显著，$P<0.05$；**表示两者差异极显著，$P<0.01$

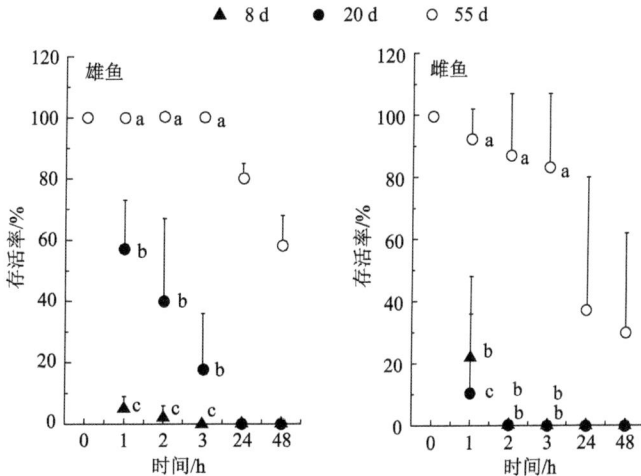

图 10-6　食蚊鱼对不同日龄唐鱼仔稚鱼混合群体的捕食

8 d、20 d、55 d 分别表示被捕食唐鱼的日龄。时间相同的数据点上标的字母不同表示两者间差异显著，$P<0.05$；字母相同则表示差异不显著，$P>0.05$

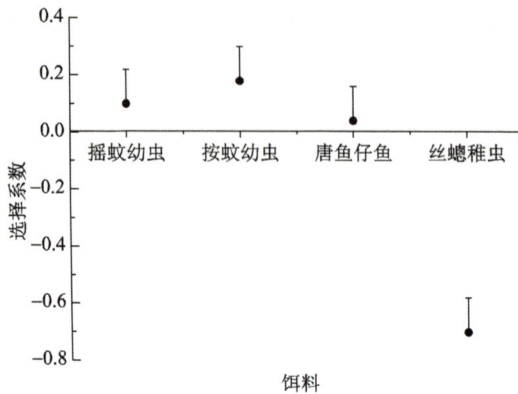

图 10-7　　食蚊鱼对不同食物的选择性捕食

　　出生 2 日龄食蚊鱼仔鱼即对 8 日龄唐鱼仔鱼具有很强的捕食压力，实验 12 h 后唐鱼仔鱼存活率下降到 0。60 日龄唐鱼幼鱼对本种仔鱼也存在捕食压力，60 h 后 8 日龄仔鱼的存活率下降到 20%。相同时间内，食蚊鱼仔鱼对 8 日龄唐鱼仔鱼的捕食压力极显著高于 60 日龄唐鱼幼鱼的捕食压力（$P<0.01$）。

　　室内研究证实了食蚊鱼对唐鱼仔鱼具有极强的捕食压力，这提示食蚊鱼入侵可能会给唐鱼自然种群的生存带来巨大的危害。大量研究表明食蚊鱼的入侵危害性显然与它优异的捕食能力有关（Sokolov & Chvaliova，1936；潘炯华等，1980；Bence & Murdoch，1986；Bence，1988；García-Berthou，1999；Rehage et al.，2005；Caiola & Sostoa，2010）。在水温 23℃ 的条件下，体质量 1.1 g 的雌鱼在 24 h 内可以摄食 438 尾共 1.6 g 的孑孓（潘炯华等，1980）。在入侵地，食蚊鱼极具攻击性，对鱼类的仔鱼、蝾螈的幼体、两栖类的蝌蚪均有捕食压力（Gamradt & Kats，1996；Lawler et al.，1999；Goodsell & Kats，1999；Caiola & Sostoa，2010）。东部食蚊鱼 *Gambusia holbrooki* 对土著小型鱼类 *Aphanius iberus* 和 *Valencia hispanica* 仔鱼的捕食是导致上述土著种种群数量显著下降的主要原因（Rincón et al.，2002）。

　　在实验条件下，食蚊鱼对全长为 4.2～11.5 mm 的唐鱼仔鱼均具有捕食作用，而对 12 mm 以上的幼鱼无显著的捕食作用。室内养殖观察表明，唐鱼只有全长达到 12 mm 时才能完成其早期生活史而进入幼鱼期（方展强等，2006b）。显然，被捕食仔鱼的全长范围几乎涵盖了唐鱼整个早期生活史阶段的全长变动范围。这提示了食蚊鱼对唐鱼的捕食作用可以发生在唐鱼早期生活史的任何阶段。许多研究表明，捕食作用是鱼类仔鱼早期生活史中出现高死亡率的一个主要因素（Rice，1987；Miller et al.，1988；殷名称，1991b）。因此，食蚊鱼的入侵可能给唐鱼仔鱼带来极高的捕食死亡率。然而，目前尚缺乏足够的数据来评估是否因入侵捕食者的出现而导致唐鱼仔鱼捕食死亡率的提高，是否会给唐鱼早期补充带来毁灭性的影响。另外，食蚊鱼的这种捕食作用的持续时间显然取决于唐鱼仔鱼完成早期生活史所需要的时间。前文已经显示，在池塘养殖条件下，唐鱼仔鱼完成早期生活史大约为 19 d，而在室内条件下大约需 45 d（方展强等，2006b），这种差异主要由于生境饵料供应及水温条件的不同（殷名称，1995）。生长速度越快，越有利于仔鱼逃避捕食者的捕食（Miller et al.，1988）。因此，在近自然条件下唐鱼仔鱼所表现出的快速生长特点可能是应对捕食者压力的一种策略，而这一特点可能有利于其应对食蚊鱼的入侵压力。在分日龄捕食实验和混合日龄捕食实验中均显示，体长较大的唐鱼个体在面临食蚊鱼捕食时比体长较小的个体有更高的存活机会。过去的研究也显示，食蚊鱼对土著小型鱼类的捕食作用主要发生在这些种类的仔鱼阶段（Belk & Lydeard，1994；Rincón et al.，2002），对成年个体并无捕食压力。当食蚊鱼作为一个陌生的入侵捕食者出现时，唐鱼仔鱼能否对其进行识别并产生相应的反捕食行为，将给其自身生存带来极大的影响。而这一问题则有待进一步研究。

五、食蚊鱼对唐鱼繁殖的影响

1. 对唐鱼产卵量和受精率的影响

食蚊鱼的引入对唐鱼的产卵量有明显影响（方差分析，$F_{2,19}=8.25$，$P<0.01$；图 10-8）。将食蚊鱼引入隔离网内直接与唐鱼混养的处理组中，唐鱼产卵量极显著低于没有引入食蚊鱼的对照组（$P<0.01$）。而将食蚊鱼引入网外与唐鱼隔开混养时，唐鱼产卵量与对照组无显著差异（LSD，$P>0.05$）。另外，食蚊鱼的引入也对唐鱼卵的受精率产生了极显著的影响（方差分析，$F_{2,19}=15.04$，$P<0.001$；图 10-8），将食蚊鱼引入隔离网内的处理组中，唐鱼卵的受精率极显著低于没有引入食蚊鱼的对照组（LSD，$P<0.001$），同时也显著低于将食蚊鱼引入隔离网外的

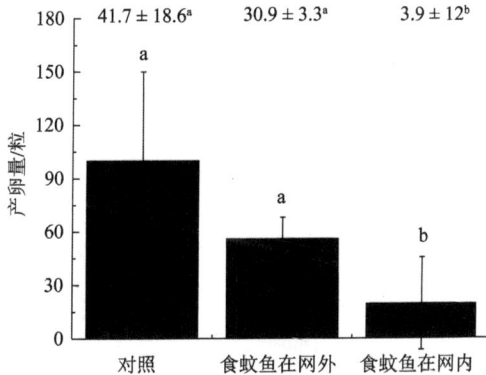

图 10-8　引入食蚊鱼对唐鱼产卵量及受精率的影响

图中数据柱为平均值（$n=10$），垂线段为标准差，数据柱上方的数值为受精率（%）。
所标字母不同者，表示两个平均值间差异显著（$P<0.05$）

处理组（LSD，$P<0.05$）。而将食蚊鱼引入隔离网外的处理组卵的受精率与对照组无显著差异（LSD，$P>0.05$）。在将食蚊鱼引入隔离网内直接与唐鱼混养的处理组的 10 个重复实验中，有 7 个重复中唐鱼出现尾鳍、背鳍、臀鳍等明显被食蚊鱼咬伤的现象。

2. 对唐鱼繁殖行为的影响

在没有食蚊鱼存在（对照组）的条件下，在配对开始后 60 min 内，雄性唐鱼的求偶行为主要表现为不断追逐雌鱼，并在雌鱼周围绕圈游动。对照组雄鱼对雌鱼的追逐频率极显著高于食蚊鱼引入组的雄鱼（方差分析，$F_{1,18}=24.035$，$P<0.01$；图 10-9），而绕圈行为无显著差异（方差分析，$F_{1,18}=0.08$，$P>0.05$；图 10-9）。两者其他求偶行为如顶吻、卷尾、交尾等一系列行为在此阶段均无显著表现。雌鱼无特定的繁殖行为表现，在雄鱼追逐时急速逃避。虽然如此，对照组中的雌鱼也偶然发现以较低频率表现出反过来追逐、驱赶雄鱼的行为，而在食蚊鱼引入组的雌性唐鱼中则未观察到此种表现。

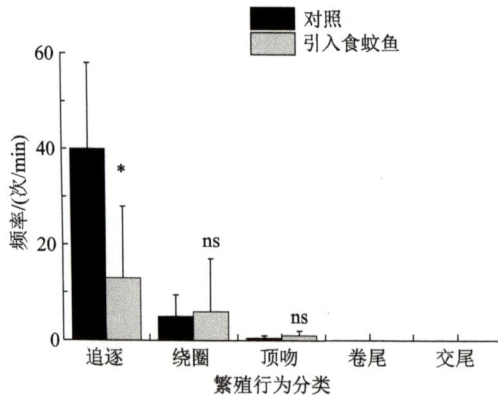

图 10-9　雄性唐鱼在配对开始后 60 min 内的繁殖行为

*表示两者间有极显著差异，
$P<0.01$；"ns" 表示两者间无显著差异，$P>0.05$

在食蚊鱼引入组中，食蚊鱼显著表现出对唐鱼的追咬行为，唐鱼表现出明显的惊恐逃逸行为。在其中一次观察中，雄性唐鱼因食蚊鱼的剧烈追赶而跳出了玻璃缸。在食蚊鱼引入之初，雄性唐鱼对食蚊鱼表现出警戒行为，试图靠近食蚊鱼并将其驱逐。但食蚊鱼表现出反击行为后，雄性唐鱼则马上落荒而逃。此后，则表现出明显的惊恐逃避行为，不再试图靠近食蚊鱼。

从配对后的第二天早上 9：00 前后开始，对照组唐鱼开始明显表现出追逐、交配等行为。繁殖活动可持续 120 min 以上。从开灯录像开始的 90 min 内，对照组雄性唐鱼的所有繁殖行为，包括追逐、绕圈、顶吻、卷尾、交尾等先后出现，且各种行为的频率均显著高于食蚊鱼引入组雄性唐鱼。相应地，雌性唐鱼的繁殖行为频率也显著高于食蚊鱼引入组雌性唐鱼。对照组中，雌性唐鱼最为特别的繁殖行为是"入巢"行为。在雄鱼尾随追逐过程中，雌鱼绕着凤眼蓝（*Eichhornia crassipes*）根系游动，试图将头埋于根丛，这种行为称为"入巢"。此时尾随的雄鱼则会贴近雌鱼，试图交尾。一旦交尾成功，雌鱼则会迅速排出卵。一次排出5～14 粒，大部分卵可穿透隔离网落入缸底，但雄鱼在卵下落过程中会吞食其中一小部分。然而，当雌鱼入巢行为与雄鱼尾随行为不一致时，两者不能贴身交尾。雌鱼交尾次数明显少于入巢次数。在整个繁殖过程中，成功交尾的次数并不多。在食蚊鱼引入组，食蚊鱼仍然表现出对唐鱼的追咬行为，其情况与在唐鱼配对开始后 60 min 的观察结果类似。在食蚊鱼引入组所观察的 10 对唐鱼中，80%的个体的尾鳍、背鳍、臀鳍被食蚊鱼咬伤。在这些被咬伤的个体中，均没有观察到那些在对照组所表现出来的典型繁殖行为。而只有其中两组，食蚊鱼明显缺乏对唐鱼的攻击行为，雌、雄唐鱼才表现出正常的求偶行为。在这一实验中，对照组唐鱼全体平均产卵量为（149.7±89.1）粒/尾，受精率为（23.5±13.4）%；而在食蚊鱼引入组，唐鱼全体平均产卵量仅为（7.0±15.3）粒/尾，受精率则为（2.4±5.3）%。

　　一些研究表明，入侵物种通过对土著种成体的攻击而改变这些物种的繁殖行为，降低其繁殖成功率（Gamradt et al.，1997；武正军等，2008）。本研究显示，食蚊鱼的引入显著降低了唐鱼的产卵量和受精率。进一步通过行为学观察，揭示了食蚊鱼通过追咬行为而显著影响了唐鱼的繁殖行为，从而导致其产卵量和受精率显著下降。许多研究显示，食蚊鱼常对体形大小超出其可直接捕食范围的猎物进行撕咬而造成猎物体表损伤。例如，食蚊鱼的撕咬对一些两栖类蝌蚪的尾部鳍褶造成严重的损伤（Richards & Bull，1990；Komak & Crossland，2000）；这种撕咬也大量损伤当地某种火蝾螈（*Salamandra infraimmaculata*）的尾鳍，造成在食蚊鱼入侵后大部分火蝾螈个体的体长与尾长的比值显著上升（Segev et al.，2009）。录像分析显示，食蚊鱼不断对唐鱼发动追击，虽然唐鱼表现出明显的逃避行为，但仍然避免不了上述部位的损伤。一部分个体的尾鳍被严重损伤后甚至丧失正常的游动能力，所有的繁殖行为均因此而被抑制。

　　一般，繁殖行为对鱼类成功繁殖起着决定性作用。许多鱼类均需要一定的求偶过程才能激发交配行为，并随后产卵和受精（Fleming & Gross，1992；Flemng et al.，1996）。在对照组中，雄性唐鱼的正常繁殖行为包括追逐、绕圈、顶吻、卷尾、交尾等一系列先后出现的行为。其中追逐、绕圈是最先出现的行为，其在入缸配对 5 min 后即可出现，是一种重要的求偶行为表现。然而，顶吻、卷尾、交尾等行为只有经过一夜的适应后才会在第二天早上明显出现。

　　实验中引入的食蚊鱼可能作为一个空间竞争者或捕食者而出现，迫使唐鱼做出相应的行为反应，而这些反应取代了本应在配对后出现的繁殖行为。在食蚊鱼进入初期，雄性唐鱼表型出类似驱赶同种雄性的行为（刘汉生等，2008b），试图驱赶食蚊鱼。但很快，在食蚊鱼的反击和持续攻击下，其行为转变为警戒和逃避。在配对的第二天早上，当对照组雄性显著表现出求偶行为的时候，其行为依然停留在警戒和逃避状态，特别是即使食蚊鱼并未表现出攻击行为而是迅速游动，雄性唐鱼也已惊恐逃逸，其对雌鱼的追逐、绕圈行为大大被抑制，后续的顶吻、卷尾、交尾等一系列行为完全没有出现。最终的结果是多数受试的配对组合中其产卵活动基本未出现。在首先进行的产卵实验中，很可能是因为隔离网的存在将食蚊鱼在行为上的干扰这一因素排除，从而使得唐鱼成功交配产卵。这一点也表明，即使在视觉上观察到食蚊鱼的存在，并且可接收到食蚊鱼所释放的化学信息，唐鱼也很可能忽略外界信号所提示的危险而继续正常的繁殖活动。

　　整体而言，通过室内观察，发现了食蚊鱼对唐鱼的繁殖行为存在极大的干扰。本实验中提供的空间相对狭小，所观察的结果与自然条件下有一定差异。事实上，野外条件下的食蚊鱼主要在近岸带活动，而近岸带中水生植物丰富，也是唐鱼产卵繁殖的主要场所。因此，一旦食蚊鱼进入了唐鱼的栖息生境，其活动空间与唐鱼存在较大的重叠性。过去的研究已经表明，食蚊鱼对较大猎物的追咬行为普遍存在（Richards & Bull，1990；Komak & Crossland，2000；Segev et al.，2008），上述两者的活动空间重叠，将为食蚊鱼对唐鱼的追咬提供机会，而正如本研究所揭示的，这种行为很可能给唐鱼的繁殖活动带来较大的干扰。

第四节　食蚊鱼与唐鱼生理生态特征比较

　　溪流生态系统中水文环境特征主要体现为极高的空间异质性与显著的季节性周期波动。此外，溪流生境的另一个重要特点是浮游生物等饵料生物数量不多，且其丰度季节性变化明显。唐鱼在长期进化过程中显然适应了这种特殊的生境，而食蚊鱼一旦进入溪流生态系统，唐鱼如何适应这里的环境变化值得关注。

　　本节采用室内实验生态学方法，比较研究了食蚊鱼和唐鱼在不同食物环境和水流条件下的生理生态特征，拟为解释食蚊鱼和唐鱼种间关系的生理生态机制、评价食蚊鱼入侵风险提供理论依据。

一、饥饿对食蚊鱼和唐鱼幼鱼能量物质消耗及游泳能力的影响

　　用手抄网从广州从化的溪流中捕获怀胎食蚊鱼雌鱼，挑选体长约 35 mm、腹部饱满、胎斑明显的个体暂养于暨南大学水生生物实验室内，至多尾食蚊鱼同天产出仔鱼。收集同一天产出的仔鱼放入水族箱中饲养。饥饿实验的方法和唐鱼材

料来源与第五章第三节同。

鱼类游泳能力测定装置参考 McIntire 等（1964）的设计并进行了改进，主体为长 100 cm、宽 30 cm、高 20 cm 的长方形玻璃水槽，实验装置实际水深为 16 cm，游泳能力测试区域长 40 cm、宽 15 cm。水流速度测定采用精密水位流速测定仪（Starflow 6526，澳大利亚）。爆发游泳速度（U_{burst}）的测定步骤参照 Reidy 等（2000）的方法，临界游泳速度 U_{crit} 的测定参照李江涛等（2016）的方法。

1. 形体指标

表 10-9 显示，随着饥饿时间延长，食蚊鱼和唐鱼体长均无显著变化（$P>0.05$），而干体质量和肥满度却发生了显著性变化（$P<0.05$），皆随饥饿时间的增加而减小。无论经历何种饥饿时间，食蚊鱼体长与唐鱼相比均无显著性差异（$P>0.05$）。饥饿前对照组（0 d）食蚊鱼干体质量和肥满度与唐鱼相比均差异不显著（$P>0.05$），但随着饥饿时间的增加，食蚊鱼干体质量和肥满度均显著小于唐鱼（$P<0.05$）。

表 10-9　经历不同饥饿时间食蚊鱼和唐鱼的体长、干体质量和肥满度

饥饿时间/d	体长/cm		干体质量/mg		肥满度/（mg/mm³）	
	食蚊鱼	唐鱼	食蚊鱼	唐鱼	食蚊鱼	唐鱼
0	1.67±0.14[aA]	1.79±0.13[aA]	23.07±4.63[aA]	25.69±4.24[aA]	0.44±0.05[aA]	0.44±0.05[aA]
10	1.74±0.11[aA]	1.77±0.21[aA]	19.61±4.87[bA]	24.01±4.53[aB]	0.36±0.04[bA]	0.43±0.06[aB]
20	1.74±0.16[aA]	1.86±0.11[aA]	15.26±4.38[cA]	24.08±5.20[aB]	0.28±0.05[cA]	0.42±0.08[aB]
30	1.75±0.13[aA]	1.77±0.13[aA]	14.54±3.77[cA]	20.80±4.66[bB]	0.27±0.04[cA]	0.37±0.09[bB]
40	1.74±0.18[aA]	1.75±0.23[aA]	14.72±4.19[cA]	17.97±4.41[bA]	0.26±0.05[cA]	0.35±0.09[bB]

注：同列不同小写字母表示同种实验鱼同一指标在不同饥饿时间之间差异显著（单因素方差分析，$P<0.05$）；同行不同大写字母表示同一饥饿时间同一指标在不同实验鱼之间差异显著（ t 检验，$P<0.05$）

2. 饥饿前能量物质储备

本研究显示，饥饿 0 d 对照组的食蚊鱼蛋白质含量与唐鱼无显著差异，但糖原和脂肪含量却均显著小于唐鱼（表 10-10）。而比较两者游泳能力，无论是爆发游泳速度还是临界游泳速度，食蚊鱼除饥饿 40 d 极端情况，其余都显著小于唐鱼（表 10-11），表明食蚊鱼和唐鱼的生理生态和行为习性与其栖息环境密切相关。目前虽然发现食蚊鱼已入侵溪流生境，但其仍主要分布于流速缓慢且营养较为丰富的下游区域。与唐鱼相比，食蚊鱼不需要储存较多脂肪、糖原等营养和能量物质来应对食物短缺，也无须经常逆流游泳以应对流水环境。而唐鱼主要分布于流速相对较高的溪流上中游区域，相比食蚊鱼，唐鱼需具备较强的游泳能力以适应溪流的流动水体，同时，其体内足够的营养能量物质的储备有利于其应对溪流生境时空变化明显的食物条件。

表 10-10　饥饿结束后食蚊鱼和唐鱼糖原、脂肪和蛋白质含量

饥饿时间/d	糖原/（mg/ind）		脂肪/（mg/ind）		蛋白质/（mg/ind）	
	食蚊鱼	唐鱼	食蚊鱼	唐鱼	食蚊鱼	唐鱼
0	0.52 ± 0.13^{aA}	1.10 ± 0.18^{aB}	5.56 ± 0.80^{aA}	9.02 ± 0.86^{aB}	15.19 ± 0.71^{aA}	14.30 ± 0.64^{aA}
10	0.13 ± 0.03^{bA}	0.22 ± 0.02^{bA}	3.55 ± 0.31^{bA}	7.68 ± 0.96^{bB}	13.14 ± 0.45^{bA}	14.02 ± 0.54^{aA}
20	0.11 ± 0.01^{bA}	0.18 ± 0.01^{bA}	2.52 ± 0.21^{cA}	7.07 ± 0.29^{bB}	10.52 ± 0.45^{cA}	13.56 ± 0.13^{abB}
30	0.08 ± 0.01^{bA}	0.11 ± 0.01^{bA}	2.07 ± 0.39^{cdA}	4.10 ± 0.20^{cB}	9.65 ± 0.62^{cA}	12.20 ± 0.79^{bB}
40	0.08 ± 0.02^{bA}	0.10 ± 0.03^{bA}	1.92 ± 0.35^{dA}	2.49 ± 0.25^{dA}	7.67 ± 0.31^{dA}	9.70 ± 0.58^{cB}

注：同列不同小写字母表示同种实验鱼同一指标在不同饥饿时间之间差异显著（单因素方差分析，$P<0.05$）；同行不同大写字母表示同一饥饿时间同一指标在不同实验鱼之间差异显著（t检验，$P<0.05$）

表 10-11　不同饥饿时间后食蚊鱼和唐鱼的游泳能力

饥饿时间/d	爆发游泳速度/（cm/s）		临界游泳速度/（cm/s）	
	食蚊鱼	唐鱼	食蚊鱼	唐鱼
0	21.39 ± 2.16^{aA}	28.03 ± 1.42^{aB}	19.14 ± 2.40^{aA}	22.80 ± 2.08^{aB}
10	18.32 ± 1.80^{bA}	27.31 ± 1.74^{aB}	15.88 ± 1.71^{bA}	22.12 ± 1.43^{aB}
20	16.42 ± 2.28^{cA}	23.13 ± 1.29^{bB}	14.43 ± 1.69^{bA}	19.37 ± 2.33^{bB}
30	14.42 ± 1.87^{dA}	22.10 ± 1.63^{bcB}	11.35 ± 1.80^{cA}	15.02 ± 1.52^{cB}
40	13.36 ± 2.54^{dA}	20.76 ± 1.35^{cB}	9.19 ± 1.81^{dA}	10.40 ± 1.60^{dA}

注：同列不同小写字母表示同种指标同种实验鱼不同饥饿时间之间差异显著（单因素方差分析，$P<0.05$）；同行不同大写字母表示同种指标同种饥饿时间不同实验鱼之间差异显著（t检验，$P<0.05$）

3. 饥饿状态下的能量代谢特征

本研究中，经历不同饥饿时间的食蚊鱼和唐鱼糖原、脂肪和蛋白质含量见表10-10。随着饥饿时间的增加，食蚊鱼或唐鱼的糖原、脂肪和蛋白质含量均发生显著性变化（$P<0.05$）。实验鱼糖原含量均随着饥饿时间增加而迅速减少，脂肪和蛋白质含量则逐渐下降。饥饿 0～30 d，食蚊鱼脂肪含量均显著小于唐鱼（$P<0.05$），饥饿 40 d 时，食蚊鱼的脂肪含量与唐鱼相比无显著差异（$P>0.05$）。饥饿 0～10 d，食蚊鱼蛋白质含量与唐鱼相比无显著差异（$P>0.05$），但饥饿 20 d 之后，食蚊鱼蛋白质含量显著小于唐鱼（$P<0.05$）。

图 10-10 显示，食蚊鱼和唐鱼糖原含量均随饥饿时间增加呈极显著幂函数曲线下降趋势（$P<0.01$）；而无论何种实验鱼，其脂肪和蛋白质含量均随饥饿时间呈显著或极显著线性下降趋势（$P<0.05$，$P<0.01$）。相比唐鱼，食蚊鱼脂肪-饥饿时间线性方程斜率显著降低（$P<0.05$），但其蛋白质-饥饿时间斜率却显著增加（$P<0.05$）。

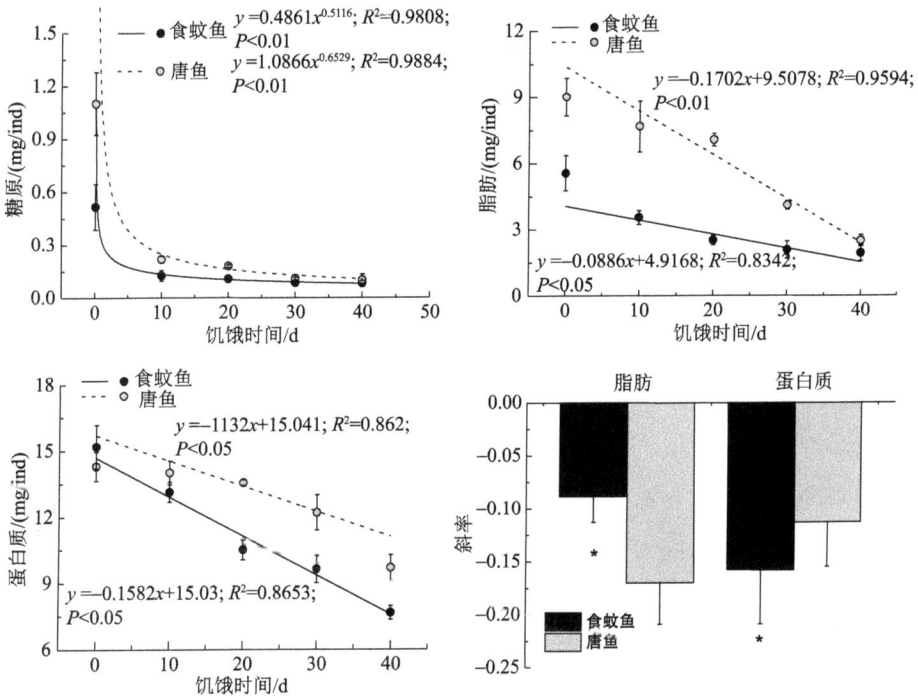

图 10-10 实验鱼能量物质含量与饥饿时间的回归方程及线性回归方程斜率

*表示差异显著

图 10-11 显示，从饥饿时间最长的 40 d 后的数据看，无论何种实验鱼，糖原消耗率均最高，脂肪其次，蛋白质消耗率最低；而从绝对消耗量看，无论是食

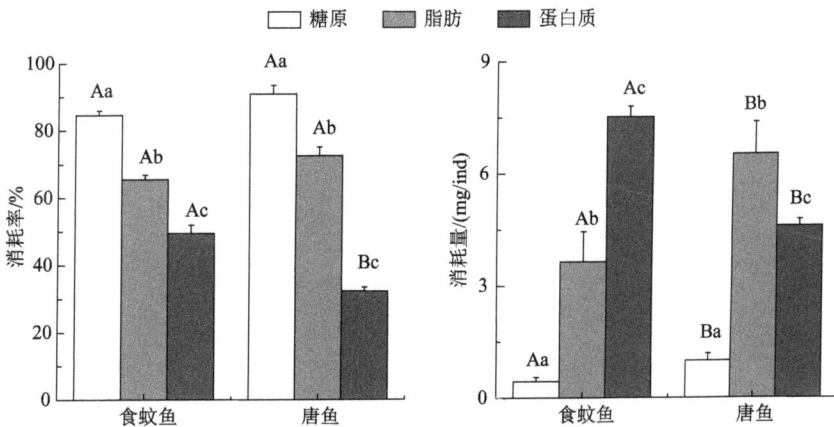

图 10-11 实验鱼在饥饿 40 d 后能量物质消耗率和消耗量

不同大写字母表示相同能量物质不同实验鱼间差异显著（$P<0.05$）；不同小写字母表示相同实验鱼不同能量物质间差异显著（$P<0.05$）

蚊鱼还是唐鱼，糖原消耗量均最低，但食蚊鱼蛋白质消耗量最高，而唐鱼脂肪消耗量最高。与唐鱼相比，食蚊鱼糖原和脂肪消耗率均无显著差异（$P>0.05$），而蛋白质消耗率却显著高于唐鱼（$P<0.05$）；与唐鱼相比，食蚊鱼糖原和脂肪的绝对消耗量均显著小于前者（$P<0.05$），而蛋白质消耗量却显著大于前者（$P<0.05$）。

由以上结果可以认为，在 40 d 饥饿期间，糖原、脂肪和蛋白质均为食蚊鱼和唐鱼的生命活动供能。尽管从消耗率看食蚊鱼和唐鱼均优先利用糖原和脂肪，其次是蛋白质，而糖原在饥饿早期几乎已被消耗殆尽，但从绝对消耗量看，持续饥饿期间维持食蚊鱼生理功能的能量供应主要来自蛋白质，而唐鱼则是脂肪。而这两种鱼类在饥饿期间能量代谢特征的差异还反映在饥饿后游泳能力的变化上。

4. 饥饿后的能量供应与游泳能力的变化趋势

表 10-11 显示，随着饥饿时间的增加，饥饿后食蚊鱼或唐鱼的 U_{burst} 和 U_{crit} 均发生显著性变化（$P<0.05$），其 U_{burst} 和 U_{crit} 均随着饥饿时间的增加逐渐减小。图 10-12 显示，食蚊鱼或唐鱼的 U_{burst} 和 U_{crit} 均随着饥饿时间的增加呈显著的线性下降趋势（$P<0.01$）。与唐鱼相比，食蚊鱼的 U_{burst}-饥饿时间线性回归方程斜率无显著性差异（图 10-13，$P>0.05$），表明饥饿后食蚊鱼和唐鱼爆发游泳能力的下降程度并无明显差异。这可以认为是鱼类长期经历自然选择和进化的结果，以保证其能够在食物严重匮乏时仍保持一定的应急和生存能力。

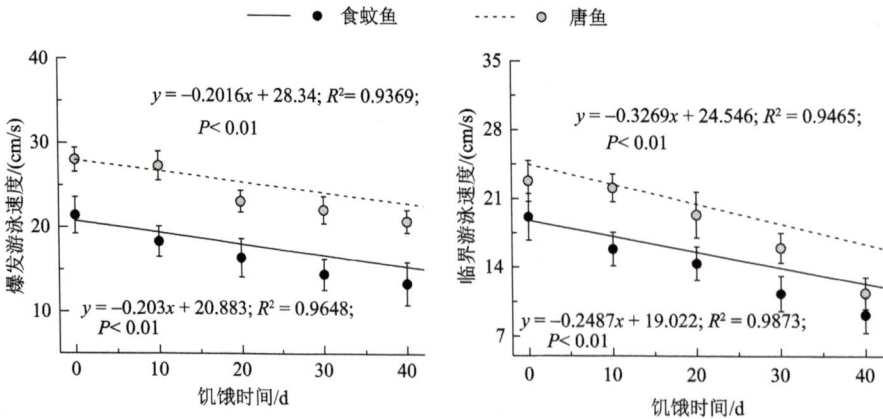

图 10-12　实验鱼游泳能力与饥饿时间的关系

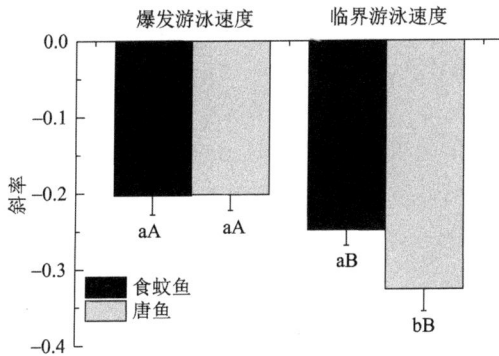

图 10-13　实验鱼游泳能力与饥饿时间的线性回归方程斜率

不同小写字母表示相同游泳速度不同实验鱼间差异显著（$P<0.05$）；
不同大写字母表示相同实验鱼不同游泳速度间差异显著（$P<0.05$）

对于临界游泳速度，本研究显示食蚊鱼 U_{crit}-饥饿时间线性回归方程斜率显著小于唐鱼（图 10-13，$P<0.05$），表明饥饿后食蚊鱼 U_{crit} 的下降程度更小。分析其原因，这可能与游泳运动过程中不同能量物质优先利用顺序有关。与脂肪和蛋白质相比，糖原分解供能的时间效率虽然最高，动物在运动过程中优先利用肌糖原和肝糖原分解供能，然而本实验中食蚊鱼和唐鱼的糖原在饥饿早期已被耗尽，饥饿一定时间后主要依靠脂肪和蛋白质为 U_{crit} 供能，这从食蚊鱼和唐鱼 U_{crit} 与脂肪和蛋白质含量均呈显著线性相关的结果可以佐证。而蛋白质作为重要的结构物质，储存量虽然较大，但其热价相对较低，因此两种鱼均有可能优先利用产热量更高的脂肪为游泳活动供能。食蚊鱼在饥饿期间虽然优先利用脂肪供能，但是相比唐鱼，却主要消耗体内储存量最大的蛋白质以应对长时间的饥饿，而饥饿后脂肪含量的下降幅度显著小于唐鱼，致使其 U_{crit} 比唐鱼更加稳定。

综上所述，食蚊鱼和唐鱼在应对饥饿胁迫的能量学策略与运动行为特征上有明显差异。唐鱼通常能量储备较多，游泳能力强，在饥饿状态下虽然 U_{crit} 下降幅度较大，但与生存直接相关的 U_{burst} 在饥饿后仍然保持较高水平，这反映了唐鱼对华南地区流速波动大而营养相对匮乏的溪流生境的适应特点。与唐鱼相比，食蚊鱼虽然整体上能量储备较少，游泳能力较低，但饥饿状态下其独特的能量代谢方式赋予其更加稳定的游泳能力，这从一定程度上说明食蚊鱼具有相对较大的抗饥饿潜力，为其适应贫营养的溪流上中游生境提供了有利条件。

二、不同食物水平下水流对食蚊鱼和唐鱼生长效率的影响

实验在暨南大学水生生物研究所动物培养室中进行，自行设计流水饲育装置（图 10-14），主要结构为一个长 100 cm、宽 30 cm、高 20 cm 的长方形玻璃鱼缸，中间用一块长 80 cm、宽 20 cm 的玻璃板隔开，从而形成一个环形水道。在环形

水道一侧用前后两个钢丝网隔开,形成长 40 cm、宽 15 cm 的区域,该区域为流速相对均一的实验鱼饲育区域。玻璃鱼缸饲育区一侧末端设有 50 W 水陆两用水泵,放置于玻璃鱼缸上方的塑料板上。水泵的进水口为一直径 25 mm、密布小孔的"工"字形 PVC 管,出水口分别为两个前后间隔 50 cm 的相同"工"字形 PVC 管,其中下游"工"字形 PVC 管上设有阀门,用于调节出水量来改变水流速度。流速通过精密水位流速测定仪(Starflow 6526,澳大利亚)进行测定。实验装置实际水深为 16 cm。

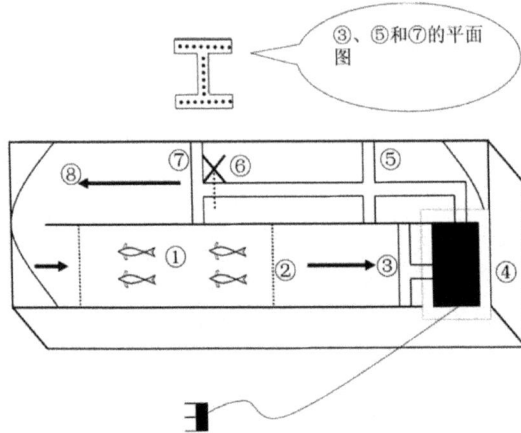

图 10-14　流水饲育装置示意图(俯视)

①实验鱼饲育区域;②钢丝网;③"工"字形进水口;④水陆两用水泵;
⑤和⑦"工"字形出水口;⑥PVC 管阀门;⑧水流方向

食蚊鱼和唐鱼均设饱食(过量投喂)和半饱食(约 1/2 饱食量)两个食物水平,其中饱食组指每次均为过量投喂,1 h 后仍有残饵存在,而半饱食组的投喂量为饱食组投喂量的一半;每个食物水平下设 1.5 bl/s 和 0 bl/s 两个水流条件共 4 个实验组,每个实验组各设 3 个平行,共 12 个平行组。每套装置中各放入食蚊鱼或唐鱼 30 尾。为减少生理胁迫,实验开始前让实验鱼在饲育装置中暂养 5 d,其间流水组的流速逐步提高至 1.5 bl/s。

实验期间每天投喂两次(9:00 和 21:00)冰鲜红虫,根据每天的饱食组投饵量来调整次日半饱食组投喂量。流水组每次投喂期间(1 h)关闭水流,使实验鱼在静水环境中进食。投喂前用虹吸管吸出粪便,如果有个体死亡则用手抄网捞出,投喂 1 h 后饱食组先回收残饵,再重新开启水流。实验期间环境条件与暂养时相同。

为避免由于饲育时间过长造成食蚊鱼和唐鱼达到性成熟而对其各项相关指标产生影响,实验周期设为 30 d。

1. 初始指标与死亡率

实验初始食蚊鱼平均体长为(7.53±0.41)mm,平均干体质量为(1.23±0.27)mg;

唐鱼平均体长为（7.70±1.31）mm，平均干体质量为（1.29±0.62）mg。经 *t* 检验显示，食蚊鱼的初始平均体长或平均干体质量与唐鱼相比差异均不显著。实验结束时，在饱食水平下，1.5 bl/s 流水组与 0 bl/s 静水组之间食蚊鱼的死亡率没有显著性差异，而在半饱食水平，1.5 bl/s 流水组食蚊鱼的死亡率显著低于 0 bl/s 静水组（*P*<0.05）；而无论是饱食还是半饱食水平，1.5 bl/s 流水组和 0 bl/s 静水组唐鱼的死亡率均接近于零（图 10-15）。

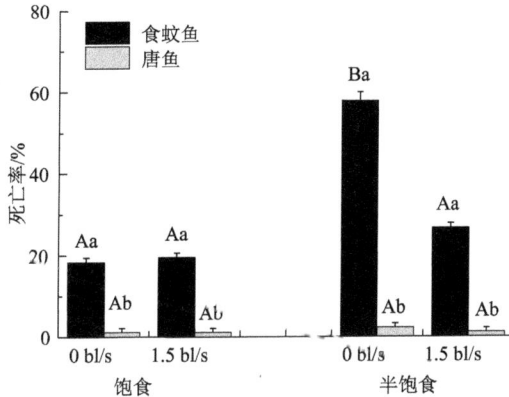

图 10-15　食蚊鱼或唐鱼的死亡率

不同小写字母表示相同条件下食蚊鱼和唐鱼的种间对比差异显著（*t* 检验，*P*<0.05）；不同大写字母表示相同食物水平但不同水流条件下食蚊鱼或唐鱼的种内组间对比差异显著（*t* 检验，*P*<0.05）

2. 摄食

摄食是鱼类获取能量的唯一来源，对鱼类维持自身生长、发育和繁殖至关重要。本研究中投喂红虫的干物质比能值为（19.51±0.54）kJ/g。由于半饱食量为饱食量的一半，其摄食量是被人为限制的，故本次实验只分析日饱食量随饲育时间的变化规律。食蚊鱼和唐鱼的日饱食量与饲育时间的关系符合线性回归方程：$y=kx+z$，其中 y 为日饱食量，k 为线性方程的斜率，x 为饲育时间，z 为截距（表 10-12）。日饱食量与饲育时间呈线性关系反映了食蚊鱼和唐鱼在幼鱼阶段快速生长和能量需求旺盛的特点。

表 10-12　不同水流条件下实验鱼日饱食量与饲育时间回归方程参数

实验鱼	流速/（bl/s）	斜率 k	截距 z	拟合度 R^2	显著性 Sig.
食蚊鱼	1.5	0.2982±0.1048[a]	8.3079±0.2714[a]	0.9177	*P*<0.001
食蚊鱼	0	0.2451±0.0137[a]	8.0071±0.1745[a]	0.8434	*P*<0.001
唐鱼	1.5	0.3387±0.0829[b]	7.2724±0.1708[b]	0.9845	*P*<0.001
唐鱼	0	0.3385±0.0579[b]	7.2725±1.2217[b]	0.9975	*P*<0.001

注：同列数据上标字母不同表示两组间差异极显著（单因素方差分析，*P*<0.001）

　　表 10-12 显示，无论是流水组还是静水组，唐鱼回归方程斜率（k）均显著大于食蚊鱼（$P<0.05$），截距（z）均极显著小于食蚊鱼（$P<0.001$）；而无论是食蚊鱼还是唐鱼，其流水组和静水组之间回归方程的斜率（k）或截距（z）均没有显著性差异，故食蚊鱼或唐鱼在不同水流条件下的回归方程可以分别合并为一个方程（图 10-16）。

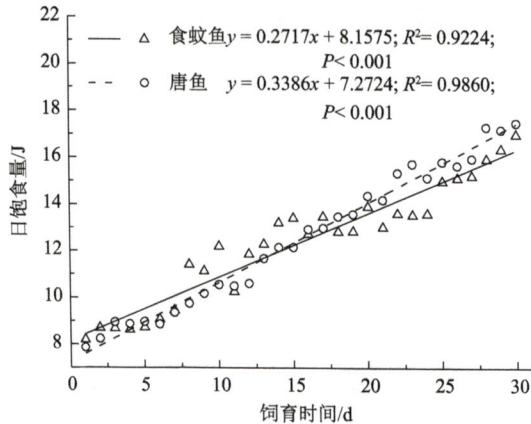

图 10-16　实验鱼日饱食量与饲育时间的关系

　　图 10-16 显示，实验初始阶段食蚊鱼的日饱食量大于唐鱼，但由于唐鱼的日饱食量随饲育时间的增幅（即斜率 k）显著大于食蚊鱼，故在实验中期阶段，唐鱼的日饱食量开始超过食蚊鱼，之后两种鱼的日饱食量差异逐渐增大。

　　在饱食或半饱食水平下，无论是唐鱼还是食蚊鱼，流水组与静水组之间日平均摄食率均没有显著性差异（图 10-17）。由于本研究的目的并非考察水流对摄食的直接影响，投饵是在静水条件下进行的，故研究结果与刘明中等（2014）以活体浮游动物作饵料时唐鱼和食蚊鱼的摄食量受水流条件显著影响的结果不同。

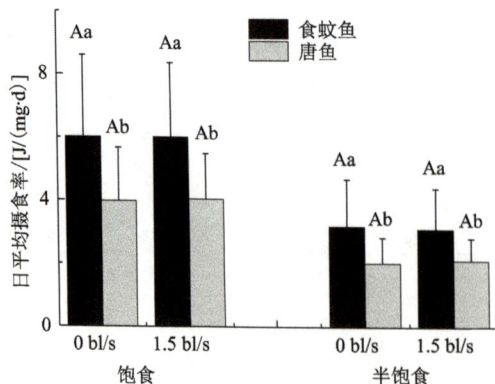

图 10-17　实验鱼的日平均摄食率

不同小写字母表示相同条件下食蚊鱼和唐鱼的种间对比差异显著（$P<0.05$）；不同大写字母表示相同食物水平但不同水流条件下食蚊鱼或唐鱼的种内组间对比差异显著（$P<0.05$）

无论何种食物水平或水流条件，食蚊鱼的日平均摄食率均显著大于唐鱼（$P<0.05$），表明在食蚊鱼和唐鱼共同分布的自然水体，食蚊鱼在饵料资源竞争上可能拥有更多优势。

3. 生长

影响鱼类生长的重要内部因素除了摄食之外还有代谢耗能。鱼类的代谢可划分为标准代谢、活动代谢和特殊动力作用（SDA），其中活动代谢指鱼体以一定强度进行游泳运动时所消耗的能量，并且鱼类在游泳时其活动代谢耗能可达到静止时的 10～15 倍。图 10-18 显示，饲育结束时，在饱食情况下，与 0 bl/s 静水组相比，1.5 bl/s 流水组唐鱼各生长指标（体长、干体质量和特定生长率等）均无显著性差异，而在半饱食条件下，流水组唐鱼的生长则受到抑制。这种现象可以理解为饱食条件下唐鱼在水流中持续游泳虽然增加了其活动代谢耗能，但由于有充足的食物供给，且逆流运动可提高食物消化率，从而有足够的能量维持较高的生长率。关于流水条件对食物消化率的影响，在其他鱼类中也有报道，Grisdale-Helland 等（2013）发现，与 0.32 bl/s 低流速对照组相比，1.06 bl/s 的水流下大西洋鲑（*Atlantic salmon*）具有较高的食物消化率。在半饱食条件下，1.5 bl/s 的水流环境增加了唐鱼的游泳活动和能量消耗，而此时由于食物供应不足，摄食的能量不足以同时维持其高代谢活动和生长，导致生长率下降，鱼体丰满度减少。

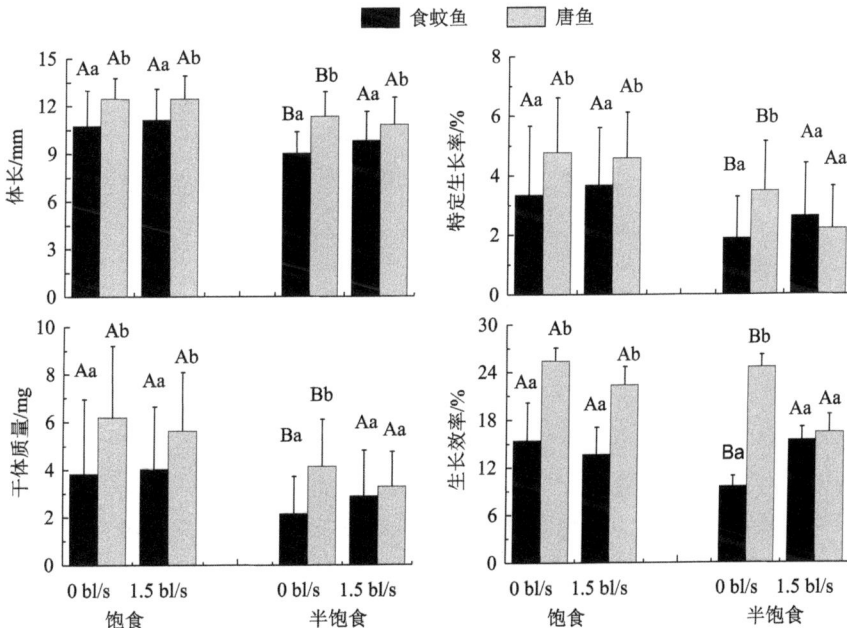

图 10-18　不同食物水平和水流条件下食蚊鱼和唐鱼的生长指标

不同小写字母表示相同条件下食蚊鱼和唐鱼的种间对比差异显著（$P<0.05$）；不同大写字母表示相同食物水平但不同水流条件下食蚊鱼或唐鱼的种内组间对比差异显著（$P<0.05$）

Davison 和 Goldspink（1978）认为在水流下的高存活率表明鱼类已经适应了该种环境，此时减缓生长是对流水环境的一种适应机制，而不是水流对其生长具有直接的负面影响。本实验结果显示唐鱼在 1.5 bl/s 的水流环境下死亡率接近于零，这同样反映了唐鱼这种溪流小型鱼类对流水环境的适应。

对于食蚊鱼，图 10-18 显示，在饱食情况下，与 0 bl/s 静水组相比，1.5 bl/s 流水组食蚊鱼的各项生长指标均无显著性差异，这一结果与唐鱼相似。当食物充足时，其摄入的能量既能满足游泳所产生的活动代谢耗能，也能满足其生长需要，因此流水组与静水组的生长指标差异不显著。而在半饱食条件下，流水组食蚊鱼的特定生长率显著高于静水组，这一结果与唐鱼恰恰相反。这可能与不同鱼类所具有的行为特性有关。唐鱼是集群性鱼类，尤其在流水环境下喜群游。而食蚊鱼是一种非集群性的杂食性偏肉食性鱼类，尤其在静水条件下，更少表现出集群性，因而其对密度胁迫非常敏感。在入侵地，食蚊鱼极具攻击性，特别是当食物匮乏或者空间狭小时，食蚊鱼为获取有限的资源呈现很强的争斗行为。本研究也观察到食蚊鱼在半饱食静水条件下饲育过程中死亡率显著增加，且死亡个体均缺少头部或尾部或者躯干部损伤，可以初步判定死亡原因为同类相残。有报道称在一定流速下游泳的鱼类往往表现出规律性的同步运动行为，游泳过程中为减少能量消耗，其相互攻击频率明显降低。本研究也发现在半饱食水平下，流水组食蚊鱼死亡率显著低于静水组，这证实了食蚊鱼也具有同样的行为特性，流水环境下食蚊鱼的争斗行为减弱，从而提高了生长率。本研究在活动空间受限且食物供给不足的情况下，食蚊鱼发生同类相残，导致死亡率增加。关于该条件下存活的食蚊鱼是否为群体中的优势个体，是否具有该平行样本的代表性等问题，有待进一步的实验研究，以考证食蚊鱼在静水环境且空间不受限制，但食物不足条件下的生长规律。

4. 生长效率

生长效率是指单位摄食能量所获得的生长量，是反映摄食与生长关系的重要生理生态学指标。唐鱼在饱食情况下，无论是处于流水还是静水环境，其生长效率都大于食蚊鱼（图 10-18），表明唐鱼具有较大的生长潜力。虽然其生存的溪流生境营养相对贫乏且季节变化明显，但一旦在某一时段能获得充足的食物供应，唐鱼就能够快速生长，充分发挥其高效率的生长优势。

大量的研究都表明，成功的外来入侵种其生态幅往往很宽，对各种环境因子的适应范围较广，对环境具有较强的生态耐受性。一般认为食蚊鱼游泳能力较弱，故其常生活在池塘、湖泊等食物丰富的静水区域。然而本研究发现，当食蚊鱼处于半饱食水平且具有一定流速的流水环境中时，其生长效率并未明显下降，甚至接近于同条件下的唐鱼（图 10-18），表明食蚊鱼对流水和贫营养条件具有较强的生长适应性，这种生理生态特征有利于其适应溪流特殊生境。

三、小结

综上所述，在食物匮乏时，食蚊鱼具有更高的生长效率及更稳定的游泳能力，但唐鱼具有更高的摄食效率和能量利用效率，以及更具优势的能量分配策略。由于食蚊鱼具有较高的摄食率，而富营养化和外来鱼类的入侵经常相伴发生，水体富营养化通常会引起饵料生物量的增加，这可为食蚊鱼入侵唐鱼生境创造条件，并通过捕食唐鱼仔鱼，对唐鱼的生存造成危害。因此，本节研究结果可为制定预防食蚊鱼进一步入侵、保护唐鱼资源的管理措施提供决策基础。

第十一章 唐鱼自然保护区建设

唐鱼作为国家二级重点保护水生野生动物，其濒危原因主要包括栖息地破坏、水环境污染及外来入侵物种影响等。建立自然保护区是保护唐鱼自然资源的最有效途径。广州市于 2007 年 12 月在从化区建立了从化唐鱼县级自然保护区，2011年 9 月该保护区升格为市级自然保护区，即广州良口唐鱼市级自然保护区。

第一节 唐鱼自然保护区的环境特征

一、自然地理特征

1. 地理位置

广州良口唐鱼市级自然保护区位于广州市从化区北部的良口镇良新村水尾洞社，地理坐标为 23°44′05″N～23°44′51″N，113°41′36″E～113°42′06″E。总面积为148 hm²，其中核心区为 98 hm²，缓冲区为 34 hm²，实验区为 16 hm²（图 11-1）。

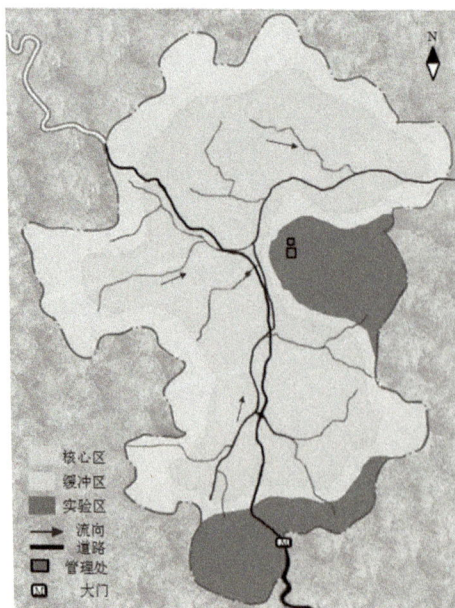

图 11-1 广州良口唐鱼市级自然保护区功能区划图（彩图请扫封底二维码获取）

2. 气候

据《从化县志》（从化县地方志编纂委员会，1994）记载，广州市从化区属于南亚热带季风气候，全年气候温和，雨量丰沛。年平均气温为 19.5～21.4℃，年平均降雨量为 1800～2200 mm。日极端气温记录为 38.1℃和−7℃。四季气候特征为春季冷暖多变，阴湿多雨，偶有"倒春寒"天气；夏季以晴热天气为主，时有大风和暴雨；秋季少雨，常遇干旱和"寒露风"；冬季多晴天，气候干燥，霜冻时有发生。区内主要气象灾害有水灾、旱灾、低温、冷害、大风和冰雹等。

（1）气温

从化气温北低南高，和地势的高低相反，即良口以北山区气温较低，良口以南丘陵、平原气温较高。

从化年平均气温分布的特点是北部为 19.5～21.4℃，中南部平原、丘陵地区比良口以北山区高 1.8℃，月平均气温以 1 月最低、7 月最高；北部的吕田 1 月平均气温为 10℃，7 月平均气温为 27℃；中南部街口镇 1 月平均气温为 12.2℃，7 月平均气温为 28.5℃，由南向北差值为 1.5～2℃。

良口以南地区多年平均最高气温为 26.2℃，良口以北累年平均为 25.2℃；月最高气温最高值出现在 7 月，良口以南累年平均为 33℃，良口以北累年平均为 32℃。日极端最高气温为 38.1℃，出现在 1963 年 9 月 5 日。年最低气温在良口以南地区，累年平均为 17.9℃，良口以北累年平均为 14.7℃；月最低气温最低值出现在 1 月，良口以南累年平均为 8.3℃，良口以北累年平均为 4.3℃。日极端最低气温为−7℃，出现在 1963 年 1 月 16 日。

（2）降雨量

从化降水形式主要为雨，局部地区春夏之际也有雨夹冰雹出现。降雨多来自夏季风，故存在着地区间的均匀性、年际的不稳定性和时间上的不平衡性。

全区降雨量的累年平均值为 1800～2200 mm。雨量分布的特点是自西南向东北递增。

从化降雨量的年际差异大，为 1278.2～2728.3 mm。最多雨量年与最少雨量年之间相差 1400 mm 以上。从化的雨量各季不平衡。雨量主要集中在汛期（4～9月），俗称雨季。在此期间的累年平均降雨量在区气象站为 1542.5 mm，占年降雨量的 80.8%；在流溪河水库气象站为 1673.8 mm，占年降雨量的 79.5%；在吕田气象站为 1573.1 mm，占年降雨量的 78%。区内 10 月至翌年 3 月的降雨量不多，俗称旱季。旱季期间的累年平均降雨量，在区气象站为 366.3 mm，占年降雨量的 19.2%；在流溪河水库气象站为 430.3 mm，占年降雨量的 20.5%；在吕田气象站为 443.4 mm，占年降雨量的 22%。

（3）年辐射量

累年平均年辐射量为 103 571.4 cal[①]/cm^2。一年中，月辐射量最少的是 2～3 月，累年平均仅为 5407.1～6085.1 cal/cm^2；最多的是 7～8 月，累年平均达 11 233.3～12 105.8 cal/cm^2。

3. 地质与地貌

（1）地质

从化区在大地构造上位于新华夏构造体系第二巨型隆起带南缘，属一级块断隆起之大经复背斜与南岭东西向构造体系，佛冈东西构造亚带，从化复向斜交接复合区。构造形迹划为东西向构造体系，新华夏构造体系和不明体系的北东向构造。

（2）地貌

从化山地是一种幼年期地貌，主要受新生代第三纪（距今约 7000 万年）以来喜马拉雅运动和新构造运动影响而不断上升造成的。其发育过程受地质构造控制，岭谷排列方向与构造线方向基本一致。由于造山运动呈间歇性上升，故在山地中可见海拔 1000 m 左右、800 m 左右、700 m 左右、500 m 左右等几级残留夷平面。区内山地地貌可分为低山和中山两类。其中海拔 400～800 m，比高 300～700 m，坡度 25°～35°的为低山，有 55 万 hm^2，占山地面积的 68.99%；海拔 800～1210 m，比高 400～1000 m，坡度 35°以上的为中山，有 2.54 万 hm^2，占山地面积的 31.01%。构成区内山地的岩性，以花岗岩为多，分布在各地，有 6.72 万 hm^2；其次是砂页岩，有 0.90 万 hm^2；变质岩只分布在江埔、神岗、太平的低山，有 0.37 万 hm^2；火山岩只分布在温泉和大岭山的中山，仅为 626.67 hm^2。

（3）土壤

保护区土壤为山地黄壤、红壤和水稻土。

4. 水文

从化区受地形影响，降雨量变化复杂，湿润水汽冷却产生的大量降雨受高山所阻，在区内持续时间延长，加上台风过境或受台风环流影响所造成的大雨到暴雨，使全区降雨量丰沛。

（1）径流

从化河川由径流降雨产生，属于雨水补给类型。年径流的地理分布情况与降雨相似，大致是自南部丘陵平原区向北部山区递增。多年平均年径流深为 1000～1600 mm，平均年径流量为 26.94×10^8 m^3，平均年产水量为 22.7×10^8 m^3。其中流溪河多年平均径流深（除连麻渠和沙溪水外）为 1341 mm，年径流量为 20.85×10^8 m^3，丰水年（$P=10\%$）年径流量为 30.03×10^8 m^3，枯水年（$P=90\%$）年径流量仅为

---

① 1 cal=4.184 J

12.72×10⁸ m³，两者相差 2.4 倍；其平均年产水量为 18.2×10⁸ m³。琶江河多年平均径流深为 1990 mm，年径流量为 4.27×10⁸ m³，丰水年（$P=10\%$）年径流量为 6.03×10⁸ m³，而枯水年（$P=90\%$）年径流量为 2.64×10⁸ m³，相差为 2.3 倍，其平均年产水量为 18.2×10⁸ m³。流溪河、琶江河年径流模数分别为 42.5 L/（s·km²）和 4.6 L/（s·km²）。流溪河的年径流系数为 0.66，琶江河的为 0.71。连麻河平均年产水量为 0.9×10⁸ m³。

区内径流在一年中分配很不均匀，汛期占全年径流量的 80%～85%，最大月径流发生在 5～6 月，非汛期各月径流都较小，造成汛期有洪涝，春秋有干旱，给水资源的利用带来不便，对全区工农业用水影响很大。

（2）蒸发量

从化区多年平均水面蒸发量在地理上的分布，大致随地形的升高而递减，以温泉为界，温泉以上蒸发量为 1200～1300 mm，温泉以下蒸发量为 1300 mm，全区蒸发量为 1200～1300 mm，最大月蒸发量发生在 7 月、8 月。

5. 保护区的水质

从 2007 年开始，广州市海洋与渔业资源环境监测中心对保护区水质进行了跟踪监测，其中以 2012 年之后的数据较为详细，获得了一批保护区水质数据，并建立了档案。

图 11-2 为主要水质理化指标的年平均值。保护区内水体偏酸性，而溶解氧含量丰富，显示出典型的山区溪流水质特征。主要营养盐和化学指标中，总氮含量显著高于 Ⅱ 类地表水标准值（GB 3838—2002），而氨氮、总磷和化学需氧量优

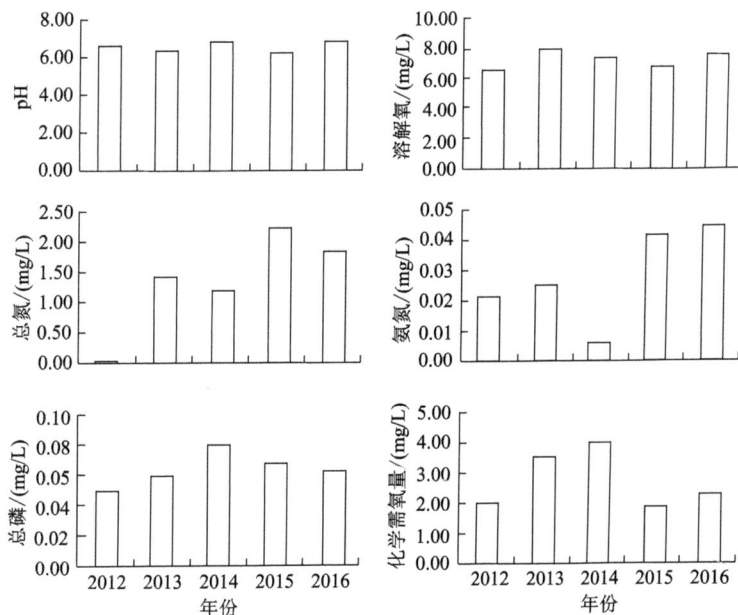

图 11-2　广州良口唐鱼市级自然保护区部分水质理化指标年变化

于 II 类地表水标准。此外，还监测了铜、锌、铅等重金属元素，分别为 0.000 15～
0.005 40 mg/L、0.0020～0.0077 mg/L、0.0004～0.0010 mg/L，均远低于 II 类地表
水标准。保护区内植被丰富，落叶及腐殖质多，溪流底质多为泥沙质，故其总氮
含量高。而保护区内没有任何工业生产和生活排污，故其他水体营养指标和重金
属含量都很低。

二、水生生物资源状况

广州良口唐鱼市级自然保护区位于一个四面环山的山间小盆地，保护区内有
多条小溪，汇合后形成从西南流向东北的主干溪流，从东北面流出保护区，汇入
牛路水，成为牛路水的一条支流。

1. 浮游生物

浮游植物种类和密度见表 11-1。保护区内水体藻类较为丰富，有 31 种，其中
绿藻门和裸藻门各有 9 种，硅藻门 8 种，甲藻门种类数最少，仅拟多甲藻 1 种。
藻类优势种群为硅藻门的舟形藻，绿藻门的四尾栅藻，蓝藻门的鱼腥藻等。

表 11-1　广州良口唐鱼市级自然保护区藻类种类和密度

序号	种类	密度/（个/L）
一、	蓝藻门 Cyanophyta	
1	鱼腥藻 *Anabaena* sp.	1300
2	弯曲尖头藻 *Raphidiopsis curvata*	100
二、	绿藻门 Chlorophyta	
3	四鞭藻 *Carteria* sp.	100
4	鼓藻 *Cosmarium* sp.	100
5	顶锥十字藻 *Crucigenia apiculata*	400
6	凹顶鼓藻 *Euastrum* sp.	100
7	叶状微星鼓藻 *Micrasterias foliacea*	200
8	四角盘星藻 *Pediastrum tetras*	800
9	双对栅藻 *Scenedesmus bijuga*	800
10	四尾栅藻 *S. quadricauda*	1600
11	水绵 *Spirogyra* sp.	100
三、	裸藻门 Euglenophyta	
12	裸藻 *Euglena* sp.	300
13	尖尾裸藻 *E. oxyuris*	100

续表

序号	种类	密度/（个/L）
14	扁裸藻 *Phacus* sp.	600
15	扭曲扁裸藻 *P. tortus*	100
16	囊裸藻 *Trachelomonas* sp.	400
17	旋转囊裸藻 *T. volvocina*	900
18	棘刺囊裸藻 *T. hispida*	100
19	矩圆囊裸藻 *T. oblonga*	200
20	陀螺藻 *Strombomonas* sp.	100
四、	硅藻门 Bacillariophyta	
21	曲壳藻 *Achnanthes* sp.	300
22	卵形藻 *Cocconeis* sp.	700
23	桥弯藻 *Cymbella* sp.	100
24	异极藻 *Gomphonema* sp.	300
25	颗粒直链藻 *Melosira granulata*	400
26	舟形藻 *Navicula* sp.	1800
27	针杆藻 *Synedra* sp.	100
28	线形双菱藻 *Surirella linearis*	100
五、	甲藻门 Pyrrophyta	
29	拟多甲藻 *Peridiniopsis* sp.	300
六、	隐藻门 Cryptophyta	
30	尖尾蓝隐藻 *Chroomonas acuta*	400
31	啮蚀隐藻 *Cryptomonas erosa*	500

浮游动物共采集、鉴定了 30 种，其中原生动物 21 种，轮虫 6 种，枝角类 1 种，桡足类 2 种（表 11-2）。浮游动物优势种群为原生动物的几个种群，其次是轮虫类。

表 11-2　广州良口唐鱼市级自然保护区原生动物种类和密度

序号	种类	密度/（个/L）
一、	原生动物 Protozoa	
1	有棘鳞壳虫 *Euglypha acanthophora*	1480
2	多卓变形虫 *Polychaos* sp.	+
3	波豆虫 *Bodo* sp.	+
4	砂壳虫 *Difflugia acuminata*	1540

序号	种类	密度/（个/L）
5	球形砂壳虫 *D. globulosa*	+
6	蒲变虫 *Vannella* sp.	+
7	弯凸表壳虫 *Arcella gibbosa*	+
8	板壳虫 *Coleps* sp.	+
9	前口虫 *Frontonia* sp.	+
10	舟形虫 *Lembadion* sp.	530
11	钟虫 *Vorticella* sp.	+
12	聚缩虫 *Zoothamnium* sp.	486
13	尖毛虫 *Oxytricha* sp.	+
14	楯纤虫 *Aspidisca* sp.	+
15	瞬目虫 *Glaucoma* sp.	+
16	刺日虫 *Raphidiophrys* sp.	+
17	额斜虫 *Epiclintes* sp.	+
18	近亲游仆虫 *Euplotes affinis*	+
19	急游虫 *Strombidium* sp.	+
20	赭纤虫 *Blepharisma* sp.	+
21	膜袋虫 *Cyclidium* sp.	486
二、	轮虫 Rotifera	
22	异尾轮虫 *Trichocerca* sp.	513
23	囊形单趾轮虫 *Monostyla bulla*	+
24	巨头轮虫 *Cephalodella* sp.	+
25	钩状狭甲轮虫 *Colurella uncinata*	+
26	盘状鞍甲轮虫 *Lepadella patella*	+
27	旋轮虫 *Philodina* sp.	+
三、	枝角类 Cladocera	
28	颈沟基合溞 *Bosminopsis deitersi*	+
四、	桡足类 Copepoda	
29	中剑水蚤 *Mesocyclops* sp.	480
30	小剑水蚤 *Microcyclops* sp.	+

注：+表示有分布

2. 底栖动物

在广州良口唐鱼市级自然保护区采集到底栖动物 36 种，隶属 6 纲（表 11-3）。

其中数量较多的是米虾和绘环棱螺。

表 11-3　广州良口唐鱼市级自然保护区底栖动物名录

序号	种类	数量
一、	线形纲 Nematomorpha	
1	铁线虫 Gordius aquaticus	+
二、	寡毛纲 Oligochaeta	
2	苏氏尾鳃蚓 Branchiura sowerbyi	+
3	水丝蚓 Limnodrilus sp.	+
三、	腹足纲 Gastropoda	
4	绘环棱螺 Bellamya limnophila	++++
5	檞豆螺 Bithynia misella	+
6	椭圆萝卜螺 Radix swinhoei	+++
四、	瓣鳃纲 Lamellibranchia	
7	河蚬 Corbicula fluminea	+
五、	甲壳纲 Crustacea	
8	米虾 Caridina sp.	++++
9	中华束腰蟹 Somanniathelphusa sinensis	+
六、	昆虫纲 Insecta	
10	白腹小蟌 Agriocnemis lacteola	+
11	黄狭扇蟌 Copera marginipes	+
12	琉球橘黄蟌 Ceriagrion auranticum	+
13	朱背齿原蟌 Prodasineura croconota	+
14	绿斑蟌 Pseudagrion microcephalum	+
15	赤褐灰蜻 Orthetrum neglectum	++
16	黑异色灰蜻 O. melania	+
17	华丽灰蜻 O. chrysis	++
18	吕宋灰蜻 O. luzonicum	+++
19	红蜻 Crocothemis servilia	+
20	灰脉褐蜻 Trithemis pallidinervis	+
21	庆褐蜻 T. festiva	++
22	晓褐蜻 T. aurora	+
23	截斑脉蜻 Neurothemis tullia	+
24	网脉蜻 N. fulvia	+
25	纹蓝小蜻 Diplacodes trivialis	+

续表

序号	种类	数量
26	侏红小蜻 *Nannophya pygmaea*	+
27	锥腹蜻 *Acisoma panorpoides*	+
28	六斑曲缘蜻 *Palpopleura sexmaculata*	+
29	摇蚊幼虫 *Chironomus* sp.	+
30	蜉蝣目 Ephemeroptera sp.	++
31	牙虫科幼虫 Hydrophilidae sp.	+
32	豉虫 *Gyrinus* sp.	+
33	水蝇 *Hydrellia* sp.	+
34	蝎蝽 *Arma chinensis*	++
35	仰泳蝽 *Notonecta* sp.	++
36	划蝽科 Corixidae	++

注：+、++、+++、++++分别表示存在、数量少、中和多

3. 鱼类

在广州良口唐鱼市级自然保护区采样，共捕到鱼类 9 种，隶属于 3 目 5 科 9 属（表 11-4）。其中鲤形目 6 种，占总种数的 66.7%；鲇形目 2 种，占总种数的 22.2%；鲈形目 1 种，占 11.1%（图 11-3）。按科分，又以鲤科鱼类 5 种占绝对优势，占总种数的 55.6%；其他鲇科、胡子鲇科、斗鱼科和鳅科各有 1 种，各占总种数的 11.1%（图 11-3）。

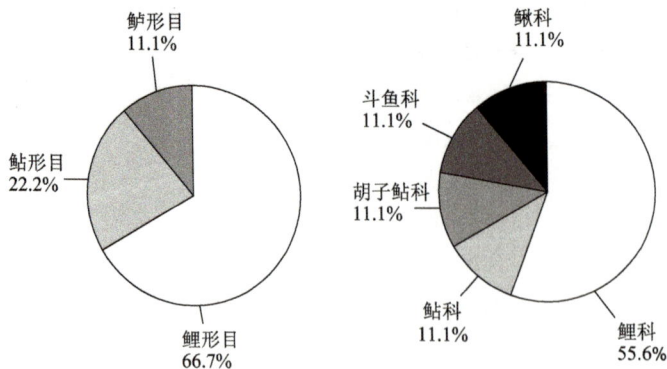

图 11-3　广州良口唐鱼市级自然保护区鱼类各目及各科组成

表 11-4　广州良口唐鱼市级自然保护区鱼类名录

序号	物种	数量比例/%
一、	鲤形目 Cypriniformes	
（一）	鳅科 Cobitidae	
1	泥鳅 *Misgurnus anguillicaudatus*	0.86
（二）	鲤科 Cyprinidae	
（1）	鲌亚科 Danioninae	
2	南方波鱼 *Rasbora steineri*	1.72
3	唐鱼 *Tanichthys albonubes*	78.66
4	拟细鲫 *Nicholsicypris normalis*	6.02
（2）	鲃亚科 Barbinae	
5	条纹小鲃 *Puntius semifasciolatus*	7.75
（3）	鲤亚科 Cyprininae	
6	鲫 *Carassius auratus*	0.17
二、	鲇形目 Siluriformes	
（三）	鲇科 Siluridae	
7	越鲇 *Silurus cochinchinensis*	0.34
（四）	胡子鲇科 Clariidae	
8	胡子鲇 *Clarias fuscus*	0.17
三、	鲈形目 Perciformes	
（五）	斗鱼科 Belontiidae	
9	歧尾斗鱼 *Macropodus opercularis*	4.30

调查中在保护区共采捕鱼类 581 尾，其中占绝对优势的是唐鱼，为 457 尾，占样本总数的 78.66%，其次是条纹小鲃，占总数的 7.75%，拟细鲫占 6.02%。

因为保护区是一个相对独立的小水体，溪流短小，生境空间差异不明显，所以鱼类群落组成简单，种类不多，均为小型鱼类，但保存了相当多数量的唐鱼。

4. 两栖类

在广州良口唐鱼市级自然保护区采集到两栖动物 8 种，均属于无尾目种类（表 11-5）。

表 11-5　广州良口唐鱼市级自然保护区两栖类名录

序号	科	种名
1	蟾蜍科	黑眶蟾蜍 *Bufo melanostictus*
2	蛙科	沼水蛙 *Hylarana guentheri*
3		泽陆蛙 *Fejervarya limnocharis*

续表

序号	科	种名
4	树蛙科	斑腿泛树蛙 *Polypedates megacephalus*
5		大树蛙 *Rhacophorus dennysi*
6	姬蛙科	饰纹姬蛙 *Microhyla ornate*
7		花姬蛙 *Microhyla pulchra*
8		花狭口蛙 *Kaloula pulchra*

三、社区经济状况

广州良口唐鱼市级自然保护区所在的良新村水尾洞社，位于从化区良口镇西边，在流溪河的右岸，距良口墟 105 国道 10 km。全社共 400 人，共 70 户，劳动力为 160 人，其中外出务工 80 人。全社总耕地面积为 41.3 hm²，其中水田 21.3 hm²、旱地 2 hm²、山林地 920 hm²；全社的果树种植面积为 73.3 hm²，其中主要种植品种为三华李 33.3 hm²，水柿、红柿共 33.3 hm²，沙糖橘 3.3 hm²，酸梅 2.0 hm²，白榄 0.09 hm²。水尾洞社集体经济以山林地的收入为主，全社年收入 13 万元，人均 325 元。目前乡村公路已到该社内。

第二节 唐鱼自然保护区的种群特征

广州良口唐鱼市级自然保护区是唐鱼野外种群数量较大，靠近模式种分布区，并与模式种分布区的生态特征最为接近的一个分布区。根据肖智（2017）的调查，该保护区内现有唐鱼数量估计为 10 万尾左右。种群结构以幼鱼为主，繁殖群体较大，生物群落结构完整，具有较高的保护价值。

一、唐鱼栖息地

保护区内有多条小溪，汇合后形成从西南流向东北的主干溪流，后从东北面流出保护区，汇入牛路水，成为牛路水的一条支流。溪流多为泥沙底质，少数为砂石底质。一般小溪溪面均较为狭窄，水流量较小，水深为 8～20 cm。主干溪流水深为 15～40 cm，在保护区中部核心区主干溪流和邻近小溪有多个水坑或深潭，水深为 50～100 cm，流速较缓，是唐鱼的主要分布点之一。

二、唐鱼种群数量

通过抽样调查，估算保护区唐鱼种群数量在 10 万尾以上，保护区内除个别小溪未发现唐鱼外，其他各溪流均有分布，其中纵贯保护区的主干溪流数量在 6 万尾左右，保护区中部核心区内一条存在较大面积水潭和较多水坑的小溪中的唐鱼数量在 2 万尾左右，还有 2 万尾分布在其他各小溪中。

三、唐鱼种群结构

采用鳞片与耳石分析相结合的方法，对 2016 年采集于保护区的 176 尾唐鱼的研究发现，样本中幼体数量最多，为 104 尾，其次是成体，为 63 尾，而较年老的个体最少，仅有 9 尾。说明保护区内唐鱼种群结构中幼体、成体占大多数，整个种群相当年轻，也说明其繁殖情况良好，有利于唐鱼种群的延续。

第三节　唐鱼自然保护区的建设成效

保护区成立以来，在广州市保护区行政主管部门的重视和从化区相关管理部门的努力下，唐鱼资源得到有效保护，各方面成效显著。

一、设立并完善了专职管理机构

2007 年设立"从化市唐鱼县级自然保护区管理站"，为从化市畜牧兽医渔业局属下的股级事业单位，并聘请当地管理人员 2 名，专职管护。2011 年升级为市级保护区后，保护区管理机构人员编制增加至 9 人。

二、规范保护区各项管理制度

保护区各项规章制度不断规范化和科学化，特别是最近几年来保护区巡护制度得到进一步加强，有效遏制了保护区内各种违法事件的发生。

三、深入开展宣传活动，营造良好社会氛围

通过开展走进唐鱼保护区青少年活动、在媒体刊登相关文章等宣传活动，重点阐述唐鱼资源保护和建立自然保护区的重要意义，提高了社会公众保护唐鱼的意识。

四、积极组织开展保护区资源调查和科研工作

为摸清和跟踪保护区资源状况，保护区和暨南大学、广州大学、华南师范大学等高校联合开展了保护区的资源调查和科学研究工作，为保护区的各项管护措施的实施奠定了基础。以 2015 年中国环境科学研究院发布的《自然保护区管理评

估规范》（征求意见稿）设定标准为依据，对唐鱼保护区进行管理评估，唐鱼保护区的得分值甚至超过了部分省级自然保护区，表明唐鱼保护区管理取得了良好的成效。

第四篇　唐鱼资源的开发和利用

第十二章　唐鱼在生态毒理学方面的应用

在生物学特性上，唐鱼与模式生物斑马鱼（*Brachydanio rerio*）非常接近，十分容易在实验室饲养及繁殖，研究者很早就着眼于将其培育成实验动物（陈国柱，2005）。迄今，唐鱼在生态毒理学研究中已经有着广泛应用，本章在重金属及化学品污染、环境激素污染等两个领域对唐鱼的应用进行归纳，进一步指出其在生态学研究领域中的应用前景。

第一节　唐鱼在水体重金属及化学品污染研究中的应用

一、唐鱼在水体重金属污染中的应用

超限的水体重金属离子污染物是威胁鱼类种群生存的一类重要的污染物，它们难以降解且容易为鱼体所富集（龙昱等，2016），对生态系统食物链具有重要影响。常见的水体重金属主要有汞（Hg）、镉（Cd）、铅（Pb）、铬（Cr）等，均为毒性较强的有害重金属，其对鱼体的作用机制主要为鱼类摄取后不能在其体内经代谢排出，而在脑组织、肾、肝及其他脏器中富集，超过安全浓度后它们对鱼类产生分子、生理生化等毒性作用，进而影响其生长发育、繁殖和代谢，甚至引起死亡（González et al., 2003；龙昱等，2016）。

1. 唐鱼卵及仔鱼在重金属污染中的应用

鱼类仔鱼早期发育阶段的胚胎发育和仔鱼时期对重金属污染最为敏感，多数研究者认为可以利用这一敏感性作为建立水质标准的基础。陈国柱和方展强（2011）针对 Cu^{2+}、Zn^{2+}、Cd^{2+} 对唐鱼胚胎及初孵仔鱼的急性毒性及安全浓度进行了研究。

3 种重金属元素对胚胎的毒性实验结果见表 12-1 和表 12-2。Cu^{2+} 对唐鱼胚胎 12 h 半致死浓度（LC_{50}）为 2.4092 mg/L，24 h LC_{50} 为 0.4039 mg/L。Zn^{2+} 和 Cd^{2+} 在本实验设计浓度下 12 h 对唐鱼胚胎的毒性表现不明显，但在 24 h 内，胚胎的死亡率在高浓度组便发生激增，以致 100%死亡，两者 24 h 内的 LC_{50} 分别为 372.9 mg/L 和 50.0 mg/L。3 种重金属的高浓度组对唐鱼胚胎毒性显著，死亡的胚胎发白、凝固，稍低浓度则出现卵膜破裂、死亡等特征，凝固作用明显不如高浓度（图 12-1）。

在低浓度组所孵出的仔鱼出现了不同程度的畸形现象（图 12-1）。最为典型的现象是围心腔畸形，卵黄囊前部形成一个巨大的空腔，心脏发育极不完善，居维叶氏管异常，血流缓慢。椎体畸形也相当明显，以椎体中后部扭曲为多。卵黄囊也出现各种各样的异常，正常初孵仔鱼卵黄囊是梨形的，畸形情况有：无后端棒状卵黄；前后两部分卵黄比例不协调，后端异常膨大。3 种重金属污染均显示了随浓度上升孵化率下降的趋势（表 12-1）。3 种重金属元素对唐鱼胚胎毒性的比较为 $Cu^{2+} > Cd^{2+} > Zn^{2+}$。

表 12-1 重金属污染对唐鱼胚胎发育存活的影响

重金属	浓度/(mg/L)	各组死亡仔鱼数及平均死亡率								孵化率/%
		12 h 死亡数/尾			12 h 平均死亡率/%	24 h 死亡数/尾			24 h 平均死亡率/%	
		①	②	③		①	②	③		
Cu^{2+}	0.2	0	0	1	1.67	4	6	6	31.67	50.0
	0.4	0	0	1	1.67	10	7	10	45.00	30.0
	0.8	3	4	4	18.33	14	15	15	73.33	10.0
	1.6	6	8	3	28.33	18	18	16	86.67	0
	3.2	13	16	11	66.67	20	20	20	98.33	0
Zn^{2+}	40.0	1	0	—	2.50	1	0	—	2.50	67.5
	80.0	1	0	—	2.50	2	1	—	7.50	40.0
	160.0	1	0	—	2.50	3	6	—	22.50	30.0
	320.0	2	1	—	7.50	7	10	—	42.50	17.5
	640.0	5	6	—	27.50	20	20	—	100.00	0
Cr^{2+}	12.5	1	0	—	2.50	2	1	—	7.50	32.5
	25.0	1	0	—	2.50	5	6	—	27.50	22.5
	50.0	0	1	—	2.50	15	9	—	60.00	16.0
	100.0	0	1	—	2.50	13	14	—	67.50	12.5
	200.0	1	0	—	2.50	20	20	—	100.00	0
对照	0	1	0	1	3.30	1	0	1	3.30	92.5

注：①②③为 3 个平行组，下同

表 12-2 重金属污染对唐鱼胚胎及初孵仔鱼半致死浓度及对仔鱼的安全浓度

实验材料	重金属	实验时间/h	概率-浓度回归方程	相关系数（R^2）	LC_{50}/(mg/L)	95%置信区间	安全浓度/(mg/L)
胚胎	Cu^{2+}	12	$y = 2.4018x + 4.0828$	0.9341	2.4092	2.2243~2.6089	—
		24	$y = 2.0961x + 5.8251$	0.9774	0.4039	0.3826~0.4766	—

实验材料	重金属	实验时间/h	概率-浓度 回归方程	相关系数（R^2）	LC$_{50}$/（mg/L）	95%置信区间	安全浓度/ （mg/L）
胚胎	Zn^{2+}	12	—	—	—		—
		24	$y = 2.0895x - 0.3735$	0.9929	372.9	320.6～425.5	—
	Cd^{2+}	12	—	—	—		—
		24	$y = 2.1593x + 1.3315$	0.9511	50.0	30.95～80.74	—
初孵仔鱼	Cu^{2+}	12	—	—	0.3228	0.3083～ 0.3388	
		24	—	—	0.3228	0.3083～ 0.3388	0.0986
初孵仔鱼	Cu^{2+}	48	—	—	0.3228	0.3083～ 0.3388	
	Zn^{2+}	12	—	—	—		
		24	—	—	72.44	70.23～74.71	0.9116
		48	—	—	25.17	22.13～28.64	
	Cd^{2+}	12	—	—	—		
		24	—	—	36.50	31.55～41.78	1.9654
		48	—	—	20.59	18.27～23.20	

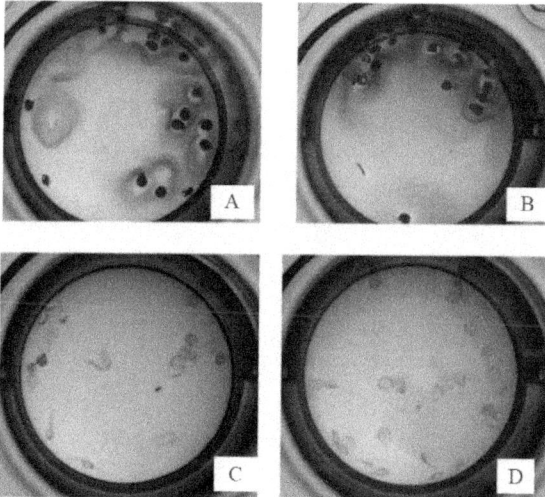

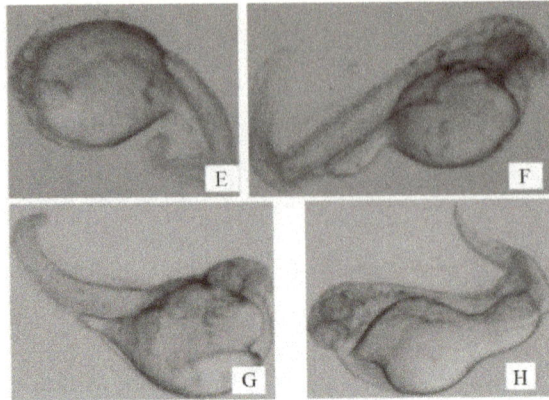

图 12-1　重金属对唐鱼胚胎发育的毒性特征与致畸效应

A~D. 不同浓度重金属对唐鱼胚胎毒性致死特征；E~H. 初孵仔鱼在低浓度重金属污染下的畸形情况

三种重金属元素对初孵仔鱼毒性实验结果见表 12-2 和表 12-3。

表 12-3　重金属污染对唐鱼初孵仔鱼存活的影响

重金属	浓度/(mg/L)	12 h				24 h				48 h			
		各组死亡仔鱼数/尾			平均死亡率/%	各组死亡仔鱼数/尾			平均死亡率/%	各组死亡仔鱼数/尾			平均死亡率/%
		①	②	③		①	②	③		①	②	③	
Cu^{2+}	0.181	0	0	0	0.00	0	0	0	0.00	0	0	0	0.00
	0.243	1	0	1	6.67	1	0	1	6.67	1	0	1	6.67
	0.329	8	9	5	73.33	8	9	5	73.33	8	9	5	73.33
	0.444	9	7	9	83.33	9	7	9	83.33	9	7	9	83.33
	0.600	10	9	9	93.33	10	9	9	93.33	10	9	9	93.33
Zn^{2+}	20.3	0	0	—	0	0	0	—	0	1	2	—	15.0
	30.2	0	0	—	0	0	0	—	0	8	9	—	85.0
	45.0	0	0	—	0	0	1	—	5.0	10	9	—	95.0
	67.1	0	0	—	0	3	0	—	15.0	10	10	—	100.0
	100.0	0	0	—	0	10	10	—	100.0	10	10	—	100.0
Cd^{2+}	17.9	0	0	—	0	0	0	—	0	2	3	—	25.0
	25.3	0	0	—	0	0	1	—	5.0	8	9	—	85.0
	35.7	0	0	—	0	5	5	—	50	10	10	—	100.0
	50.3	0	0	—	0	9	9	—	90	10	10	—	100.0
	70.9	2	3	—	25.0	9	10	—	95	10	10	—	100.0
	100.0	8	10	—	90.0	10	10	—	100	10	10	—	100.0

通过 Cu^{2+} 的毒性实验发现一种特殊的现象,从实验开始后的 12 h 记录死亡情况,从这一刻开始,直到实验结束,仔鱼的死亡情况与 12 h 时的情况并无区别。因此 12 h、24 h、48 h 的半致死浓度均为 0.3228 mg/L,由此推算出 Cu^{2+} 对初孵仔鱼的安全浓度为 0.0986 mg/L。Zn^{2+} 对初孵仔鱼的毒性作用较为缓慢,实验开始后的 12 h 内并未观察到死亡情况,24 h、48 h LC_{50} 分别为 72.44 mg/L、25.17 mg/L,由此推算的安全浓度为 0.9116 mg/L。高浓度 Cd^{2+} 对初孵仔鱼的毒性强烈,100 mg/L 组在 12 h 内便有 90% 发生死亡,24 h、48 h LC_{50} 分别为 36.5 mg/L、20.59 mg/L,推算的安全浓度为 1.9654 mg/L。从同期的 LC_{50} 比较,3 种重金属对初孵仔鱼的毒性大小为 Cu^{2+} > Cd^{2+} > Zn^{2+},而从推算出的安全浓度比较,毒性大小为 Cu^{2+} > Zn^{2+} > Cd^{2+}。本实验发现,Zn^{2+} 的毒性作用特点是随时间变化毒性累积作用较 Cu^{2+} 和 Cd^{2+} 明显。

Cu^{2+}、Zn^{2+}、Cd^{2+} 等 3 种重金属元素对唐鱼胚胎和仔鱼的毒性作用与毒物的种类、浓度和暴露时间长短有关。随着污染物浓度的升高,染毒时间的延长,唐鱼胚胎和仔鱼的死亡率增加,浓度越高,死亡率急升的时间越短。然而在 Cu^{2+} 对初孵仔鱼毒性实验中发现了另外一种情况,在实验开始后的 12 h 进行记录之后,直到实验结束,仔鱼的死亡情况并无太大的变化。这种现象可能与仔鱼对 Cu^{2+} 污染适应性较强有关。Cu^{2+} 在生物体内是一种必需微量元素,只有超过一定量才会产生毒性,但这个阈值是很低的。仔鱼个体间对 Cu^{2+} 的耐受性不同,抗污染能力稍强的个体在适应之后 Cu^{2+} 毒性迅速减弱,因此出现了不同于通常的随时间增加污染物毒性增强的现象。但应注意的是,这也可能与检验时间有关。在 12 h 内,仔鱼死亡率的确是随时间的增加而增加的。12 h 后死亡率已经稳定下来,因此之后观察的情况变化不大。在增加浓度的实验中也发现,Cu^{2+} 对仔鱼的毒性是在短期内急剧发生的,一旦作用稳定下来,将在较长一段时间内不发生明显变化。这可能与 Cu^{2+} 的致毒机制有关。

从同期半致死浓度比较,3 种重金属对胚胎的毒性大小为 Cu^{2+} > Cd^{2+} > Zn^{2+},对初孵仔鱼的毒性大小也为 Cu^{2+} > Cd^{2+} > Zn^{2+};但从推算的安全浓度的比较则发现,对初孵仔鱼的毒性大小为 Cu^{2+} > Zn^{2+} > Cd^{2+},两者毒性不同的原因将有待进一步研究。对同一种重金属元素作用于胚胎和仔鱼的毒性比较均发现,对仔鱼产生毒性作用的浓度要比对胚胎产生毒性作用的浓度低,这与胚胎受卵膜的保护作用有关。一般而言,仔鱼孵出后,对毒物的耐受性逐步增加,因此,初孵仔鱼是唐鱼整个生活史中对毒物反应最为敏感的时期,在唐鱼生境水质保护工作中应当根据初孵仔鱼的毒理学数据,制定相关的保护标准。表 12-4 是唐鱼仔鱼与其他鱼类重金属安全浓度的比较(龙昱等,2016)。

表 12-4　唐鱼仔鱼与其他鱼类重金属安全浓度的比较（龙昱等，2016）

重金属	物种	LC$_{50}$/（mg/L）			安全浓度/（mg/L）
		24 h	48 h	96 h	
Cu^{2+}	麦穗鱼 *Pseudorasbora parva*	0.238	0.186	0.147	0.001 47
	中华鳑鲏 *Rhodeus sinensis*	0.344	0.279	0.236	0.002 36
	鲫幼鱼 *Carassius auratus*	0.233	0.140	0.085	0.009
	唐鱼仔鱼 *Tanichthys albonubes*	0.322 8	0.322 8	—	0.098 6
	斑马鱼 *Brachydanio rerio*	0.940	0.510	0.296	0.030
	史氏鲟稚鱼 *Acipenser schrenckii*	0.557 9	0.269 6	0.148 0	0.014 80
	鮸状黄姑鱼仔鱼 *Nibea miichthioides*	0.141	0.079	0.063	0.006
	七带石斑鱼 *Hyporthodus septemfasciatus*	0.119	0.075	0.055	0.009
	蓝点笛鲷幼鱼 *Lutjanus rivulatus*	0.422 3	0.395 2	—	0.103 8
	鲤胚胎 *Cyprinus carpio*	0.134 9	0.078 9	—	0.008 1
Zn^{2+}	麦穗鱼 *Pseudorasbora parva*	23.65	18.29	14.80	0.148
	鲫幼鱼 *Carassius auratus*	39.40	32.25	22.25	2.23
	唐鱼仔鱼 *Tanichthys albonubes*	72.44	25.17	—	0.916 6
	史氏鲟稚鱼 *Acipenser schrenckii*	9.688 3	6.292 3	4.015 4	0.401 5
	鮸状黄姑鱼仔鱼 *Nibea miichthioides*	31.620	3.175	2.570	0.257
	七带石斑鱼 *Hyporthodus septemfasciatus*	2.493	1.814	1.120	0.288
	蓝点笛鲷幼鱼 *Lutjanus rivulatus*	15.888	14.123	—	3.348 7
	鲤胚胎 *Cyprinus carpio*	0.218 2	0.080 0	—	0.003 2
Cd^{2+}	麦穗鱼 *Pseudorasbora parva*	16.20	9.33	5.17	0.517
	中华鳑鲏 *Rhodeus sinensis*	10.36	8.82	7.27	0.072 7
	鲫幼鱼 *Carassius auratus*	11.17	8.68	5.85	0.59
	唐鱼仔鱼 *Tanichthys albonubes*	36.50	20.59	—	1.965 4
	斑马鱼 *Brachydanio rerio*	34.024	28.685	17.719	1.772
	史氏鲟稚鱼 *Acipenser schrenckii*	1.040 9	0.773 5	0.459 1	0.028 2
	鲤胚胎 *Cyprinus carpio*	0.156 0	0.092 1	—	0.001 0

2. 唐鱼成鱼在重金属污染中的应用

王瑞龙等（2006）采用静水法生物测试研究 Cu^{2+}、Cd^{2+} 和 Zn^{2+} 对唐鱼的急性毒性及其安全浓度评价。Cu^{2+} 对于唐鱼为剧毒物质，Cd^{2+} 为高毒物质，Zn^{2+} 为中毒物质。3 种重金属毒性大小依次为 Cu^{2+}>Cd^{2+}>Zn^{2+}。Cu^{2+}、Cd^{2+} 和 Zn^{2+} 对唐鱼的 24 h、48 h、72 h、96 h 的 LC$_{50}$ 分别为 0.166 mg/L、0.079 mg/L、0.051 mg/L、0.039

mg/L、9.051 mg/L、6.404 mg/L、4.906 mg/L、4.447 mg/L，35.43 mg/L、26.53 mg/L、20.66 mg/L、16.30 mg/L，其安全浓度分别为 0.004 mg/L、0.445 mg/L、1.630 mg/L。陈辉辉等（2011）所作的类似研究结果为 Cu^{2+} 和 Cd^{2+} 对唐鱼 96 h 的 LC_{50} 分别为 0.054 mg/L 和 4.610 mg/L，其中铜属于剧毒物质，镉属于高毒物质，其安全浓度分别为 0.005 mg/L 和 0.461 mg/L。林爱薇等（2009）研究了汞（Hg）、铬（Cr）和镍（Ni）3 种重金属的致毒敏感度和安全浓度，Hg、Cr 和 Ni 对唐鱼不同时间的半致死浓度曲线表明，Hg 对于唐鱼为剧毒物质，Ni 为中毒物质，Cr 为低毒物质，3 种重金属的毒性大小依次为 Hg>Ni>Cr，Hg、Ni 和 Cr 对唐鱼的 24 h、48 h、72 h、96 h 的 LC_{50} 分别为 0.105 mg/L、0.092 mg/L、0.084 mg/L、0.075 mg/L，36.230 mg/L、21.960 mg/L、13.780 mg/L、9.268 mg/L，84.030 mg/L、72.260 mg/L、65.210 mg/L、55.960 mg/L，其安全浓度分别为 0.008 mg/L、0.927 mg/L、5.596 mg/L。唐鱼对这 3 种重金属的耐受性较高；各种重金属离子共存时可能对唐鱼存在某种协同或拮抗作用，温度、溶解氧等理化因子的改变对重金属的毒性也有影响。

　　唐鱼在重金属污染分子标记方面的研究也有着重要的应用价值，如对热休克蛋白（HSP70）（刘海超，2011；Liu et al.，2012；Jing et al.，2013）、细胞色素P450（肖衍，2013）的研究等。唐鱼体内不同的热休克蛋白对铜和镉的反应是不一样的，甚至即使是同一家族的热休克蛋白在同一生物体的不同组织中表达也是有差别的（刘海超，2011）。唐鱼暴露于铜和镉中 96 h 均可诱导 HSP60 mRNA 的表达量显著增加（$P<0.05$），且铜对 HSP60 的诱导强度明显高于镉的诱导强度。13.50 μg/L 的铜暴露下，唐鱼肝和鳃中 HSP70 mRNA 的表达量无显著变化；27.00 μg/L 的铜暴露下，随着暴露时间的延长，96 h 内唐鱼肝和鳃中的表达量呈上调趋势。1.15 μg/L 的镉暴露下，96 h 内唐鱼肝中 HSP70 mRNA 的表达量无显著变化，而鳃中 HSP70 mRNA 的表达量 72 h 显著上调至峰值（$P<0.05$）；2.31 μg/L 的镉暴露下，肝和鳃中 HSP70 mRNA 的表达量显著上调至峰值（$P<0.05$）后呈下降趋势，96 h 表达量显著低于对照组水平（$P<0.05$）。HSP90 的表达水平在铜和镉暴露后也有所不同：在肝和鳃组织中，铜暴露后 24 h HSP90 均显著增加，随后呈下降趋势，且在处理后期，鳃组织中该基因的表达显著下调，且显著低于对照组水平（$P<0.05$）；镉暴露后无论是肝还是鳃组织 HSP90 mRNA 的表达均受到明显的抑制作用，且表达量显著低于对照组水平（$P<0.05$）（刘海超，2011；Liu et al.，2012）。而在急性重金属污染中，热休克蛋白也有类似表现（图 12-2）（Jing et al.，2013）。

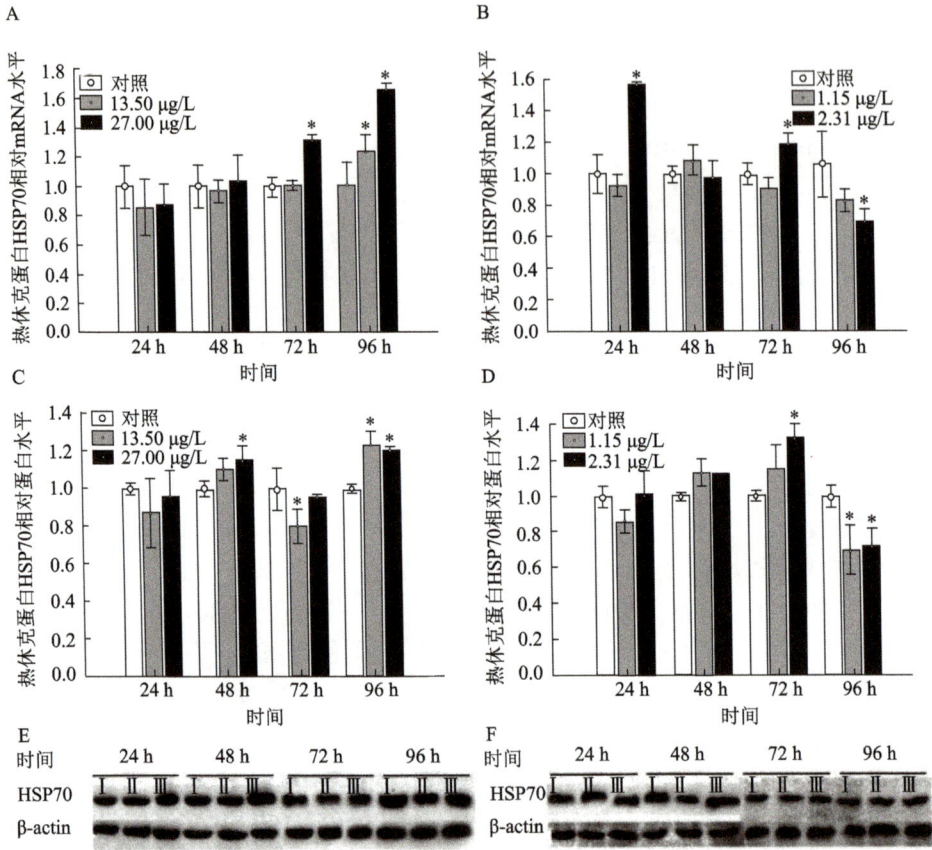

图 12-2　不同浓度下铜（A 和 C）或镉（B 和 D）暴露对唐鱼肝中热休克蛋白 HSP70
相对 mRNA 水平及相对蛋白表达水平的影响（Jing et al.，2013）

E、F 分别为铜和隔暴露对唐鱼肝中热休克蛋白 HSP70 表达情况 Western blot 电泳图谱。

Ⅰ为对照组，Ⅱ为 1/4 的 96 h 半致死浓度暴露组，Ⅲ为 1/2 的 96 h 半致死浓度暴露组

*表示实验组与对照组之间有显著差异（$P<0.05$）

　　细胞色素 P450（cytochrome P450）酶系是由亚铁血红素蛋白组成的超家族
（superfamily），具有底物广泛性、催化高效性和调控多样性等特点而在毒理学中
有着广泛的应用。肖衍（2013）利用其族系中两个常用家族 CYP1A 及 CYP3A 的
酶活性研究了重金属暴露对唐鱼的影响。对于 CYP1A，低剂量组铜暴露下 CYP1A
酶活性于 72 h 显著上升（$P<0.05$），96 h 继续上升并与对照组有显著性差异
（$P<0.05$），高剂量组 CYP1A 酶活性于 48 h 显著上升（$P<0.05$）并继续增加，72 h
和 96 h 与对照组均有显著性差异（$P<0.05$）；低剂量组镉暴露下 CYP1A 酶活性
各时间点与对照组均无显著性差异（$P>0.05$），高剂量组 CYP1A 酶活性 24 h 和
48 h 与对照组相比无显著性差异，72 h 和 96 h 显著性增加（$P<0.05$）；铜-镉联合

毒性对唐鱼肝中 CYP1A 酶活性作用 24 h、48 h 和 72 h 时表现为协同效应，96 h 时表现为拮抗效应。而对于 CYP3A，低剂量组铜暴露下 CYP3A 酶活性在 72 h 显著上升（$P<0.05$），96 h 继续上升并与对照组有显著性差异（$P<0.05$），高剂量组 CYP3A 酶活性 48 h 显著性上升（$P<0.05$），72 h 略有下降，96 h 又继续上升，与对照组差异显著（$P<0.05$）；低剂量组和高剂量组镉暴露下 CYP3A 酶活性均表现为 24 h、48 h 和 72 h 与对照组无显著性差异，而 96 h CYP3A 酶活性显著增加（$P<0.05$）；铜-镉联合毒性对唐鱼肝中 CYP3A 酶活性 48 h 和 72 h 时表现为协同作用，96 h 时近似于独立作用。

二、唐鱼在水体化学品污染中的应用

1. 农药类污染物检测中的应用

氯氰菊酯（cypermethrin）类农药对昆虫具有高效的杀虫力，对鸟类、哺乳类的毒性则较小，但对鱼和水生无脊椎动物有较高的毒性，通常在低于 1 μg/L 就能产生毒性效应，且它在农业活动中应用广泛，其污染对水生生物有重要的影响。王瑞龙等（2007）研究了氯氰菊酯对唐鱼肝和鳃组织超氧化物歧化酶（SOD）活性的影响。氯氰菊酯对唐鱼 24 h、48 h、72 h、96 h 半致死浓度分别为 27.27 μg/L、15.94 μg/L、10.13 μg/L、6.61 μg/L；经 1 μg/L、3 μg/L、5 μg/L 浓度处理 6 h、12 h、24 h、48 h、72 h，结果显示唐鱼 SOD 在低浓度氯氰菊酯的胁迫下呈现明显的浓度效应关系（表 12-5）。杨志聪等（2007）研究了有机氯农药滴滴涕（dichlorodiphenyltrichloroethane，DDT）对唐鱼的急性毒性，在 0.0125 mg/L、0.025 mg/L、0.045 mg/L、0.08 mg/L 和 0.14 mg/L 等 5 个 DDT 浓度条件下，24 h、48 h 的 LC_{50} 分别为 0.243 mg/L、0.049 mg/L，其安全浓度为 0.040 mg/L，DDT 对于唐鱼仔鱼为剧毒物质。

表 12-5　氯氰菊酯对唐鱼肝组织 SOD 活性的影响（王瑞龙等，2007）

氯氰菊酯/（μg/L）	酶活力/（U/mg）				
	6 h	12 h	24 h	48 h	72 h
对照	3.047±0.487	3.224±0.811	3.107±0.522	3.585±0.423	3.397±0.562
1	3.357±0.678	5.745±0.754**	6.885±0.867**	6.060±0.754**	4.431±0.972*
3	3.610±0.805	5.782±0.511**	3.697±0.697*	5.571±0.914**	3.969±0.785
5	3.849±0.558**	5.451±0.589**	6.094±0.983**	4.121±0.649*	3.819±0.673

*表示与对照组比较 $P<0.05$，**表示与对照组比较 $P<0.01$；mean±SD，$n=10$

2. 水产药物检测中的应用

王瑞龙等（2007）检测了 5 种常用水产药物对唐鱼的毒性大小，结果显示硫酸铜>高锰酸钾>甲醛>敌百虫>食盐，它们对唐鱼的安全浓度分别为 0.061 mg/L、0.066 mg/L、0.178 mg/L、0.437 mg/L、479 mg/L。程炜轩等（2009）研究了孔雀石绿对唐鱼的毒性作用，他们选择了唐鱼游泳行为作为观察指标，结果显示，0.5 mg/L 孔雀石绿处理下，唐鱼游泳速度在 30 min 后显著下降，而摆尾频率则无显著性变化（图 12-3）。

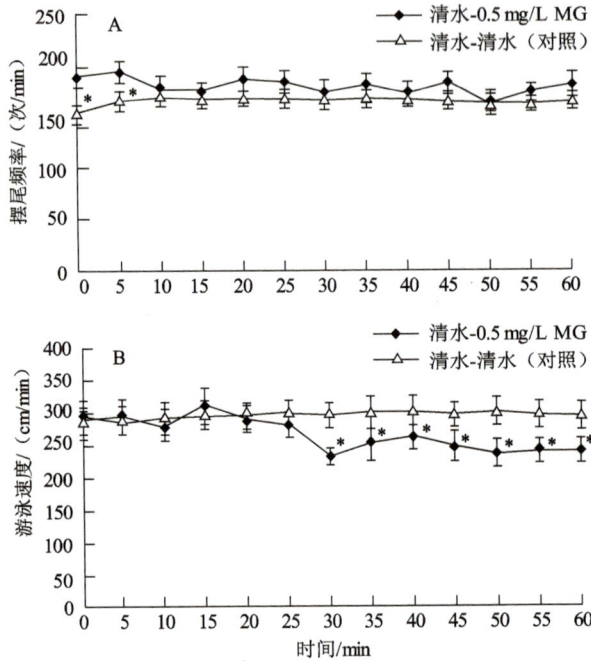

图 12-3　唐鱼在清水对照和 0.5 mg/L 孔雀石绿中的摆尾频率及游泳速度（程炜轩等，2009）

A. 摆尾频率；B. 游泳速度；*表示与对照组比较，$P<0.05$；MG 为孔雀石绿

3. 其他污染物中的应用

程炜轩等（2009）观察了微囊藻毒素对唐鱼的影响，在 0.2 μg/L 条件下唐鱼对微囊藻毒素即产生明显的行为反应，其摆尾频率和游泳速度均在 30 min 后显著下降（图 12-4）；而在 0.5 μg/L 微囊藻毒素处理下，摆尾频率和游泳速度均在 15 min 后显著下降。

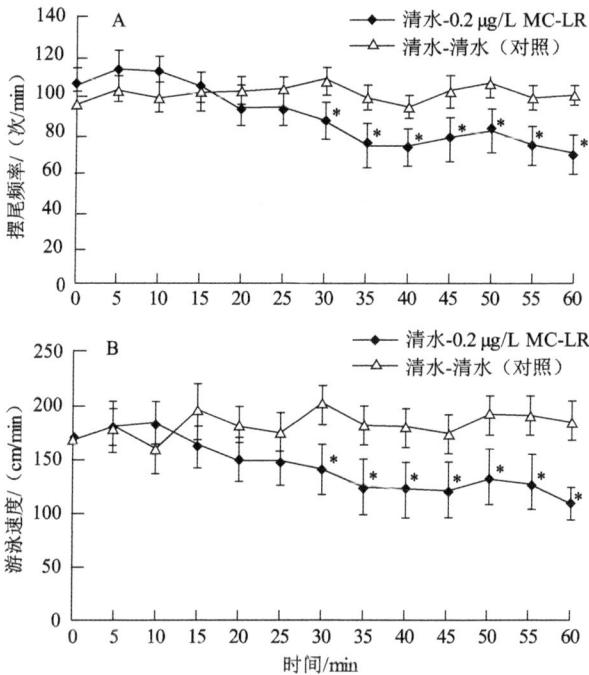

图 12-4 唐鱼在清水对照和 0.2 μg/L 微囊藻毒素（MC-LR）中的摆尾频率及游泳速度
（程炜轩等，2009）

A. 摆尾频率；B. 游泳速度；*表示与对照组比较，$P<0.05$

第二节 唐鱼在环境激素污染研究中的应用

内分泌干扰物（endocrine disrupting chemical，EDC）即环境类激素（environmental hormone），是水体中继重金属、化学药品后第三类重要的水体污染物，它们是能够通过破坏或干扰生物体内天然激素合成、分泌、运输、代谢、结合和降解的过程，从而影响生物体稳定性和正常生长发育的一类外源性物质（Kavlock et al.，1996；季晓亚等，2017）。近年来，研究者大量使用鱼类作为实验对象研究环境激素的生态学效应及作用机制，唐鱼在该研究领域也被广泛使用。

环境激素可划分为雄性环境激素及雌性环境激素两大类群。早期人们对雌性环境激素进行了研究，卵黄蛋白原（vitellogenin，Vtg）作为该类污染的标志物研究最为深入，卵黄蛋白原是卵生动物繁殖前成熟雌体的特有蛋白，但是暴露在类雌激素物质水环境中的雄鱼及幼鱼体内也会被诱导产生 Vtg，因此可以通过检测鱼体内是否存在 Vtg 来评价生物受环境雌激素暴露影响的程度（Ankley et al.，

2010）。针对雌性环境激素污染物对唐鱼的影响，温茹淑等（2008）研究了17β-雌二醇（E2）对雄性唐鱼卵黄蛋白原的诱导及性腺发育的影响，研究结果显示，17β-雌二醇能够诱导雄性唐鱼产生大量的卵黄蛋白原（图 12-5），并影响到其生长及精巢发育，与对照组比较，17β-雌二醇暴露组体质量明显下降（$P<0.01$），精巢发育滞后（图 12-6）。该研究结果显示雄性唐鱼 Vtg 可作为环境雌激素监测的有效生物学标志物。

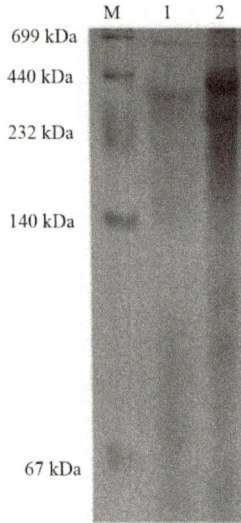

图 12-5　17β-雌二醇诱导后的雄鱼与对照组雄鱼整体匀浆液的非变性聚丙烯酰胺凝胶电泳
（native-PAGE）图谱（温茹淑等，2008）

M. 标准蛋白；1. 未诱导的雄鱼；2. 受 17β-雌二醇诱导后的雄鱼

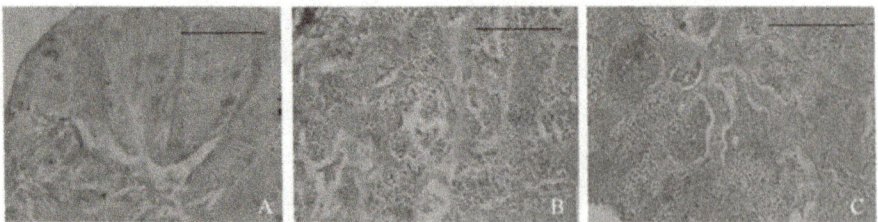

图 12-6　17β-雌二醇暴露对雄鱼精巢组织学结构的影响（温茹淑等，2008）

A. 受 17β-雌二醇（10 μg/L）诱导后的雄鱼；B. 受 17β-雌二醇（1 μg/L）诱导后的雄鱼；C. 未诱导的雄鱼；
标尺为 50 μm

姚静等（2008a）研究了唐鱼卵黄蛋白原的诱导、纯化与鉴定问题。作者用50 μg/L 17β-雌二醇（E2）对雄性唐鱼进行染毒，30 d 后将鱼体整体匀浆进行非变

性聚丙烯酰胺凝胶电泳（native-PAGE）以分析 Vtg 的产生；并采用 Mg^{2+}-EDTA
选择性沉淀和 Q Sepharose 阴离子交换层析对 Vtg 进行分离纯化。结果表明，在
E2 诱导下，雄性唐鱼产生了雌性特异蛋白 Vtg，并且可在体内积累；利用
Mg^{2+}-EDTA 选择性沉淀和 Q Sepharose 阴离子交换层析的两步纯化方法可分离纯
化唐鱼整体匀浆 Vtg；经 native-PAGE 鉴定，确定唐鱼 Vtg 的分子质量为 440 kDa。
同时，作者又开展了唐鱼卵黄脂蛋白的纯化鉴定与免疫原性分析（姚静等，2008b）。
其后，姚静和方展强（2010）进一步建立了唐鱼卵黄蛋白原的酶联免疫吸附测定
（ELISA）的检测方法。

随后杨丽丽等（2011）进一步研究了雌二醇、壬基酚、多氯联苯、镉和锌及
其混合物对唐鱼的雌激素效应。native-PAGE 结果显示，10 μg/L、50 μg/L 17β-雌
二醇水体暴露 7 d、14 d 可诱导雄性唐鱼体内合成 Vtg，雌二醇对唐鱼的雌激素
效应具有时间累积效应，并随浓度升高而增强。而 ELISA 检测结果则显示 0.1
μg/L、0.5 μg/L、1.0 μg/L 17β-雌二醇 7 d、14 d 和 200 μg/L、300 μg/L 多氯联苯
14 d 暴露使唐鱼合成了 Vtg（图 12-7）。而多氯联苯、Cd^{2+}、Zn^{2+} 与不同浓度的
雌二醇联合雌激素效应不同于单一毒物的雌激素效应，多氯联苯与 17β-雌二醇
表现为协同促进作用。

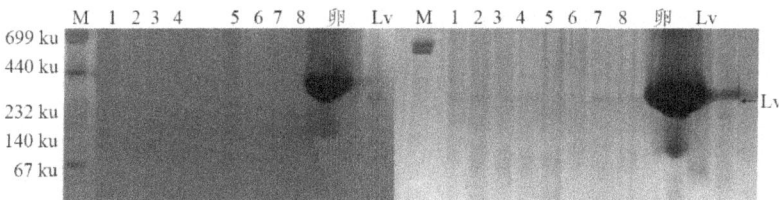

图 12-7　多氯联苯+17β-雌二醇诱导的雄性唐鱼整体匀浆液电泳图谱（杨丽丽等，2011）

左图暴露 7 d，右图暴露 14 d，1～8 为两种药物不同配比浓度，Lv 为卵黄蛋白，M 为 Marker

与此同时，研究者利用分子生物学基础构建 cDNA 文库对唐鱼卵黄蛋白原的
基因序列进行了分析，并观察了其表达活性（Wang et al.，2010）。唐鱼卵黄蛋白
原主要在肝和卵巢中表达（图 12-8），在不同浓度的 17β-雌二醇刺激下，其表达
量显著上升（图 12-9）。

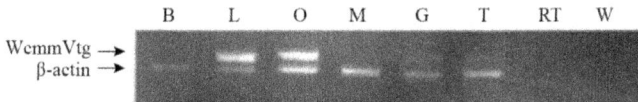

图 12-8　利用 RT-PCR 技术对唐鱼不同组织卵黄蛋白原表达的分析（Wang et al.，2010）

B. 脑；L. 肝；O. 卵巢；M. 肌肉；G. 鳃；T. 精巢；RT. 反转录；W. 水（空白）

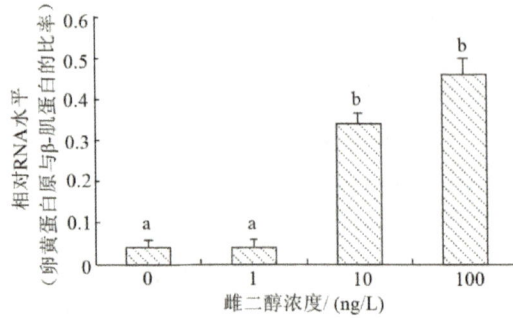

图12-9　暴露于17β-雌二醇14 d后唐鱼肝中卵黄蛋白原相对mRNA水平变化（Wang et al.，2010）

不同字母表示两者间有显著差异（$P<0.05$）

　　其后，陈美玲等（2015）利用唐鱼雌激素受体构建环境雌激素重组酵母测评系统。该实验中，先将唐鱼雌激素受体 *terα* 基因片段插入载体 pGADT7 中构建表达质粒 pGADT7/TERα，同时将雌激素效应元件（*ere*）片段插入 pMP206 载体中构建报告质粒 pMP206/ERE-*LacZ*；然后把表达质粒和报告质粒共转化到酵母 AH109 中，经筛选成功构建了由唐鱼雌激素受体调控的表达 *lacZ* 基因的重组酵母 AHpTERα/ERE。之后，该研究进一步以其所构建的重组酵母 AHpTERα/ERE 进行了环境激素效应检测实验。结果显示，在不同浓度17β-雌二醇（E2）的诱导下，β-半乳糖苷酶的活性呈现出明显的剂量-效应关系，其 EC_{50} 为（0.521±0.700）nmol/L，与二甲基亚砜（DMSO）对照组相比，重组酵母在 17β-雌二醇诱导下有明显的 β-半乳糖苷酶活性增强的现象。在不同浓度 17α-乙炔基雌二醇（EE2）、壬基酚（NP）及其混合物、双酚 A（BPA）、17β-雌二醇（E2）（阳性对照）的诱导下，重组酵母均呈现出剂量-效应关系，且灵敏度大小为 E2>EE2>NP>BPA。

第十三章　唐鱼的人工养殖与观赏

唐鱼的观赏及人工繁殖和养殖可以从 1932 年林书颜在广州白云山首次发现唐鱼并将其带出国门走向世界开始。1998 年，濒危的野生唐鱼被列为国家 II 级重点保护水生野生动物，引起研究者及政府重视并开始进行唐鱼的全人工繁育实验（梁健宏等，2003）。同时，由于唐鱼的生物学特性，部分学者在可控的实验室条件下进行了唐鱼的养殖及繁殖实验，并以唐鱼作为实验动物进行相关的生物学研究（姜鹏等，2010）。本章重点论述唐鱼的人工繁殖和养殖方法，并评价其美学和观赏价值。

第一节　唐鱼的人工繁殖和养殖

唐鱼因其独特的观赏价值和作为模式动物的科研价值成为著名的热带小型鱼类饲养对象之一。本节将介绍唐鱼养殖及繁殖的技术和方法。

一、养殖条件

1. 水质要求

尽管野生唐鱼生长的溪流环境中水质清新、溶解氧含量高，且无污染，但它对环境的适应性较强，人工养殖时对水质要求并不严苛。唐鱼生长水温为 15～25℃，水体总硬度为 6～8 德国度（dGH），pH 为 6.5～7.5。它是亚热带鱼类中耐寒性相对较强的种类，即使水温只有 3℃的环境下，唐鱼依然可以存活，因此在我国南部地区，饲养唐鱼不需要加热设备也可安全越冬。另外，养殖唐鱼的水族缸不需要频繁换水，不需要强光照，但应及时清除排泄物。

2. 养殖设施

养殖唐鱼的容器大到大型水族缸，小到普通的小型玻璃鱼缸都可使用。为使唐鱼在鱼缸中生活得更加惬意，可在鱼缸底部铺上水草泥，种植水草，打造生态鱼缸；为使水质清新稳定，以及增强唐鱼的观赏性，可在鱼缸中加上过滤设备及柔和的 LED 灯作为光照系统（李继勋，2010）。

二、亲鱼的培育

市面上购买观赏唐鱼，保持适当密度（500～600 尾/m³），每天投喂 2 次鲜红虫或红虫干，以及其他小型观赏鱼饲料均可。挑选健康活泼的成鱼加强投喂，其中性成熟的雄鱼体色比较艳丽，鱼身修长，各鳍面积较大，而雌鱼比较粗壮，腹部膨大，色彩较黯淡（梁健宏等，2003）。为使亲鱼的性腺发育更好，此阶段需投喂高蛋白饲料，如果有条件可投喂活饵，如枝角类、鲜红虫、丰年虫无节幼体等，但投喂活饵时需注意勿将带致病菌的饵料带入鱼缸。强化培育阶段可增加投喂频率及投喂量，但需要注意水质变化。

三、繁殖及孵化

唐鱼繁殖的适宜水温为 22～25℃，水质硬度为 6～8 dGH，pH 为 7.0 左右。繁殖时在鱼缸中先铺设一层水草或经过热水高温消毒过的棕丝，作为鱼巢，之后选取完全性成熟、体表无损伤的亲本，按雌：雄为 1：1 或 2：1 放入繁殖缸（配对期间不投喂、不换水）。唐鱼喜欢在阳光照射下产卵，因此产卵期间可将鱼缸放置在有阳光的窗户旁。在安静的环境下，雌、雄鱼很快会进入"发情"状态，雄鱼会不停地追逐雌鱼，直至雌鱼将鱼卵产在鱼巢中，雄鱼排精完成受精过程；受精卵呈白色透明状并黏附在鱼巢上。待产卵结束立即将亲鱼捞出，以免它们吞食鱼卵。用小型气泵对装有受精卵鱼巢的水体进行微充气，鱼卵孵化时，易发生水霉病，可在开始时适当用药物处理预防；水温 26～28℃较为理想，受精卵经过 24～36 h 开始孵出，孵化时长与水温密切相关。

四、幼鱼养殖

孵化后的仔鱼在原缸养殖，孵化后的 1～2 d 不太游动，靠卵黄囊提供营养，3～4 d 开始平游，并开始摄食，在自然条件中此阶段的仔鱼摄食极细小的浮游生物，此时可模拟其自然摄食规律饲喂草履虫或其他浮游动物，也可用少许蛋黄调水后作饲料，每天 2 次进行投喂。但投喂蛋黄过量极易污染水质，导致水体腐败，进而影响仔鱼存活率。水质较差时，应及时换水，每次换水量不超过水体的 1/3。如此，再经过 7～10 d，就可直接喂食仔鱼丰年虫无节幼体、磨碎的红虫或枝角类或桡足类等。随着唐鱼的生长发育，应适当调整饲养密度，稚鱼、幼鱼养殖应保持适当密度（约 4 尾/L），经过 2～3 个月发育成熟，进入成鱼阶段。

五、成鱼养殖

成鱼的养殖较容易，最适密度为 500～600 尾/m³。唐鱼食性较杂，以 2 次/天的频率投喂鲜红虫或红虫干，以及其他小型观赏鱼饲料均可。平时应注意保持水族缸内水质稳定，可通过勤换水或开过滤设备来保证水质清新，也可在水族缸中种水草，吸收水体中的富营养物质。在冬季低温时可适当用加热棒为鱼缸水体增温，使水温保持在 15～25℃。

第二节　唐鱼的美学价值与观赏鱼文化

唐鱼因其娇小妩媚的体形，艳丽的体色、活泼脱俗的独特气质，受到世界各国观赏鱼爱好者的宠爱，并作为观赏鱼被繁育（陈思行，2003）。在不同的地方，观赏养殖的唐鱼有多个名称，如白云金丝鱼、白云山鱼、莺鱼、五线鱼、邓鱼及黄金条鱼等。

一、观赏鱼文化及产业

1. 观赏鱼的文化价值

观赏鱼身姿奇异，色彩绚丽，美妙动人，不仅是一种天然的活艺术品，更是一种能美化生活、陶冶情操、为人们所喜爱饲养的宠物，体现了人与自然的和谐，以满足人们的精神享受。当今世界各国，无论是发达国家还是发展中国家，都兴起了一种观赏鱼文化热。

观赏鱼文化作为人类所创造的物质和精神财富，具有养性怡情，陶冶情操；美化居室，贴近自然；普及科学，促进科研；增进友谊，促进国际交流等一系列文化价值，并逐步影响着社会风尚、民族风俗、审美观念、文化艺术、价值取向等。

2. 观赏鱼产业的发展

世界上已知的观赏鱼种类繁多，分布较广，其中热带亚热带鱼类约有 2000种，是观赏鱼大家族的主要组成部分，分布于热带或亚热带的淡水或海水中。目前观赏鱼主要为淡水观赏鱼，而海水观赏鱼养殖与销售的种类只占总量的 10%～20%。我国养殖观赏鱼历史悠久，是世界闻名的金鱼的故乡。金鱼的养殖自 1174年的南宋开始，至今已有 840 多年，是观赏鱼中的主要家族。日本的锦鲤在世界观赏鱼中也占有一席之地。对全球观赏鱼养殖而言，亚洲居首要地位，其观赏鱼供应量约占全球的 50%，其中 80%的淡水观赏鱼为人工养殖，15%的海水观赏鱼及 5%的淡水观赏鱼则取自大自然。

据相关资料统计，全球观赏鱼产业年产值超过 140 亿美元，其中观赏鱼交易量每年约为 15 亿尾，价值为 60 亿美元。中国观赏鱼年贸易额约为 17 亿美元，占世界观赏鱼贸易额的 12%，而且贸易额正呈逐年增加态势，产业发展的市场潜力大，极具推广价值。由于观赏鱼属于高效、生态、环保的产业，我国可从多方面对观赏鱼产业进行政策支持，有助于其大力占领国际市场。

二、唐鱼的美学价值和观赏性

1. 唐鱼的色彩

唐鱼色彩艳丽，体背棕色或青棕色，呈金属光泽；体侧有三道彩色条纹带，从上至下分别为金黄或红黄、青铜绿、靛蓝，以金黄或红黄带为主，故其被称为"白云金丝鱼"。背鳍和尾鳍基部有许多带红色的小斑点；背鳍和臀鳍呈黄绿色，在不同的生活环境中还会在鳍缘出现黑色。身上各鳞片有许多小黑点。雄性个体比雌性个体色彩更丰富，腹部呈亮白色，整体点缀着不同色彩，具有很好的美学价值。

2. 唐鱼的形体

唐鱼是小型鲤科鱼类，体形较小，呈流线型，游动速度较快，尾鳍基部有一黑斑点，稍后的尾鳍中心有一艳丽的红斑，使得观赏时犹如一条红线在眼前划过，因此又称为"红尾鱼"。唐鱼外部形态可观赏的地方很多，论局部其各鳍形状规整，略带色彩；从整体看体形修长，形态优美。

3. 唐鱼的群体

唐鱼喜群居，个体之间不发生争斗，很容易进行群体养殖或者与其他相似类群的鱼类混养。唐鱼体态轻巧、活泼好动，相比于个体，群游时犹如集体起舞，姿态万千，更具观赏价值。

参 考 文 献

鲍宝龙, 苏锦祥, 殷名称. 1998. 延迟投饵对真鲷、牙鲆仔鱼早期阶段摄食、存活及生长的影响. 水产学报, 22(1): 34-39.

毕木天, 陈旦华, 栗欣, 等. 1992. 广州市白云山、电视塔春季酸性降水的研究. 环境化学, 11(6): 26-34.

秉志. 1960. 鲤鱼解剖. 北京: 科学出版社: 6-17.

曹克驹, 李明云. 1982. 凫溪香鱼繁殖生物学的研究. 水产学报, 6(2): 107-118.

常剑波, 王剑伟, 曹文宣. 1995. 稀有鮈鲫胚胎发育研究. 水生生物学报, 19(2): 97-103.

陈国柱. 2005. 唐鱼（*Tanichthys albonubes*）生物学特性及实验动物化研究. 广州: 华南师范大学硕士学位论文.

陈国柱. 2010. 入侵种食蚊鱼与土著濒危物种唐鱼的种间关系研究. 广州: 暨南大学博士学位论文.

陈国柱, 方展强. 2007. 饥饿对唐鱼仔鱼摄食和生长的影响. 动物学杂志, 42(5): 49-61.

陈国柱, 方展强. 2011. 铜、锌、镉对唐鱼胚胎及初孵仔鱼的急性毒性及安全浓度评价. 生物学杂志, 28(2): 28-31.

陈国柱, 方展强, 马广智. 2004. 唐鱼胚胎发育观察. 中国水产科学, 11(6): 489-496.

陈国柱, 林小涛, 陈佩. 2008. 食蚊鱼（*Gambusia* spp.）入侵生态学研究进展. 生态学报, 28(9): 4476-4485.

陈辉辉, 覃剑晖, 刘海超, 等. 2011. 典型重金属、多环芳烃及菊酯类农药对唐鱼的急性毒性效应. 华中农业大学学报, 30(4): 511-515.

陈美玲, 刘琳, 杨志兵, 等. 2015. 利用唐鱼雌激素受体构建环境雌激素重组酵母测评系统的研究. 环境科学学报, 35(1): 317-323.

陈思行. 2003. 金丝鱼的饲养与繁育. 水产科技情报, 30(5): 231-232.

陈一骏. 2000. 观赏鱼的发展现状与前景. 渔业致富指南, 3(16): 12-13.

陈宜瑜. 1989. 珠江鱼类志. 北京: 科学出版社: 69-70.

陈宜瑜, 曹文宣, 郑慈英. 1986. 珠江的鱼类区系及其动物地理区划的讨论. 水生生物学报, 10(3): 228-236.

陈宜瑜, 褚新洛. 1998. 中国动物志 硬骨鱼类 鲤形目(中卷). 北京: 科学出版社: 49-50.

陈银瑞, 杨君兴, 李再云. 1998. 云南鱼类多样性和面临的危机. 生物多样性, 6(4): 32-37.

陈银瑞, 宇和纮, 褚新洛. 1989. 云南青鳉鱼类的分类和分布(鳉形目: 青鳉科). 动物分类学报, 14(2): 239-246.

程炜轩, 梁旭方, 王琳, 等. 2009. 微囊藻毒素与孔雀石绿对唐鱼游泳行为的影响. 生态毒理学报, 4(4): 524-529.

程炜轩, 林小涛, 刘汉生, 等. 2006. 唐鱼自然群体栖息地水环境调查. 生态科学, 25(2): 143-146.

从化县地方志编纂委员会. 1994. 从化县志. 广州: 广东人民出版社: 148-196.

初庆柱, 叶富良, 宋波澜, 等. 2005. 军曹鱼仔鱼期的摄食与生长. 湛江海洋大学学报, 25(3): 8-12.

崔奕波. 1989. 鱼类生物能量学的理论与方法. 水生生物学报, 13(4): 369-383.

邓利, 张波, 谢小军. 1999. 南方鲇继饥饿后的恢复生长. 水生生物学报, 23(2): 167-173.

窦硕增. 1996. 鱼类摄食生态研究的理论及方法. 海洋与湖沼, 27(5): 556-561.

樊晓丽, 林植华, 丁先龙, 等. 2014. 鲶鱼和胡子鲶的两性异形与雌性个体生育力. 生态学报, 34(3): 555-563.

范正年. 1988. 测定淡水枝角类生物量的两种方法比较. 动物学杂志, 23(5): 29-31.

方展强, 陈国柱, 马广智. 2006b. 唐鱼的胚后发育. 中国水产科学, 13(6): 869-877.

方展强, 陈丽玉, 陈国柱. 2006a. 唐鱼脑的组织形态学观察. 动物学杂志, 41(2): 24-28.

房英春, 邢才, 田春, 等. 2005. 唐鱼生物学及资源保护. 水产养殖, 26(1): 38-39.

海萨, 杜劲松, 刘昆仑, 等. 2006. 白斑狗鱼仔、稚鱼的摄食与生长. 水利渔业, 26(6): 40-43.

何舜平, 王伟, 陈宜瑜. 2000. 低等鲤科鱼类 RAPD 分析及系统发育研究. 水生生物学报, 24(2): 101-106.

何志辉. 1979. 淡水浮游生物的生物量——改进浮游生物定量工作的当务之急. 动物学杂志, 12(4): 46, 53-56.

胡安, 唐诗生, 龚兴生. 1985. 青海湖地区鱼类区系和青海湖裸鲤的生物学. 北京: 科学出版社: 49-64.

黄诚, 孟文新, 陈建秀, 等. 1998. 河鲈食性分析及其摄食生态策略. 水产学报, 22(4): 23-27.

黄健, 李福娇, 江奕光, 等. 2003. 广州白云山风景区酸雨梯度分布. 热带气象学报, 19(S1): 126-135.

黄良敏, 谢仰杰, 张光后, 等. 2005. 延迟投饵对浅色黄姑鱼仔鱼摄食、生长和存活的影响. 大连水产学院学报, 20(4): 300-303.

黄权, 张东鸣, 吴莉芳, 等. 1999. 鸭绿江上游花羔红点鲑(*Salvelinus malma*)的食性分析及生态位. 吉林农业大学学报, 21(4): 55-58.

黄晓荣, 庄平, 章龙珍, 等. 2007. 延迟投饵对史氏鲟仔鱼摄食、存活及生长的影响. 生态学杂志, 26(1): 73-77.

黄镇国, 张伟强, 蔡福祥, 等. 1995. 华南末次冰期盛期最低海面问题. 地理学报, 50(5): 385-393.

季晓亚, 李娜, 袁圣武, 等. 2017. 环境雌激素生物效应的作用机制研究进展. 生态毒理学报, 12(1): 38-51.

姜景田, 邹胜利, 郑宝泰. 2004. 观赏鱼发展现状分析. 中国渔业经济, 23(2): 13-15.

姜鹏, 陈敏, 白俊杰, 等. 2010. 外源性红色荧光蛋白基因(*RFP*)在转基因唐鱼中的整合分析. 农业生物技术学报, 18(5): 968-974.

姜志强, 姜国建, 张弼. 2002. 红鳍东方鲀仔鱼期摄食与生长的研究. 大连水产学院学报, 17(1): 20-24.

乐佩琦, 陈宜瑜, 张春光, 等. 1998. 中国动物红皮书: 鱼类. 北京: 科学出版社: 68-70.

李典谟, 徐汝梅, 马祖飞. 2005. 物种濒危机制和保育原理. 北京: 科学出版社: 7-94.

李红敬, 张娜, 黄静. 2002. 宽鳍鱲的形态学研究. 信阳师范学院学报(自然科学版), 15(3):

322-328.

李继勋. 2010. 观赏鱼养殖与疾病防御手册. 北京: 中国农业大学出版社: 135.

李江涛. 2016. 摄食和饥饿对食蚊鱼和唐鱼生长、代谢和游泳能力的影响. 广州: 暨南大学硕士学位论文.

李江涛, 林小涛, 周晨辉, 等. 2016a. 实验室条件下唐鱼两性异形及其与游泳能力关系. 应用生态学报, 27(5): 1639-1646.

李江涛, 林小涛, 周晨辉, 等. 2016b. 饥饿对食蚊鱼和唐鱼幼鱼能量物质消耗及游泳能力的影响. 应用生态学报, 27(1): 282-290.

李捷, 李新辉. 2011. 广西鱼类一新纪录: 唐鱼(鲤形目: 鲤科). 动物学杂志, 46(3): 136-140.

李秀玉, 林小涛, 廖志洪, 等. 2005. 温度对黄颡鱼仔鱼摄食强度及饥饿耐受力的影响. 生态科学, 24(3): 243-245.

李振宇, 解焱. 2002. 中国外来入侵种. 北京: 中国林业出版社: 88.

梁健宏, 连常平, 刘汉生, 等. 2003. 唐鱼全人工繁育试验. 水利渔业, 23(6): 30-31.

梁秩燊, 常剑波, 陈华. 1986. 珠江银色颌须鮈的产卵习性及胚胎发育. 见: 中国鱼类学会. 鱼类学论文集（第五辑）. 北京: 科学出版社: 35-45.

林爱薇, 管文帅, 方展强. 2009. 汞·铬和镍对唐鱼的急性毒性及安全浓度评价. 安徽农业科学, 37(2): 627-629.

林光华, 翁世聪, 张丰旺. 1985. 性成熟草鱼卵巢发育的年周期变化. 水生生物学报, 9(2): 186-204.

林小涛, 张洁. 2003. 东江鱼类生态及原色图谱. 北京: 中国环境出版社: 45-98.

凌去非, 李思发, 乔德亮, 等. 2003. 丁鱼岁胚发育和卵黄囊仔鱼摄食研究. 水产学报, 27(1): 43-48.

刘海超. 2011. 唐鱼三个分子伴侣基因的克隆及重金属对其mRNA表达的影响. 武汉: 华中农业大学硕士学位论文.

刘汉生. 2008. 唐鱼的遗传多样性和保护对策研究. 广州: 暨南大学博士学位论文.

刘汉生, 易祖盛, 梁健宏, 等. 2008a. 唐鱼野生种群和养殖群体的形态差异分析. 暨南大学学报（自然科学版）, 29(3): 295-299.

刘汉生, 易祖盛, 林小涛. 2008b. 唐鱼的繁殖行为和胚胎发育研究. 水生态学杂志, 1(6): 22-27.

刘鸿亮, 金相灿, 屠清瑛. 1990. 湖泊富营养化调查规范. 2版. 北京: 中国环境科学出版社: 102-122.

刘明中. 2014. 唐鱼的迁移行为及种群特征的时空变化研究. 广州: 暨南大学硕士学位论文.

刘明中, 林小涛, 许忠能, 等. 2014. 切鳍标记对唐鱼游泳能力的影响. 动物学杂志, 49(6): 930-937.

龙昱, 罗永巨, 肖俊, 等. 2016. 重金属胁迫对鱼类影响的研究进展. 南方农业学报, 47(9): 1608-1614.

鲁庆彬, 王小明, 丁由中. 2004. 集合种群理论在生态恢复中的应用. 生态学杂志, 23(6): 63-70.

马旭洲, 王武, 甘炼, 等. 2006. 延迟投饵对瓦氏黄颡鱼仔鱼存活、摄食和生长的影响. 水产学报, 30(3): 323-328.

孟庆闻. 1982. 7种鱼类仔鱼的形态观察. 水产学报, 6(1): 65-76.

潘炳华. 1983. 珠江水系北江渔业资源. 广州: 广东科技出版社: 13-21.

潘炯华, 刘成汉, 郑文彪. 1984. 广东北江鱼类区系研究. 华南师范大学学报(自然科学版), 29(1): 27-40.

潘炯华, 苏炳之, 郑文彪. 1980. 食蚊鱼(*Gambusia affinis*)的生物学特性及其灭蚊利用的展望. 华南师院学报(自然科学版), 25(1): 117-138.

潘炯华, 张剑英. 1981. 大面积放养食蚊鱼灭蚊效果观察报告. 华南师院学报(自然科学版), 26(1): 54-61.

潘炯华, 郑文彪. 1982. 胡子鲶的胚胎和幼鱼发育的研究. 水生生物学集刊, 7(4): 437-444.

潘炯华, 郑文彪. 1983. 苏氏圆腹鲐的胚胎和幼鱼发育研究. 见: 中国鱼类学会. 鱼类学论文集 (第三辑). 北京: 科学出版社: 1-12.

潘炯华, 郑文彪. 1984. 两栖胡鲇的早期发育研究. 华南师范大学学报(自然科学版), 29(2): 1-7.

潘炯华, 郑文彪. 1987. 革胡子鲇的胚胎和仔、稚鱼发育的研究. 华南师范大学学报(自然科学版), 32(1): 19-28.

潘炯华, 钟麟, 郑慈英, 等. 1991. 广东淡水鱼类志. 广州: 广东科技出版社: 77-78.

潘勇, 曹文宣, 徐立蒲, 等. 2007. 鱼类入侵的过程、机制及研究方法. 应用生态学报, 18(3): 687-692.

彭少麟, 方炜. 1995. 广州白云山次生常绿阔叶林的群落组成结构动态. 植物学通报, 13(S2): 49-54.

邱丽华, 姜志强, 秦克静. 1999. 大泷六线鱼仔鱼摄食及生长的研究. 中国水产科学, 6(3): 2-5.

尚玉昌. 1998. 行为生态学. 北京: 北京大学出版社: 189-225.

史方, 林小涛, 孙军, 等. 2008. 自然种群唐鱼的耳石、日龄与生长. 生态学杂志, 27(12): 2159-2166.

史方, 孙军, 林小涛, 等. 2006. 唐鱼仔鱼耳石的形态发育及日轮. 动物学杂志, 41(4): 10-16.

石小涛, 陈求稳, 庄平, 等. 2012. 提高摄食-捕食能力导向的鱼类野化训练方法述评. 生态学杂志, 31(12): 3235-3240.

舒琥, 蒙子宁, 易祖盛, 等. 2006. 唐鱼野生与养殖群体遗传多样性的随机扩增多态 DNA(RAPD)分析. 中山大学学报(自然科学版), 45(1): 77-81.

宋君, 宋昭彬, 岳碧松, 等. 2005. 长江合江江段岩原鲤种群遗传多样性的 AFLP 分析. 四川动物, 24(4): 57-61.

宋焱, 徐颂军, 张勇, 等. 2013. 白云山地表水重金属健康风险不确定性评价. 地球科学进展, 28(9): 1036-1042.

宋昭彬, 曹文宣. 2001. 长江中游四大家鱼仔鱼营养状况的初步研究. 动物学杂志, 31(4): 14-20.

孙帼英. 1985. 大银鱼卵巢的成熟期和产卵类型. 水产学报, 9(4): 363-368.

孙儒泳, 李博, 诸葛阳, 等. 1993. 普通生态学. 北京: 高等教育出版社: 36-39.

孙儒泳, 李庆芬, 牛翠娟, 等. 2002. 基础生态学. 北京: 高等教育出版社: 63-135.

陶宝山, 陈蓝荪. 2000. 观赏鱼的文化价值和经济价值. 河南水产, 12(4): 5-7.

田凯, 曹振东, 付世建. 2010. 速度增量及持续时间对瓦氏黄颡鱼幼鱼临界游泳速度的影响. 生态学杂志, 29(3): 534-538.

涂志英, 袁喜, 韩京成, 等. 2011. 鱼类游泳能力研究进展. 长江流域资源与环境, (Z1): 59-65.

万瑞景, 李显森, 庄志猛, 等. 2004. 鳀鱼仔鱼饥饿试验及不可逆点的确定. 水产学报, 28(1): 79-83.

万瑞景, 蒙子宁, 李显森. 2003. 沙氏下鱵鱼仔鱼的摄食能力和营养代谢. 动物学报, 49(4): 466-472.

王剑伟. 1992. 稀有鮈鲫的繁殖生物学. 水生生物学报, 16(2): 165-174.

王剑伟. 1999. 稀有鮈鲫产卵频次和卵子发育的研究. 水生生物学报, 16(2): 161-166.

王剑伟, 宋天祥, 曹文宣. 1998. 稀有鮈鲫胚后发育和幼鱼生长的初步研究. 水生生物学报, 22(2): 128-134.

王剑伟, 乔晔, 陶玉岭. 1999. 稀有鮈鲫仔鱼的摄食和耐饥饿能力. 水生生物学报, 23(6): 648-654.

王剑伟, 王伟, 崔迎松. 2000. 野生和近交稀有鮈鲫的遗传多样性. 生物多样性, 8(3): 241-247.

王瑞龙, 马广智, 方展强. 2006. 铜、镉、锌对唐鱼的急性毒性及安全浓度评价. 水产科学, 25(3): 117-120.

王瑞龙, 陈玉明, 徐军, 等. 2007. 氯氰菊酯对唐鱼肝和鳃组织超氧化物歧化酶(SOD)活性的影响. 生态环境, 16(3): 790-793.

王瑞龙, 方展强, 马广智, 等. 2008. 5种常用水产药物对唐鱼的急性毒性实验. 水利渔业, 28(1): 96-98.

王绪桢. 2000. 中国鲌亚科鱼类的骨骼学及系统发育研究. 武汉: 中国科学院水生生物研究所硕士学位论文.

王镇国, 李平日, 张仲英. 1982. 珠江三角洲形成发育. 广州: 科学普及出版社广州分社: 50-53.

王正鲲. 2015. 唐鱼种群动态及幼鱼迁移行为初步研究. 广州: 暨南大学硕士学位论文.

王正鲲, 赵天, 林小涛, 等. 2015. 茜素络合物对唐鱼耳石标记效果以及生长和存活率的影响. 生态学杂志, 34(1): 189-194.

温茹淑, 陈晓东, 方展强. 2012. 唐鱼精巢的组织学观察. 四川动物, 31(3): 422-425.

温茹淑, 方展强, 陈伟庭. 2008. 17β-雌二醇对雄性唐鱼卵黄蛋白原的诱导及性腺发育的影响. 动物学研究, 29(1): 43-48.

吴佩秋. 1981. 小黄鱼不同产卵类型卵巢成熟期的组织学观察. 水产学报, 5(2): 161-169.

武正军, 蔡凤金, 贾运锋, 等. 2008. 桂林地区克氏原螯虾对泽蛙蝌蚪的捕食. 生物多样性, 16(2): 150-155.

肖衍. 2013. 铜和镉对唐鱼肝脏 CYP1A 和 CYP3A 的影响. 武汉: 华中农业大学硕士学位论文.

肖智. 2017. 广州良口唐鱼市级自然保护区生物资源调查报告. 广州: 华南师范大学, 未正式出版.

谢小军, 邓利, 张波. 1998. 饥饿对鱼类生理生态学影响的研究进展. 水生生物学报, 22(2): 181-188.

谢增兰, 胡锦矗, 郭延蜀, 等. 2006. 叉尾斗鱼繁殖行为的观察. 动物学杂志, 41(5): 7-12.

解玉浩. 1995. 鱼类耳石日轮. 生物学通报, 30(11): 22-23.

徐采. 2013. 唐鱼早期死亡率与迁移行为初步研究. 广州: 暨南大学硕士学位论文.

徐宏发, 陆厚基, 王小明. 1998. 玛他种群: 种群生态学理论应用于保护生物学实践的新范例. 生态学杂志, 17(1): 48-54.

杨干荣, 黄宏金. 1982. 中国鲤科鱼类志(上卷). 上海: 上海科学技术出版社: 17-18.

杨君兴, 潘晓赋, 陈小勇, 等. 2013. 中国淡水鱼类人工增殖放流现状. 动物学研究, 34(4): 267-280.

杨丽丽, 方展强. 2012. 唐鱼肝脏显微和超微结构观察. 四川动物, 31(2): 274-277.

杨丽丽, 张晶, 方展强. 2011. 雌二醇、壬基酚、多氯联苯、镉和锌及其混合物对唐鱼的雌激素效应比较. 水产学报, 35(6): 838-845.

杨志聪, 姚静, 方展强. 2007. DDTs 对唐鱼仔鱼的急性毒性及安全浓度评价. 实验动物与比较医学, 27(2): 123-126.

姚静, 方展强. 2010. 唐鱼卵黄蛋白原的 ELISA 检测方法的建立. 中国实验动物学报, 18(3): 242-246.

姚静, 方展强, 徐杰, 等. 2008a. 唐鱼卵黄脂磷蛋白的纯化鉴定与免疫原性分析. 应用与环境生物学报, 14(1): 69-73.

姚静, 方展强, 徐杰. 2008b. 唐鱼卵黄蛋白原的诱导、纯化与鉴定. 生态毒理学报, 3(2): 155-161.

姚衍桃, Harff J, Meyer M, 等. 2009. 南海西北部末次盛冰期以来的古海岸线重建. 中国科学(D 辑: 地球科学), 39(6): 753-762.

叶富良, 宋蓓玲. 1991. 广东淡水鱼类志. 广东: 广东科技出版社: 77-78.

一流水族. 2016. 唐鱼的繁殖及培育. http://www.16sz.com/gsy/tangyu/[2017-12-28].

易祖盛. 2010. 拟建广州良口唐鱼市级自然保护区区科学考察报告. 广州大学.

易祖盛, 陈湘粦, 巫锦雄, 等. 2004. 野生唐鱼在广东的再发现. 动物学研究, 25(6): 551-555.

易祖盛, 王春, 陈湘粦. 2002. 尖鳍鲤的早期发育. 中国水产科学, 9(2): 120-124.

殷名称. 1991a. 鲢、鳙、草鱼、银鲫卵黄囊仔鱼的摄食生长、耐饥饿能力. 见: 中国鱼类学会. 鱼类学论文集(第六辑). 北京: 科学出版社: 69-79.

殷名称. 1991b. 鱼类早期生活史研究与其进展. 水产学报, 15(4): 348-358.

殷名称. 1991c. 北海鲱卵黄囊期仔鱼的摄食能力和生长. 海洋与湖沼, 22(6): 554-560.

殷名称. 1995. 鱼类生态学. 北京: 中国农业出版社: 129-131.

殷名称. 1996. 鱼类早期生活史阶段的自然死亡. 水生生物学报, 20(4): 363-372.

于赫男, 林小涛, 周小壮, 等. 2006. 饥饿胁迫下凡纳滨对虾能源物质的消耗. 海洋科学, 30(12): 43-46.

俞绍才, 毕木天, 栗欣, 等. 1991. 广州白云山春季降水及广西苗儿山云雾水中有机弱酸的研究. 环境科学学报, 11(1): 25-30.

袁喜, 涂志英, 韩京成, 等. 2012. 流速对细鳞裂腹鱼游泳行为及能量消耗影响的研究. 水生生物学报, 36(2): 270-275.

张春光, 赵亚辉. 2000. 胭脂鱼的早期发育. 动物学报, 46(4): 438-447.

张辉, 危起伟, 杜浩, 等. 2008. 中华鲟自然繁殖行为发生与气象状况的关系. 科技导报, 26(17): 42-48.

张四明, 邓怀, 汪登强, 等. 2001. 长江水系鲢和草鱼遗传结构及变异性的 RAPD 研究. 水生生物学报, 25(4): 324-330.

张晓华, 崔礼存. 2000. 温度与鳜仔鱼饥饿耐力的关系. 安徽农业大学学报, 27(4): 391-393.

张晓华, 苏锦祥, 殷名称. 1999. 不同温度条件对鳜仔鱼摄食和生长发育的影响. 水产学报, 23(1): 91-94.

张怡, 曹振东, 付世建. 2007. 延迟首次投喂对南方鲇(*Silurus meridionalis* Chen)仔鱼身体含能量、体长及游泳能力的影响. 生态学报, 27(3): 1161-1167.

赵俊, 易祖盛, 周先叶, 等. 2010. 广州市水生动植物本底资源. 北京: 科学出版社: 图版ⅩⅧ.

赵天. 2011. 基于耳石技术的唐鱼自然种群死亡特征和生活史策略初步研究. 广州: 暨南大学硕士学位论文.

赵天, 陈国柱, 林小涛. 2010. 叉尾斗鱼仔鱼耳石形态发育与日轮形成特征. 中国水产科学, 17(6): 1364-1370.

赵天, 刘建虎. 2008. 长江江津江段中华沙鳅耳石及年龄生长的初步研究. 淡水渔业, 38(5): 46-50.

郑慈英. 1989. 广东淡水鱼类的分布特点与区系分析. 暨南大学学报(自然科学与医学版), 54(3): 68-73.

郑文彪. 1984. 叉尾斗鱼的胚胎和幼鱼发育的研究. 动物学研究, 5(3): 261-268.

郑文彪. 1985. 泥鳅胚胎和幼鱼发育的研究. 水产学报, 9(1): 37-47.

郑文彪, 潘炯华. 1985. 食蚊鱼生殖特性的研究. 动物学研究, 6(3): 227-231.

周晨辉, 王正鲲, 林小涛, 等. 2016. 溪流唐鱼种群时空格局及其主要影响因子. 四川动物, 35(3): 344-350.

周勤, 王迎春, 苏锦祥. 1998. 温度对黄盖鲽仔鱼生长、发育、摄食及PNR的影响. 中国水产科学, 5(1): 31-38.

曾祥玲. 2011. 不同摄食水平下食蚊鱼生物能量学特征及其与唐鱼的比较. 广州: 暨南大学博士学位论文.

朱伟伟, 陈蓝荪. 2007. 观赏鱼文化及对现代渔业经济的影响. 现代农业, 33(7): 64-65.

庄平, 章龙珍, 张涛, 等. 1999. 中华鲟仔鱼初次摄食时间与存活及生长的关系. 水生生物学报, (6): 560-565.

庄志猛, 万瑞景, 陈省平, 等. 2005. 半滑舌鳎仔鱼的摄食与生长. 动物学报, 23(6): 1023-1033.

邹记兴, 向文洲, 胡超群, 等. 2003. 点带石斑鱼仔、稚、幼鱼的生长与发育. 高技术通讯, 13(4): 77-84.

邹喻苹, 葛颂, 王晓东. 2001. 系统与进化植物学中的分子标记. 北京: 科学出版社: 2-5.

Adams S B, Frissell C A, Rieman B E. 2001. Geography of invasion in mountain streams: consequences of headwater lake fish introductions. Ecosystems, 4(4): 296-307.

Alemadi S D, Jenkins D G. 2008. Behavioral constraints for the spread of the eastern mosquitofish, *Gambusia holbrooki* (Poeciliidae). Biological Invasions, 10(1): 59-66.

Amundsen P A, Gabler H M, Staldvik F J. 1996. A new approach to graphical analysis of feeding strategy from stomach contents data-modification of the Costello (1990) method. Journal of Fish Biology, 48(4): 607-614.

Ankley G T, Jensen K M, Kahl M D, et al. 2010. Description and evaluation of a short-term reproduction test with the fathead minnow (*Pimephales promelas*). Environmental Toxicology & Chemistry, 20(6): 1276-1290.

Arunachalam S, Reddy S R. 1981. Interactions of feeding rates on growth, food conversion and body composition of the freshwater catfish *Mystus vittatus* (Bloch). Hydrobiologia, 78(1): 25-32.

Baverstock P R, Moritz C. 1996. Molecular Systematics. 2nd. Massachusetts: Sinauer Associates: 17-28.

Belk M C, Lydeard C. 1994. Effect of *Gambusia holbrooki* on a similar sized, syntopic poeciliid,

Heterandria formosa: competitor or predator? Copeia, 1994(2): 296-302.

Bence J R. 1988. Indirect effects and biological control of mosquitoes by mosquitofish. Journal of Applied Ecology, 25(2): 505-521.

Bence J R, Murdoch W W. 1986. Prey size selection by the mosquitofish: relation to optimal diet theory. Ecology, 67(2): 324-336.

Beno H P, Post J R, Barbet A D. 2000. Recruitment dynamics and size structure in experimental populations of the mosquitofish, *Gambusia affinis*. Copeia, 2000(50): 216-221.

Benzie J A H. 1998. Genetic structure of marine organisms and SE Asian biogeography. *In*: Hall R, Holloway J D. Biogeography and Geological Evolution of SE Asia. Leiden: Backhuys Publishers: 197-209.

Berec M, Křivan V, Berec L K. 2006. Asymmetric competition, body size, and foraging tactics: testing the ideal free distribution in two competing fish species. Evolutionary Ecology Research, 8(5): 1985-1987.

Bernatchez L. 2001. The evolutionary history of brown trout (*Salmotrutta* L.) inferred from phylogeographic nested clade and mismatch analyses of mitochondrial DNA variation. Evolution; International Journal of Organic Evolution, 55(2): 351-379.

Bestgen K R, Bundy J M. 1998. Environmental factors affect daily increment deposition and otolith growth in young colorado squawfish. Transactions of the American Fisheries Society, 127(1): 105-117.

Blaxter J H S, Hempel G. 1963. The influence of egg size on herring larvae (*Clupea harengus* L.). ICES Journal of Marine Science, 28(2): 211-240.

Brett J R. 1964. The respiratory metabolism and swimming performance of young sockeye salmon. Journal of the Fisheries Board of Canada, 21(5): 1183-1226.

Caiola N, Sostoa A D. 2010. Possible reasons for the decline of two native toothcarps in the Iberian Peninsula: evidence of competition with the introduced Eastern mosquitofish. Journal of Applied Ichthyology, 21(4): 358-363.

Campana S E. 1989. Otolith microstructure of three larval gadids in the Gulf of Maine, with inferences on early life history. Canadian Journal of Zoology, 67(67): 1401-1410.

Campana S E, Neilson J D. 1985. Microstructure of fish otoliths. Canadian Journal of Fisheries and Aquatic Sciences, 42(5): 1014-1032.

Chan B P L, Chen X L. 2009. Discovery of *Tanichthys albonubes* lin 1932 (Cyprinidae) on Hainan island, and notes on its ecology. Zoological Research, 30(2): 209-214.

Chen T P. 1938. Some aquarium fishes of China. The Hong Kong Naturalist: 43-47.

Cole R J, Cole C F. 1986. Methods of estimating larval fish mortality from daily increments in otoliths. Transactions of the American Fisheries Society, 115(1): 34-40.

Corfield J, Diggles B, Jubb C, et al. 2008. Review of the impacts of introduced ornamental fish species that have established wild populations in Australia. Prepared for the Australian Government Department of the Environment, Water, Heritage and the Arts.

Dadda M, Pilastro A, Bisazza A. 2005. Male sexual harassment and female schooling behaviour in the eastern mosquitofish. Animal Behaviour, 70(2): 463-471.

Dahlberg M D. 1979. A review of survival rates of fish eggs and larvae in relation to impact assessments. National Marine Fisheries Service Marine Fisheries Review, 41: 1-12.

David M C, Garrison R L, Phinney H K, et al. 1964. Primary production in laboratory streams. Limnology & Oceanography, 9(1): 92-102.

Davison W, Goldspink G. 1978. The effect of training on the swimming muscles of the goldfish (*Carassius auratus*). Journal of Experimental Biology, 74: 115-122.

DeRouen S M, Franke D E, Morrison D G, et al. 1994. Prepartum body condition and weight influences on reproductive performance of first-calf beef cows. Journal of Animal Science, 72: 1119-1125.

Dickey C L, Isely J J, Tomasso J R. 1997. Slow growth did not decouple the otolith size-fish size relationship in striped bass. Transactions of the American Fisheries Society, 126(6): 1027-1029.

Dou S, Masuda R, Tanaka M, et al. 2002. Feeding resumption, morphological changes and mortality during starvation in Japanese flounder larvae. Journal of Fish Biology, 60(6): 1363-1380.

Douglas M E, Marsh P C, Minckley W L. 1994. Indigenous fishes of western north America and the hypothesis of competitive displacement: *Meda fulgida* (Cyprinidae) as a case study. Copeia, 1994(1): 9-19.

Edsall T A. 1970. The effect of temperature on the rate of development and survival of alewife eggs and larvae. Transactions of the American Fisheries Society, 99(2): 376-380.

Emlen S T, Oring L W. 1977. Ecology, sexual selection, and the evolution of mating systems. Science, 197: 215-223.

Essig R J, Cole C F. 1986. Methods of estimating larval fish mortality from daily increments in otoliths. Transactions of the American Fisheries Society, 115(1): 34-40.

Faria A M, Instituto S P A, Muha T. 2011. Influence of starvation on the critical swimming behaviour of the Senegalese sole (*Solea senegalensis*) and its relationship with RNA/DNA ratios during ontogeny. Scientia Marina, 75(1): 78-94.

Farris D A. 1959. A change in the early growth rates of four larval marine fishes. Limnology and Oceanography, 4(1): 29-36.

Ferguson A, Taggart J B, Prodöhl P A, et al. 1995. The application of molecular markers to the study and conservation of fish populations, with special reference to Salmo. Journal of Fish Biology, 47: 103-126.

Fleming I A, Gross M R. 1992. Reproductive behavior of hatchery and wild coho salmon (*Oncorhynchus kisutch*): does it differ? Aquaculture, 103(2): 101-121.

Fleming I A, Jonsson B, Gross M R, et al. 1996. An experimental study of the reproductive behaviour and success of farmed and wild Atlantic salmon (*Salmo salar*). Journal of Applied Ecology, 33(4): 893-905.

Freyhof J, Herder F. 2001. *Tanichthys micagemmae*, a new miniature cyprinid fish from Central Vietnam (Cypriniformes: Cyprinidae). Ichthyological Exploration of Freshwaters, 12(3): 215-220.

Fuiman L A, Magurran A E. 1994. Development of predator defences in fishes. Reviews in Fish Biology & Fisheries, 4(2): 145-183.

Galat D L, Robertson B. 1992. Response of endangered *Poeciliopsis occidentalis sonoriensis* in the Río Yaqui drainage, Arizona, to introduced *Gambusia affinis*. Environmental Biology of Fishes, 33(3): 249-264.

Gale W F, Buynak G L. 1982. Fecundity and spawning frequency of the fathead minnow–A fractional spawner. Transactions of the American Fisheries Society, 111(1): 35-40.

Gamradt S C, Kats L B. 1996. Effect of introduced crayfish and mosquitofish on California newts. Conservation Biology, 10(4): 1155-1162.

Gamradt S C, Kats L B, Anzalone C B. 1997. Aggression by non-native crayfish deters breeding in California newts. Conservation Biology, 11(3): 793-796.

García-Berthou E. 1999. Food of introduced mosquitofish: ontogenetic diet shift and prey selection. Journal of Fish Biology, 55(1): 135-147.

Gido K B, Franssen N R, Propst D L. 2006. Spatial variation in δ^{15}N and δ^{13}C isotopes in the San Juan river, New Mexico and Utah: Implications for the conservation of native fishes. Environmental Biology of Fishes, 75(2): 197-207.

González D M, Larrea M, Sánchez F S, et al. 2003. Influence of water hardening of the chorion on cadmium accumulation in medaka (*Oryzias latipes*) eggs. Chemosphere, 52(1): 75-83.

Goodsell J A, Kats L B. 1999. Effect of introduced mosquitofish on Pacific tree frogs and the role of alternative prey. Conservation Biology, 13(4): 921-924.

Goodyear C P, Boyd C E, Beyers R J. 1972. Relationship between primary productivity and mosquitofish (*Gambusia affinis*) production in large microcosms. Limnology & Oceanography, 17(3): 445-450.

Grisdale-Helland B, Takle H, Helland S J. 2013. Aerobic exercise increases the utilization efficiency of energy and protein for growth in Atlantic salmon post-smolts. Aquaculture, 406(2): 43-51.

Hallerman E M, Dunham R A, Smitherman R O. 1986. Selection or drift-isozyme allele frequency changes among channel catfish selected for rapid growth. Transactions of the American Fisheries Society, 115(1): 60-68.

Haynes J L, Cashner R C. 1995. Life history and population dynamics of the western mosquitofish: a comparison of natural and introduced populations. Journal of Fish Biology, 46(6): 1026-1041.

Heins D C, Rabito F G. 1986. Spawning performance in North American minnows: direct evidence of the occurrence of multiple clutches in the genus Notropis. Journal of Fish Biology, 28(3): 343-357.

Henderson P A, Whitehouse J W, Cartwright G H. 2010. The growth and mortality of larval herring, *Clupea harengus* L., in the River Blackwater Estuary, 1978 and 1980. Journal of Fish Biology, 24(6): 613-622.

Hinz H, Kröncke I, Ehrich S. 2005. The feeding strategy of dab *Limanda limanda* in the southern North Sea: linking stomach contents to prey availability in the environment. Journal of Fish Biology, 67: 125-145.

Hjort J. 1914. Fluctuations in the great fisheries of North Europe viewed in the light of biological research. ICES, 20: 1-228.

Holbrook S J, Schmitt R J. 2002. Competition for shelter space causes density-dependent predation mortality in damselfishes. Ecology, 83(10): 2855-2868.

Hurlbert S H, Zedler J, Fairbanks D. 1972. Ecosystem alteration by mosquitofish (*Gambusia affinis*) predation. Science, 175(4022): 639-641.

Jing J, Liu H, Chen H, et al. 2013. Acute effect of copper and cadmium exposure on the expression of heat shock protein 70 in the Cyprinidae fish *Tanichthys albonubes*. Chemosphere, 91(8): 1113-1122.

Jobling M. 1980. Effects of starvation on proximate chemical composition and energy utilization in plaice (*Plueronectes platesse* L.). Journal of Fish Biology, 17(3): 325-334.

Kavlock R J, Daston G P, Derosa C, et al. 1996. Research needs for the risk assessment of health and environmental effects of endocrine disruptors: a report of the U.S. EPA-sponsored workshop. Environmental Health Perspectives, 104(Suppl 4): 715.

Kieffer J D, Tufts B L. 1998. Effects of food deprivation on white muscle energy reserves in rainbow trout (*Oncorhynchus mykiss*): the relationships with body size and temperature. Fish Physiology & Biochemistry, 19(3): 239-245.

Komak S, Crossland M R. 2000. An assessment of the introduced mosquitofish (*Gambusia affinis holbrooki*) as a predator of eggs, hatchlings and tadpoles of native and non-native anurans. CSIRO Wildlife Research, 27(2): 185-189.

Kottelat M. 2001. A preliminary check-list of the fishes known or expected to occur in northern Vietnam with comments on systematics and nomenclature. Washington: World Bank.

Krumholz L A. 1948. Reproduction in the western mosquitofish, *Gambusia affinis affinis* (Baird & Girard), and its use in mosquito control. Ecological Monographs, 18(1): 1-43.

Kutty M N. 1978. Ammonia quotient in sockeye salmon (*Oncorhynchus nerka*). Journal of the Fisheries Board of Canada, 35(7): 1003-1005.

Lawler S P, Dritz D, Strange T, et al. 1999. effects of introduced mosquitofish and bullfrogs on the threatened California red-legged frog. Conservation Biology, 13(3): 613-622.

Leyse K E, Lawler S P, Strange T. 2004. Effects of an alien fish, *Gambusia affinis*, on an endemic California fairy shrimp, *Linderiella occidentalis*: implications for conservation of diversity in fishless waters. Biological Conservation, 118(1): 57-65.

Li D L, Fu C Z, Hu W, et al. 2007. Rapid growth cost in "all-fish" growth hormone gene transgenic carp: Reduced critical swimming speed. Chinese Science Bulletin, 52(11):1501-1506.

Liu H, Chen H, Jing J, et al. 2012. Cloning and characterization of the HSP90 beta gene from *Tanichthys albonubes* Lin (Cyprinidae): effect of copper and cadmium exposure. Fish Physiology & Biochemistry, 38(3): 745-756.

Lynch J D. 1988. Introduction, establishment, and dispersal of western mosquitofish in Nebraska (Actinopterygii: Poeciliidae). Prairie Nature, 20: 203-216.

Madsen T, Shine R. 1999. The adjustment of reproductive threshold to prey abundance in a capital breeder. Journal of Animal Ecology, 68(3): 571-580.

Magalhães M F, Schlosser I J, Collares-Pereira M J. 2010. The role of life history in the relationship between population dynamics and environmental variability in two Mediterranean stream fishes. Journal of Fish Biology, 63(2): 300-317.

Margulies D. 1993. Assessment of the nutritional condition of larval and early juvenile tuna and *Spanish mackerel* (Pisces: Scombridae) in the Panamá Bight. Marine Biology, 115(2): 317-330.

Marshall S, Elliott M. 1997. A comparison of univariate and multivariate numerical and graphical techniques for determining inter‐and intraspecific feeding relationships in estuarine fish. Journal of Fish Biology, 51(3): 526-545.

Martínez M, Bédard M, Dutil J D, et al. 2004. Does condition of Atlantic cod (*Gadus morhua*) have a greater impact upon swimming performance at U_{crit} or sprint speeds? Journal of Experimental Biology, 207(Pt 17): 2979.

Mayden R L, Chen W J. 2010. The world's smallest vertebrate species of the genus *Paedocypris*: a new family of freshwater fishes and the sister group to the world's most diverse clade of freshwater fishes (Teleostei: Cypriniformes). Molecular Phylogenetics & Evolution, 57(1): 152.

McIntire C D, Garrison R L, Phinney H K, et al. 1964. Primary production in laboratory streams. Limnololgy and Oceanography, 9(1): 92-102.

Mckaye K R, Louda S M, Stauffer J R. 1990. Bower size and male reproductive success in a cichlid fish lek. American Naturalist, 135(5): 597-613.

Meffe G K. 1985. Predation and species replacement in American southwestern fishes: a case study. Southwestern Naturalist, 30(2): 173-187.

Meffe G K, Minckley W L. 1987. Persistence and stability of fish and invertebrate assemblages in a repeatedly disturbed Sonoran Desert stream. American Midland Naturalist, 177-191.

Mickett K, Morton C, Feng J, et al. 2003. Assessing genetic diversity of domestic populations of channel catfish (*Ictalurus punctatus*) in Alabama using AFLP markers. Aquaculture, 228(1): 91-105.

Miller T J, Crowder L B, Rice J A, et al. 1988. Larval size and recruitment mechanisms in fishes: Toward a conceptual framework. Canadian Journal of Fisheries & Aquatic Sciences, 45(9): 1657-1670.

Mugiya Y, Tanaka S. 1992. Otolith development, increment formation, and an uncoupling of otolith to somatic growth rates in larval and juvenile Goldfish. Nihon Suisan Gakkai Shi, 58(5): 845-851.

Naulleau G, Bonnet X. 1996. Body condition threshold for breeding in a viviparous snake. Oecologia, 107(3): 301-306.

Nei M. 1972. Genetic distance between populations. The American Naturalist, 106(949): 283-292.

Nei M. 1978. Estimation of average heterozygosity and genetic distance from a small number of individuals. Genetics, 89(3): 583.

Nei M. 1987. Molecular Evolutionary Genetics. New York: Columbia University Press.

Noble R L. 1972. Mortality rates of walleye fry in a bay of Oneida Lake, New York. Transactions of the American Fisheries Society, 101(4): 720-723.

Pannella G. 1971. Fish otoliths: Daily growth layers and periodical patterns. Science, 173(4002): 1124.

Rehage J S, Barnett B K, Sih A. 2005. Foraging behaviour and invasiveness: do invasive Gambusia exhibit higher feeding rates and broader diets than their noninvasive relatives? Ecology of Freshwater Fish, 14(4): 352-360.

Rehage J S, Sih A. 2004. Dispersal behavior, boldness, and the link to invasiveness: a comparison of four Gambusia species. Biological Invasions, 6(3): 379-391.

Reidy S P, Kerr S R, Nelson J A. 2000. Aerobic and anaerobic swimming performance of individual Atlantic cod. Journal of Experimental Biology, 203(2): 347-357.

Ribeiro F, Collares-Pereira M J, Cowx I G. 2000. Life history traits of the endangered Iberian cyprinid *Anaecypris hispanica* and their implications for conservation. Archiv Fur Hydrobiologie, 149(4): 569-586.

Rice J A. 1987. Reliability of age and growth-rate estimates derived from otolith analysis. *In*: Summerfelt R C, Hall G T. Age and Growth of Fish. Iowa: Iowa State University Press: 9-12.

Richards S J, Bull C M. 1990. Size-limited predation on tadpoles of three Australian frogs. Copeia, 1990(4): 1041-1046.

Richardson J M L. 1994. Shoaling in white cloud mountain minnows, *Tanichthys albonubes*: effects of predation risk and prey hunger. Animal Behaviour, 48(3): 727-730.

Rincón P A, Correas A F, Risueno P, et al. 2002. Interaction between the introduced eastern mosquitofish and two autochthonous Spanish toothcarps. Journal of Fish Biology, 61(6): 1560-1585.

Ross S T. 1991. Mechanisms structuring stream fish assemblages: Are there lessons from introduced species? Environmental Biology of Fishes, 30(4): 359-368.

Rossi L M. 2010. Ontogenetic diet shifts in a neotropical catfish, *Sorubim lima* (Schneider) from the River Paraná System. Fisheries Management & Ecology, 8(2): 141-152.

Schleier J J, Sing S E, Peterson R K D. 2008. Regional ecological risk assessment for the introduction of *Gambusia affinis* (western mosquitofish) into Montana watersheds. Biological Invasions, 10(8): 1277-1287.

Schlosser I J. 1990. Environmental variation, life history attributes, and community structure in stream fishes: implications for environmental management and assessment. Environmental Management, 14(5): 621-628.

Segev O, Mangel M, Blaustein L. 2009. Deleterious effects by mosquitofish (*Gambusia affinis*) on the endangered fire salamander (*Salamandra infraimmaculata*). Animal Conservation, 12(1): 29-37.

Seki S J J, Agresit G A E, Gall N, et al. 1999. AFLP analysis of genetic diversity of ayu *Plecoglossus altivelis*. Fisheries Science, 65:888-892.

Sekino M, Saido T, Fujita T, et al. 2005. Microsatellite DNA markers of Ezo abalone (*Haliotis discushannai*): a preliminary assessment of natural populations sampled from heavily stocked areas. Aquaculture, 243(1): 33-47.

Seman K, Bjornstad A, Stedje B. 2003. Genetic diversity and differential in Ethiopian populations of *Phytolacca dodecandra* as revealed by AFLP and RAPD analyses. Genetic Resources & Crop Evolution, 50(6): 649-661.

Simmons M, Mickett K, Kucuktas H, et al. 2006. Comparison of domestic and wild channel catfish (*Ictalurus punctatus*) populations provides no evidence for genetic impact. Aquaculture, 252(2): 133-146.

Siong T K, Han C C, Chou W R, et al. 2002. Habitat and fish fauna structure in a subtropical mountain stream in Taiwan before and after a catastrophic typhoon. Environmental Biology of Fishes, 65(4): 457-462.

Slarkin M. 1985. Gene flow in natural populations. Annual Review of Ecology & Systematics, 16(1): 393-430.

Skaala Ø, Høyheim B, Glover K, et al. 2004. Microsatellite analysis in domesticated and wild Atlantic salmon (*Salmo salar* L.): allelic diversity and identification of individuals. Aquaculture, 240(1-4): 131-143.

Sokolov N P, Chvaliova M A. 1936. Nutrition of *Gambusia affinis* on the rice fields of Turkestan. The Journal of Animal Ecology, 5(2): 390-395.

Stearns S C. 2000. Life history evolution: successes, limitations, and prospects. Die Naturwissenschaften, 87(11): 476-486.

Stiassny M L J, Raminosoa N. 1994. The fishes of the inland waters of Madagascar. Sciences Zoologiques (Belgium), 275: 133-148.

Stirling H P. 1976. Effects of experimental feeding and starvation on the proximate composition of the European bass *Dicentrarchus labrax*. Marine Biology, 34(1): 85-91.

Sullivan J P, Lavoué S, Arnegard M E, et al. 2004. AFLPs resolve Phylogeny and reveal mitochondrial introgression within a species flock of African electric fish (Mormyroidea:Teleostei). Evolution, 58(4): 825.

Swartzman G, Deriso R, Cowan, C. 1977. Proceedings of the Conference Assessing Effects of Power-Plant-Induced Mortality on Fish Populations. New York: Pergamon Press.

Takacs P, Csoma E, Eros T, et al. 2008. Distribution patterns and genetic variability of three stream-dwelling fish species. Acta Zoologica Academiae Scientiarum Hungaricae, 54(3): 289-303.

Tew K S, Han C C, Chou W R, et al. 2002. Habitat and fish fauna structure in a subtropical mountain stream in Taiwan before and after a catastrophic typhoon. Environ Biol Fish, 65: 457-462.

Theilacker G H. 1978. Effect of starvation on the histological and morphological characteristics of jack mackerel, *Trachurus symmetricus*, larvae. Fishery Bulletin, 76(2):403-414.

Tyler C R, Sumpter J P. 1996. Oocyte growth and development in teleosts. Reviews in Fish Biology and Fisheries, 6(3): 287-318.

Victor B C, Brothers E B. 1982. Age and growth of the fallfish *Semotilus corporalis* with daily otolith increments as a method of annulus verification. Canadian Journal of Zoology, 60(11): 2543-2550.

Voris H K. 2010. Maps of Pleistocene sea levels in Southeast Asia: shorelines, river systems and time durations. Journal of Biogeography, 27(5): 1153-1167.

Wang R, Gao Y, Zhang L, et al. 2010. Cloning, expression, and induction by 17-beta estradiol (E2) of a vitellogenin gene in the white cloud mountain minnow *Tanichthys albonubes*. Fish Physiology & Biochemistry, 36(2): 157-164.

Wang W, Chen L, Yang P, et al. 2007. Assessing genetic diversity of populations of topmouth culter (*Culter alburnus*) in China using AFLP markers. Biochemical Systematics & Ecology, 35(10): 662-669.

Wang Z, Jayasankar P, Khoo S K, et al. 2000. AFLP fingerprinting reveals genetic variability in Common carp stocks from Indonesia. Asian Fisheries Science, 13: 139-147.

Ward D L, Schultz A A, Matson P G. 2003a. Differences in swimming ability and behavior in response to high water velocities among native and nonnative fishes. Environmental Biology of Fishes, 68(1): 87-92.

Ward R D, Jorstad K E, Maguire G B. 2003b. Microsatellite diversity in rainbow trout (*Oncorhynchus mykiss*) introduced to Western Australia. Aquaculture, 219(1): 169-179.

Webb P W. 1971. The swimming energetics of trout. I. Thrust and power output at cruising speeds. Journal of Experimental Biology, 55(2): 489-520.

Webb P W. 1975. Hydrodynamics and energetics of fish propulsion. Bulletin of the Fisheries Research Board of Canada, 190: 150-159.

Weitzman S H, Chen L L. 1966. Identification and relationships of *Tanichthys albonubes* and *Aphyocypris pooni*, two cyprinid fishes from South China and Hong Kong. Copeia, 1966(2): 285-296.

Welcomme R L. 1988. International introductions of inland aquatic species. FAO Fisheries Technical Paper, 294: 318.

Winemiller K O, Rose K A. 1993. Why do most fish produce so many tiny offspring? The American Naturalist, 142(4): 585-603.

Wooten M C, Scribner K T, Smith M H. 1988. Genetic variability and systematics of Gambusia in the southeastern United States. Copeia, 1988(2): 283-289.

Wootton R J. 1973. The effect of size of food ration on egg production in the female three-spined stickleback, *Gasterosteus aculeatus* L. Journal of Fish Biology, 5(1): 89-96.

Wootton R J. 1979. Energy costs of egg production and environmental determinants of fecundity in teleost fishes. Symposium Zoology Society London, 44: 133-159.

Xie Y, Li Z Y, Gregg W P, et al. 2001. Invasive species in China-an overview. Biodiversity and Conservation, 10: 1317-1341.

Zeng X, Lin X, Xu Z, et al. 2012. Effects of ration on growth and reproductive investment from larva to sexual maturity in the female Cyprinid Minnow, *Tanichthys albonubes*. International Review of Hydrobiology, 97(1): 1-11.